普通高等教育"十一五"国家级规划教材

供电技术

第6版

主编　同向前　段建东　余健明
参编　倪　峰　王海燕　王　倩　黄晶晶

机 械 工 业 出 版 社

本书是普通高等教育"十一五"国家级规划教材,是在《供电技术》(第5版)的基础上修订编写的。本版根据电工电能技术的发展、产品的更新、新标准的制定,阐明了供用电工程设计的基本原理和计算方法,对电能质量问题及其新型补偿设备做了较前版更为全面和深入的讨论,同时根据新时代双碳目标下能源转型与节能增效的需要,增加了用户供电系统中的电能节约和用户电力新技术方面的内容。全书共分八章,包括用户供电系统的设计,供电系统的短路电流计算、供电系统的继电保护与自动装置、供电系统的保护接地与防雷、供电系统的电能质量、供电系统的经济运行、用户电力新技术等。

本书可作为高等院校电气工程与自动化专业的教材,也可供从事供用电系统设计、供用电设备开发、供用电系统运行与维护的工程技术人员参考。

图书在版编目(CIP)数据

供电技术/同向前,段建东,余健明主编. —6 版. —北京:机械工业出版社,2023.11(2024.9重印)
普通高等教育"十一五"国家级规划教材
ISBN 978-7-111-74735-2

Ⅰ.①供… Ⅱ.①同… ②段… ③余… Ⅲ.①供电-技术-高等学校-教材 Ⅳ.①TM72

中国国家版本馆 CIP 数据核字(2024)第 001725 号

机械工业出版社(北京市百万庄大街 22 号 邮政编码 100037)
策划编辑:王雅新 责任编辑:王雅新 刘琴琴
责任校对:郑 婕 陈 越 封面设计:马精明
责任印制:李 昂
北京中科印刷有限公司印刷
2024 年 9 月第 6 版第 2 次印刷
184mm×260mm · 15.5 印张 · 382 千字
标准书号:ISBN 978-7-111-74735-2
定价:49.80 元

电话服务 网络服务
客服电话:010-88361066 机 工 官 网:www.cmpbook.com
010-88379833 机 工 官 博:weibo.com/cmp1952
010-68326294 金 书 网:www.golden-book.com
封底无防伪标均为盗版 机工教育服务网:www.cmpedu.com

前　言

　　《供电技术》（第 5 版）出版已有 6 年多时间。近年来，电网升压、增容、设备更新、直流输电和新能源发电等措施的综合运用，使得电力工业规模得到较大发展。与此同时，用户供电系统中的新兴电力技术得到长足发展，新设备、新技术不断涌现，尤其是电能质量标准进一步完善，基于电力电子技术的电能质量控制技术与分布式可再生能源发电技术已趋于成熟，及时反映供用电领域的这些新成果是本书修订再版的主要动因。

　　掌握供电系统的基本设计方法和内容，对从事电气系统的设计施工、技术改造和运行维护都是必要的。此外，在维护供电系统安全可靠运行的前提下，如何改善供电系统的电能质量，如何降低供电网络的电能损耗，如何提高终端用电的能效水平，如何充分利用分布式绿色低碳新能源，是电气工程师重点关注的用电问题，解决这些问题对实现人与自然和谐共生的中国式现代化事业具有重要促进作用。

　　本书内容分为三大部分。前五章为基础部分，以供电系统的设计为导向，内容涵盖基本概念、系统设计、短路计算、保护配置、设备选型到安全接地，内容安排并不局限于已有的设计规范，重在阐明电气设计计算的方法、原理、原则与应用条件。第六章和第七章为提高部分，着重于用户供电系统的电能质量和电能节约，系统阐述了电能质量的基本概念、评价指标、评估方法及其改善措施，分析了影响电网经济性的因素与节电增效途径。第八章为新技术展望部分，概括性地介绍了电压源变流器技术及其在供电系统中的应用，主要有电能质量控制新技术、分布式电源技术和微电网技术。

　　本书修订方案和内容由西安理工大学同向前教授、段建东教授和余健明教授共同讨论，同向前负责最终统稿。其中，第一、二、三、六章由同向前修订，第四章由段建东修订，第五章由同向前和倪峰修订，第七、八章由同向前、黄晶晶、王倩、王海燕共同修订。

　　在本书的编写过程中，参考了国内外专家、学者编撰的论著、教材、标准和手册，中国兵器西北工业集团有限公司黄晴明高级工程师对修订工作提出了宝贵意见，在此一并表示衷心的感谢。

　　电气工程是当今世界快速发展的工程技术领域之一，供用电设备与技术日新月异，作者对新技术的理解有限，在编撰中难免存在偏差和不足，恳请广大读者指正。

作　者

本书常用字符表

一、电气设备的文字符号

文字符号	中文含义	文字符号	中文含义
APD	备用电源自动投入装置	PE	保护线或保护导体
APF	有源电力滤波器	PEN	保护中性线或保护中性导体
ARD	自动重合闸装置	PJ	电能表
ATSE	自动转换开关电器	PV	电压表
B	母线	PWM	脉冲宽度调制
	汇流排	Q	开关
C	电容器		低压断路器
DG	分布式发电装置	QF	断路器
DES	分布式储能装置	QK	刀开关
DVR	动态电压恢复器	QL	负荷开关
F	避雷器	QS	隔离开关
FC	固定电容器	R	电阻
FU	熔断器	SA	控制开关
FR	热继电器		选择开关
	温度继电器	SB	按钮
G	发电机	SPD	电涌保护器
	电源	SVC	静止无功补偿器
HL	指示灯	SVG	静止无功发生器
	信号灯	T	变压器
K	继电器	TA	电流互感器
KA	电流继电器	TAN	零序电流互感器
KG	气体继电器	TCR	晶闸管控制电抗器
KL	闭锁继电器	TSC	晶闸管投切电容器
KM	中间继电器	TV	电压互感器
	接触器	U	变流器
KO	合闸接触器		整流器
KS	信号继电器	V	晶体管
KT	时间继电器		晶闸管
KV	电压继电器	VD	二极管
L	电感或电抗器	VSC	电压源变流器
M	电动机	XB	连接片
MCR	磁控电抗器	YR	跳闸线圈（脱扣器）
N	中性线或中性导体	YO	合闸线圈
PA	电流表		

二、物理量下角标的文字符号

文字符号	中文含义	文字符号	中文含义
a	年	tou	[人体]接触
a	有功,有效附加的	TV	电压互感器
al	允许	k	短路
av	平均	LR	电感、电抗器
c	计算	L	负荷
d	需要	l	导线,线路
ql,ph	平衡	M	电动机
dql,bp	不平衡	N	额定,标称
e,et	设备	op	动作,整定
eq	等效的	rl	实际的
re	返回	θ	温度
S	系统	0	零,空,每(单位)起始的,周围的,
sh	冲击		环境的,零序
st	起动	l	基波
sp	跨步	h,H	谐波
T	变压器	+	正序,增量
t	时间	−	负序
TA	电流互感器		

目 录

第一章
绪论

电能属于二次能源，与煤炭、天然气、石油、风力、太阳能等一次能源相比，具有易于转化、输配简单、使用方便、洁净、调控精准等优点，电能早已成为当前工农业生产和人民生活所用的不可或缺的主要能源。如何保证供电的可靠、安全、经济、高质量，以满足工农业生产与人民生活的需要，如何高效合理地使用电能，是电力科技工作者的长期而艰巨的任务。

供电技术的
地位与作用

第一节　电力系统的基本概念

一、电力系统的构成与发展

如图 1-1 所示，电力系统由各种不同类型的电源、输电网、配电网及电力用户组成。它们分别完成电能的生产、输送、分配及使用。

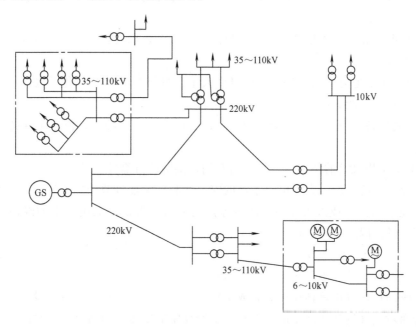

图 1-1　电力系统示意图

在目前的电力系统中，主要的发电厂为以煤、石油和天然气作为燃料的火力发电厂、利用水力发电的水力发电厂和利用核能发电的原子能发电厂。近年来，在节能减排要求的推动下，随着电力科技的进步，可再生能源发电发展迅速，发电比重逐年上升，百兆瓦级风电场和光伏电站已有一定规模，以光伏发电为主并接入到配电网的分布式电源亦在高速增长。

输电网络的作用是将各个发电厂通过高压（如 220kV、330kV、500kV 甚至 1000kV）线路相互连接，使所有同步发电机之间并列运行，并同时将发电厂发出的电能送到各个负荷中心。由于每条线路输送功率大小以及传输距离不同，在同一个输电网络中可能存在几种不同等级的电压，这就要求在输电网络中采用各种不同容量的升、降压变电站。

电能传输的方式有交流输电和直流输电两种形式，各有优势和适应的场合。交流输电简单经济、电压变换简易，但是存在大容量长距离输电的稳定性问题和线路分布电容造成的电压升高问题。因此，在大容量超长距离输电和跨海电缆输电的情况下，高压直流输电更具优势。

配电网是影响电力用户供电可靠性和电能质量的关键环节之一。如何在复杂的配电网发生故障时能够及时切除故障以保护配电设备的安全，如何在配电网故障切除后能够自动恢复尽量多的健全区域的供电，如何在配电网故障切除后能够尽量快速地自动恢复供电，如何在主供电源故障后还能保障重要设备不断电，这些都是配电网的网架结构设计和配电自动化系统研发的目标，也是未来自愈配电网的发展方向。

电力用户包括工业、农业、交通运输等国民经济各个部门以及市政和人民生活用电等，不同的用电负荷对供电可靠性的要求不同，供配电方式亦不同。用户是电力系统的终端，提高用电设备的电能利用率也是节约电能的一种重要举措。随着包括储能在内的分布式电源的发展，用户也可以参与到发电和电网的调峰中来，优化电网的能源结构和运行效率。

随着对用电量和供电质量要求的不断提高，电力系统规模日益扩大。组成大型统一的电力系统的优点有：

1) 发电量不受地方负荷的限制，可以增大单台机组容量，充分利用地方自然资源，提高发电效率，降低电能成本。

2) 充分利用各类发电厂一次能源的特点，合理分配发电功率，使系统保持在最经济的条件下运行。

3) 在减少备用机组的情况下，能提高对用户供电的可靠性。

随着电力系统的发展，大型电力系统的安全性和抗灾性日益受到关注，一旦系统受到自然灾害（地震、冰雪）或人为灾害（战争等）的冲击，大范围失电带来的经济损失和社会影响将不可估量。因此，随着可再生分布式电源的发展，具有与大电网可合可分特点的微电网应运而生，成为电力系统互补发展的新趋势。

二、电力系统的标称电压与电气设备的额定电压

电力系统的标称电压是指用以标志或识别系统电压的给定值，而电气设备的额定电压是指设备制造商对电气设备在规定的工作条件下所规定的电压，两者是有关联的。

1. 电力系统的标称电压

电力系统的标称电压是分等级的，电压等级是根据国民经济发展的需要、技术经济的合理性以及电气设备的制造水平等因素，经全面分析论证，由国家统一制定和颁布的。根据国标 GB/T 156—2017《标准电压》，我国交流电力系统的标称电压如表 1-1 所示。

表 1-1 我国交流电力系统的标称电压

电 压 等 级		交流系统的标称电压
低压(220~1000V 系统)/V		380/220
		660/380
		1000(1140*)
高压/kV	1~35kV 系统	3*
		6*
		10
		20
		35
	35~220kV 系统	66
		110
		220
	220kV 以上系统	330
		500
		750
		1000

注：1. 斜线"/"左边数字为三相系统线电压，右边数字为相电压。
2. 带"*"者不得用于公共配电系统。

2. 电气设备的额定电压

电气设备的额定电压等级与所接入系统的标称电压等级相一致。根据电气设备在系统中的作用和位置，电气设备的额定电压简述如下。

1）用电设备的额定电压。

用电设备的额定电压等于所接入系统的标称电压，是用电设备最经济合理的工作电压。实际上，由于电网中有电压损失，致使各点实际电压偏离标称值。为了保证用电设备的良好运行，国家对各级电网的电压偏差均有严格规定。显然，用电设备应在比电网电压允许偏差更宽的范围内正常工作，其容许范围由生产厂家规定。

2）发电机的额定电压。

发电机的额定电压一般比同级系统标称电压高出 5%，这是由输配电线路的电压损失允许值和末端用电设备的电压偏差允许范围决定的。发电机常用的额定电压有：230V、400V、690V、10.5kV、13.8kV、18kV、20kV 等。

3）电力变压器的额定电压。

变压器的额定电压分为一次侧和二次侧，其额定电压的选择取决于该侧所接系统的标称电压或该侧供电给负荷的情况。

对于一次侧额定电压，当变压器接于系统时，性质上等同于系统的一个负荷（如用户降压变电所的变压器），故其额定电压与系统标称电压一致；当变压器接于发电机引出端时（如发电厂升压变压器），则其额定电压应与发电机额定电压相同，即比同级系统标称电压高出 5%。

变压器二次侧额定电压是指变压器的空载电压。考虑到变压器承载时自身电压损失（通常在额定工作情况下约为 5%），变压器二次侧额定电压应比同级系统标称电压高 5%；当二次侧供电距离较长时，还应考虑约 5% 的线路电压损失，此时，变压器二次侧额定电压应比系统标称电压高 10%。

三、电力系统的中性点运行方式

电力系统的中性点是指星形联结的变压器或发电机的中性点。其中性点运行方式可分为中性点有效接地系统和中性点非有效接地系统两大类。中性点有效接地系统即中性点直接接地系统，中性点非有效接地系统包括中性点不接地和中性点经消弧线圈（或电阻）接地，使接地电流被控制到较小数值的系统。

1. 中性点不接地系统

在正常运行时，各相对地电压 $\dot{U}_A$、$\dot{U}_B$、$\dot{U}_C$ 是对称的，其值为相电压 U_φ；各相对地分布电容相同，电容值为 C，三相电容电流对称且超前相电压90°，其值为 $I_{C0} = \omega C U_\varphi$，故三相电容电流矢量和为零。但是，当发生一相接地故障时（如 C 相，见图 1-2），故障相对地电压为零，非故障相对地电压将升高至原来相电压的 $\sqrt{3}$ 倍，而线电压在大小和相位上都没有变化。故障相对地电容被短接，非故障相由于对地电压的升高其电容电流升至原来电容电流的 $\sqrt{3}$ 倍，即 $I_{C(B)}^{(1)} = I_{C(A)}^{(1)} = \sqrt{3}\,\omega C U_\varphi$。此时，流经故障点的电流 $\dot{I}_k^{(1)}$ 为非故障相 A、B 两相电容电流的

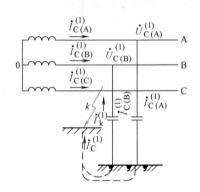

图 1-2　中性点不接地系统发生单相接地故障

矢量和，$\dot{I}_k^{(1)} = \dot{I}_C^{(1)} = \dot{I}_{C(B)}^{(1)} + \dot{I}_{C(A)}^{(1)} = -j3\omega C \dot{U}_C$，其有效值为 $I_k^{(1)} = I_C^{(1)} = 3I_{C0}$。

以上分析表明，中性点不接地系统发生单相接地故障时，线间电压不变，而非故障相对地电压升高到原来相电压的 $\sqrt{3}$ 倍，故障相电容电流增大到原来的 3 倍。因此，对中性点不接地系统应注意：

1）电气设备对地绝缘要求必须按线电压数值来考虑。

2）若单相接地电容电流超过规定值（6~10kV 线路为 30A，35kV 线路为 10A），会产生稳定电弧致使电网出现暂态过电压，危及电气设备安全。这时应采取中性点经消弧线圈（或电阻）接地的运行方式。

2. 中性点经消弧线圈接地系统

消弧线圈实际上是一个铁心可调的电感线圈，安装在变压器或发电机中性点与大地之间，如图 1-3 所示（仍以 C 相接地为例）。中性点经消弧线圈接地系统发生单相接地故障时，与中性点不接地的系统一样，非故障相电压仍升高 $\sqrt{3}$ 倍，三相导线之间的线电压仍然平衡，电力系统可以继续运行。

当系统发生单相接地故障时，中性点电压 $\dot{U}_0$ 变为 $-\dot{U}_C$，接地故障相与消弧线圈构成了另一个回路，接地电流中增加了一个电感电流 $\dot{I}_L = \dot{U}_0/j\omega L = j\dot{U}_C/\omega L$，它和电容电流 $\dot{I}_C^{(1)}$ 方向相反，相互补偿，减小了接地点的故障电流 $\dot{I}_k^{(1)}$，使电弧易于自行熄灭，从而提高了供电可靠性。

电力系统经消弧线圈接地时，有三种补偿方式，即全补偿、欠补偿和过补偿。

1）全补偿方式：即 $\dot{I}_L = \dot{I}_C^{(1)}$，此时由于消弧线圈的感抗等于系统对地电容的容抗，系统将发生串联谐振，产生危险的高电压和过电流，可能造成设备的绝缘损坏，影响系统的安全运行。因此，一般系统都不采用全补偿方式。

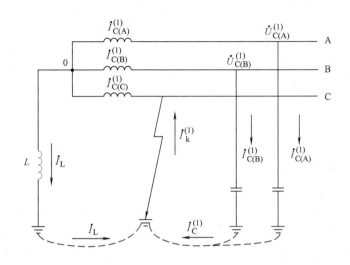

图 1-3 中性点经消弧线圈接地系统发生单相接地故障

2）欠补偿方式：即 $\dot{I}_L \leqslant \dot{I}_C^{(1)}$，此时接地点有未被补偿的电容电流流过，当系统运行方式改变而切除部分线路时，整个系统的对地电容电流将减少，有可能发展成为全补偿方式，从而出现上述严重后果，所以也很少被采用。

3）过补偿方式：即 $\dot{I}_L \geqslant \dot{I}_C^{(1)}$，在过补偿方式下，即使系统运行方式改变而切除部分线路时，也不会发展成为全补偿方式，而致使系统发生谐振。因此，实际工程中大都采用过补偿方式。消弧线圈的过补偿度一般为 5%~10%。

3. 中性点直接接地系统

当发生一相对地绝缘破坏时，即构成单相接地故障，供电中断，可靠性降低。但是由于中性点接地的钳位作用，非故障相对地电压不变，电气设备绝缘水平可按相电压考虑。此外，在 380V/220V 低压供电系统中，采用中性点直接接地，可以减少中性点的电位偏移，同时可以防止一相接地时出现超过 250V 的危险电压。

目前，在我国电力系统中，110kV 及以上高压系统，为降低设备绝缘要求，多采用中性点直接接地运行方式；6~35kV 中压系统中，为提高供电可靠性，首选中性点不接地运行方式，当接地电流不满足要求时，可采用中性点经消弧线圈（或电阻）接地的运行方式；低于 1kV 的低压配电系统中，通常为中性点直接接地运行方式。

四、电力系统的功率平衡与调整

作为一个封闭系统，电力系统中的有功功率和无功功率应时刻保持平衡。但是，电力系统中的用电负荷是随机变化的，必然要求系统中的电源输出功率相应地跟随其变化，如果做不到实时跟踪，必将导致系统运行参数（电压、频率、线损）发生变化。

源于交流电力系统的同步发电机特性和电网阻抗特性，电力系统的有功功率平衡过程主要影响着系统的频率，而无功功率平衡过程主要影响着电网各节点的电压。电力系统运行的基本任务是将电能在电压和频率合格的前提下安全、可靠、经济地分配给各个电力用户，因此，电力系统的功率调整或补偿尤为重要。

1. 有功功率平衡与调整

由于交流电网中的电能不能大量存储，电网中各种电源输出的功率必须要与负荷消耗的功率和电网本身的功率损失时刻保持平衡。为此，电网中必须有平衡电源，通过对平衡电源输出功率的实时调节或调度，使得电网的有功功率随时保持动态平衡。

对于以同步发电机为主供电源的电网而言，电网中有功功率平衡的破坏将导致电机转子上原动力驱动转矩与电磁制动转矩的不平衡，进而导致电机转子转速的变化和定子输出电压频率的变化。因此，频率的变化反映了电力系统的有功功率平衡关系，平衡电源的发电机就是根据电网频率的变化来自动调节输出功率以便达到电网有功功率的动态再平衡。

对于用户供电系统而言，用电功率只是电网电源功率的非常小的一部分，单个用户负荷的随机变化不会对电网频率造成明显影响。

2. 无功功率平衡与补偿

电力系统中各种电源输出的无功功率必然要与用电负荷吸收的无功功率和电网本身产生的无功功率时刻保持平衡。但是，如果用电负荷所需的无功功率都是通过长距离线路由发电机来提供，则必将在电网中产生较大的电压降和电能损耗。与有功电源往往依赖远方发电机的情形不同，无功电源可以就近解决，除远方发电机可以提供无功功率外，并联电容器、静止无功发生器等无功补偿装置都是就近安装的无功电源，因此，电网的无功功率宜就地平衡。对于用户供电系统而言，应设置必要的无功补偿装置，尽量在用户供电系统内部实现无功功率的平衡。

由于电网存在分布电抗和对地分布电容，若用户负荷的无功功率得不到就近平衡，在电网长距离输送时，与无功功率相对应的无功电流分量必将在电网等值阻抗上产生一定的电压降，在电源侧电压维持合格的情况下，导致用户侧电压低、用电设备运行状态不佳。因此，在电力系统中，无功补偿也作为一种调压手段，根据电网电压的高低调节投入到电网的无功补偿容量。

第二节 用户供电系统的特点和决定供电质量的主要指标

用户供电系统泛指工厂、学校、机关、商住建筑、居民小区等内部区域的供配电系统，接收区外公用电网的电力，经过降压和配送，给区内用电设备提供电能。

一、用户供电系统的特点

用户供电系统的正常电源一般来自地区供电公司所属的区域变电站。对于某些大型工业企业，在可靠性要求或技术经济比较合理时，也可建立自备发电站。随着分布式发电的普及，电力用户也可利用自有资源建立自有分布式电源。

用户供电系统的供电电压一般在110kV及以下。根据负荷大小和供电范围，特大型企业的供电电压为110kV，大中型企业供电电压一般为35kV，一般中小企业和电力用户的供电电压通常为10kV。

用户供电系统是电力系统的终端部分，承担着电能的转化和终端消费。随着分布式电源的发展普及，用户供电系统将逐渐发展成为一个包含源网荷储在内的小微电力系统。

基于上述特点，用户供电系统应该满足以下要求：

1) 保障电量供给：满足用户生产生活对供电可靠性的要求。
2) 保障电能质量：一方面满足用电设备良好运行对电能质量的要求；另一方面满足公

用电网对来自电力用户的电能质量扰动水平的限制要求，实现电力用户与公用电网的电能质量兼容。

3）电能绿色高效利用：借助新兴技术和需求侧管理，在终端消费环节促进能源转型和节能降碳，提升用电设备的用电能效，助力国家"双碳目标"的实现。

二、决定供电质量的主要指标

用户供电系统必须满足用电设备对供电质量的要求。衡量供电质量的指标为电能质量、电压合格率和供电可靠率，国家电监会颁布的《供电监管办法》规定：向用户提供的电能质量符合国家标准，用户受电端电压合格率不低于98%，年供电可靠率不低于99%。

1. 电能质量

理想的供电电压应该是幅值和频率恒为标称值的三相对称正弦电压，理想的负荷电流应该是三相对称正弦电流。由于供电系统存在阻抗、用电负荷的用电性质（如冲击性负荷、非线性负荷、单相负荷）等因素，实际供电电压无论是在幅值上、波形上还是三相对称性上都可能与理想电压之间存在着偏差，实际负荷电流三相不对称且常有波形畸变，导致电能质量问题。国家已经颁布了关于电压偏差、电压波动与闪变、电压暂降与短时中断、电力谐波、三相不平衡等电能质量标准，对评价指标及其限值做出了明确的规定，参见第六章。

我国交流电网的标称频率是50Hz，电力供需不平衡时会导致系统频率偏离其标称值。频率偏差不仅影响用电设备的工作状态、产品的产量和质量，也影响电力系统的稳定运行。GB/T 15945—2008《电能质量　电力系统频率偏差》规定，电力系统在正常运行条件下的频率偏差限值为±0.2Hz。当系统容量较小时，偏差限值可以放宽到±0.5Hz。当用户供电系统的电源来自公用电网时，供电系统的频率由公用电网决定。

2. 电压合格率

供电企业应该保证电力用户与公用电网的公共连接点（PCC）的电压质量，在此基础上，用户供电系统应该保证其所用用电设备的电压质量。电压合格率常用作衡量监测点供电电压质量的考核指标，GB/T 12325—2008《电能质量　供电电压偏差》对电压合格率定义如下：

$$电压合格率(\%) = \left(1 - \frac{电压超限时间}{总运行统计时间}\right) \times 100\% \tag{1-1}$$

用户供电系统应与公用电网配合，共同满足电力用户或用电设备对电压质量的要求。

3. 供电可靠率

供电可靠性是指供电系统对用户持续供电的能力。平均供电可靠率是衡量供电可靠性的主要指标之一，我国电力行业标准DL/T 836.1—2016《供电系统供电可靠性评价规程　第1部分：通用要求》对平均供电可靠率定义如下：

$$平均供电可靠率(\%) = \left(1 - \frac{系统平均停电时间}{统计期间时间}\right) \times 100\% \tag{1-2}$$

供电系统的可靠性应能满足电力负荷可靠性等级的要求。先进电网的供电可靠率应达到99.99%以上，我国上海中心城区2020年的供电可靠率达到了世界领先的99.999%。

第三节　课程主要内容及其关系

供电技术涉及用户供电系统的规范设计技术、运行管理技术与用户电力新技术。规范设计技术面向电能的安全可靠供给，包括绪论、负荷计算、用户供电系统设计、短路电流计算、继电保护与防雷接地等；运行管理技术面向电能的优质高效利用，包括电能质量和电能节约；用户电力新技术面向电能的低碳优化利用，包括电能质量控制、分布式电源、微电网技术等。

主要教学内容之间的关系如图 1-4 所示，括号内的数字为该内容所在的章号。

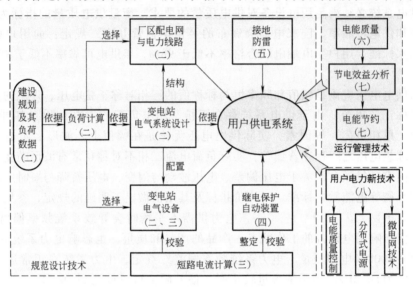

图 1-4　主要教学内容之间的关系

习题与思考题

1-1　试述电力系统的组成及各部分的作用。

1-2　用户供电系统中常用的标称电压等级有哪些？试述各种电气设备额定电压与系统标称电压存在差别的原因。

1-3　统一规定各种电气设备的额定电压有什么意义？

1-4　如图 1-5 所示的电力系统，标出变压器一、二次侧和发电机的额定电压。

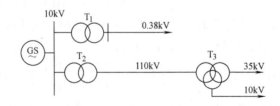

图 1-5　习题 1-4 图

1-5　电力系统中性点运行方式有哪几种？各自的特点是什么？

1-6　试分析中性点不接地系统中发生单相接地故障后，该系统的电压会发生什么变化？此时流经故障点的电流如何确定？

1-7 中性点经消弧线圈接地系统中，消弧线圈对容性电流的补偿方式有哪几种？一般采用哪一种？为什么？

1-8 简述用户供电系统的主要特点。

1-9 简述用户供电系统供电质量的主要指标及其对用户的影响。

1-10 简述电力系统中有功功率平衡和无功功率平衡的方式方法。

用户供电系统的设计

用户供电系统的基本设计目标是为各电力用户的生产生活提供一个安全、可靠、合理、优质的供电环境。近年来，可再生能源发电迅速崛起，柔性输配电设备得到广泛应用，交直流微电网逐渐兴起，工业生产过程和数字化设备与日俱新，自动化水平日益提高，商业用电和人民生活用电更是日益丰富，这些都对供电系统提出了更高的要求，也使得供电系统更加复杂。

用户供电系统具有分层分级的特点，从电源接入到配电给用电设备常需要经过多级配电，如图 2-1 所示。外部 35kV 电源引入总降压变电所，经过 35kV/10kV 总降压变压器后以 10kV 给厂内各高压设备或车间变电所配电；在车间变电所经过 10kV/0.4kV 变压器后以 0.4kV 向低压用电设备直接配电，或再通过中间一级配电箱向用电设备配电。

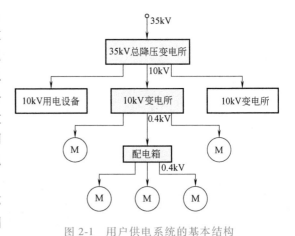

图 2-1　用户供电系统的基本结构

不同用户的供电系统会因具体情况不同而异，但是电气设计的基本要素是相同的，它们包括：

1）电力负荷计算。

2）供电电压的选择。

3）电源（包括主供电源、备用电源、应急电源和分布式电源）的选择。

4）电气主接线（包括变电所和配电网）的设计。

5）主要电气设备的选择。

掌握上述要素，再考虑到不同用户的具体情况加以灵活运用，则可以设计出满足用户要求的用户供电系统。

第一节　电力负荷与负荷计算

用电设备参数是用户供电系统设计的基础数据。通常，工厂动力用电设备的数目取决于生产过程，设备参数由生产工艺工程师和生产设备设计工程师提供。对于难以获得全面准确的用电负荷数据的用户，譬如商住建筑和居民生活用电，则可以根据建筑物的功能用途用统计数据来估计。

电力用户中所有用电设备的额定功率之和并不能作为用户供电系统设计的依据。由于用电设备并非都同时工作或都同时工作于额定工况，用户总的电力需求必然小于各个设备额定功率之和。因此，如何根据用电设备参数来确定能用于供电系统设计的计算负荷，是负荷计算工作的主要任务。

一、关于负荷的基本概念

1. 设备安装容量

设备安装容量 P_N（亦称设备功率）是指连续工作的用电设备铭牌上的标称功率 P_E。但是，用电设备往往因工作性质不同而具有不同的运行工作制，这时，从供电安全和经济性两方面来考虑，应按设备铭牌功率予以折算。用电设备工作制分为：

（1）连续运行工作制 此类用电设备的连续运行时间较长，通常不小于 10min。绝大多数用电设备都属于此类工作制，如通风机、压缩机、各种泵类、各种电炉、机床、电解电镀设备、照明等。此类设备的铭牌容量就作为设备安装容量。

（2）短时运行工作制 此类用电设备的连续工作时间很短、但停歇时间相对很长。如金属切削机床用的辅助机械（横梁升降、刀架快速移动装置等）、水闸用电动机等，这类设备的数量很少。在计算包含短时工作制设备在内的一组用电设备的计算负荷时，若此类设备容量相对较小，则一般不予考虑。

（3）断续周期工作制 此类设备有一定的运行周期（小于 10min），时而工作，时而停歇，反复运行。起重机用电动机、电焊用变压器等均属于此类。设备工作时间与工作周期之比称为负荷持续率（FC），通常用于表示此类设备的工作特征。

$$FC = \frac{t_g}{t_g + t_x} \times 100\% \tag{2-1}$$

式中 t_g——工作时间；

t_x——停歇时间；

$t_g + t_x$——工作周期，不应超过 10min。

对于断续周期工作制的用电设备，在参与成组设备的负荷计算时，从发热的观点来看，需将铭牌功率按下式换算成 $FC = 100\%$ 时的额定持续功率，换算后的功率作为此类设备的安装容量。

对于电动机

$$P_{N.M} = P_E \sqrt{FC} \tag{2-2}$$

对于电焊变压器

$$S_N = S_E \sqrt{FC} \tag{2-3}$$

式中 FC——铭牌负荷持续率；

P_E（S_E）——换算前的设备铭牌功率；

$P_{N.M}$（S_N）——换算后的设备安装容量。

2. 负荷与负荷曲线

电力负荷是指单台用电设备或一组用电设备从电源取用的电功率，包括有功功率、无功功率和视在功率。在生产过程中，由于生产过程的变化或用电设备使用上的随机性，实际负荷都是随着时间而变化的。电力负荷随时间变化的曲线称为负荷曲线。

根据负荷曲线绘制的时间长度，负荷曲线可有（8h）工作班负荷曲线、日负荷曲线、周负荷曲线、月负荷曲线和年负荷曲线，其中日负荷曲线和年负荷曲线最为常用。日负荷曲线表示在一天中一定时间间隔 Δt 内的平均负荷随时间的变化情况，年负荷曲线表示全年负荷变动与负荷持续时间关系的曲线，如图 2-2 所示。通常，年负荷曲线是由不同季节典型日负荷曲线推算而来的。

在我国，求计算负荷的日负荷曲线时间间隔 Δt 取为 30min。Δt 的取值与导体的发热时间常数 τ 有关，导体截面积越大，发热时间常数 τ 越大。由于中小截面积（35mm^2 以下）导体的发热时间常数 τ 一般在 10min 左右，而导体达到稳定温升需要（3~4）τ 的时间，因此时间间隔选为 30min 是合适的。

通过对负荷曲线的分析，可以掌握负荷变化的规律，并从中获得一些对电气设计和运行有指导意义的统计参数。

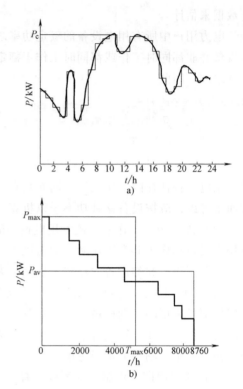

图 2-2　日负荷曲线与年负荷曲线
a）日有功负荷曲线　b）年有功负荷曲线

3. 平均负荷、最大负荷与计算负荷

（1）平均负荷 P_{av}　平均负荷是指电力负荷在一段时间内的平均值。电力用户的平均负荷 P_{av} 可由统计时间内的电能消耗量与统计工作时间之比来计算：

$$P_{av} = \frac{W_T}{T_{gz}} \tag{2-4}$$

式中　　W_T——统计工作时间内的电能消耗量（kW·h）；

T_{gz}——统计工作时间（h）。若统计时间为一年，则得到年平均负荷。

（2）最大负荷 P_{max}　最大负荷是指一年中典型日负荷曲线（全年至少出现 3 次的最大负荷工作班内的负荷曲线）中的最大负荷，即 30min 内消耗电能最大时的平均负荷，记作 P_{max}。

（3）计算负荷 P_c　电力用户的实际负荷并不等于用户中所有用电设备额定功率之和，这是因为：

1）并非所有设备都同时投入工作。

2）并非所有设备都能工作于额定状态。

3）并非所有设备的功率因数都相同。

4）还应考虑用电设备的效率与配电设备的功率损耗。

因此，在用户供电系统设计中，必须首先找出这些用电设备的等效负荷。所谓等效是指用电设备在实际运行中对配电设备所产生的最大热效应与等效负荷产生的热效应相等，或实际负荷产生的最大温升与等效负荷产生的温升相等。从等效的含义上讲，前述"半小时最大平均负荷"就是等效负荷。

等效负荷可以作为供电系统设计和电气设备选择的依据。在供电系统设计中，将等效负荷称为计算负荷 P_c。因此，对于已运行的电力用户而言，计算负荷 P_c 就是该用户典型负荷曲线上的半小时最大平均负荷 P_{max}；但对于筹建中的电力用户，计算负荷 P_c 则是根据统计规律按照一定的计算方法计算得到的半小时最大平均负荷 P_{max} 的假想值而已。

计算负荷是用户供电系统结构设计、供电线路截面选择、变压器数量和容量选择、电气设备额定参数选择等的依据，合理地确定用户各级供电系统的计算负荷非常重要。计算负荷过高，将增加供电设备的容量，浪费有色金属，增加建设投资。但若计算负荷过低，供电系统的线路及电气设备由于承担不了实际负荷电流而过热，影响供电系统的正常可靠运行，同时对工业生产、商贸活动和居民生活造成不良影响。

4. 负荷系数、利用系数与需要系数

（1）负荷系数　负荷系数是指平均负荷与最大负荷之比，它反映了负荷的平稳程度。负荷越平稳，则负荷系数越大。负荷系数常分为有功负荷系数 α 和无功负荷系数 β：

$$\begin{cases} \alpha = \dfrac{P_{av}}{P_{max}} \\ \\ \beta = \dfrac{Q_{av}}{Q_{max}} \end{cases} \tag{2-5}$$

由于变压器和电机等设备在空载的情况下也需要一定的无功电流来建立工作磁场，而这部分无功功率基本不随有功负荷有无而变，因此，无功负荷曲线比有功负荷曲线变化平稳一些。通常，工业企业的有功负荷系数 $\alpha = 0.65 \sim 0.75$，无功负荷系数 $\beta = 0.70 \sim 0.82$；商住建筑的有功负荷系数 $\alpha = 0.35 \sim 0.80$，无功负荷系数 $\beta = 0.40 \sim 0.85$。

（2）利用系数　利用系数是针对用电设备组而言的。利用系数 K_x 定义为用电设备组在最大负荷工作班内消耗的平均负荷 P_{av} 与该设备组的总安装容量 $\sum P_N$ 之比，即

$$K_x = \frac{P_{av}}{\sum P_N} \tag{2-6}$$

对某一用电设备组，统计其在最大负荷工作班的耗电量，除以该工作班的时间，便可以求出在该工作班内的平均负荷。

（3）需要系数　需要系数也是针对用电设备组而言的。需要系数 K_d 定义为用电设备组的最大负荷 P_{max} 与该设备组的总安装容量 $\sum P_N$ 之比，即

$$K_d = \frac{P_{max}}{\sum P_N} \tag{2-7}$$

需要系数反映了计算负荷与设备安装容量之间的关系。由现有设备组、车间或工厂的负荷曲线得到的需要系数统计值，可以作为求取同类设备组、同类车间或同类工厂的计算负荷的参考依据。附录中附表 1 列出了各种类型用电设备组的需要系数值。

5. 年最大负荷利用小时数 T_{max}

年最大负荷利用小时数 T_{max} 是这样一个假想时间：电力用户按照最大负荷 P_{max} 持续运

行 T_{max} 时间所消耗的电能恰好等于该电力用户全年实际消耗的电能 W_a。如图 2-3 所示，年最大负荷 P_{max} 延伸到 T_{max} 的横线与两坐标轴所包围的矩形面积，恰好等于年负荷曲线与两坐标轴所包围的面积，即全年实际消耗的电能 W_a，因此年最大负荷利用小时数为

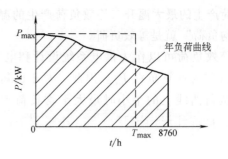

图 2-3 年负荷曲线和年最大负荷利用小时数

$$T_{max} = \frac{W_a}{P_{max}} \qquad (2-8)$$

二、负荷估算

负荷计算需要知道电力用户中所有用电设备的功率、工作性质、地理位置以及设备组的组成情况。但是，在工业企业或商住建筑的前期规划、可行性研究或初步设计阶段，还难以获得负荷计算所需要的基本数据，此时，常采用负荷估算的方法来初步估计用户的计算负荷，从而为供电电源的选择和供电系统的初步设计提供依据。

1. 单位产品耗电量法

工业企业的年耗电量与年产量直接相关。对于生产同类产品但产地和规模不同的车间或工厂，生产单台产品的耗电量具有统计规律上的相似性。表 2-1 列出了部分产品的单位产品耗电量的统计平均值。

表 2-1 单位产品的电能消耗量

标准产品	单 位	单位产品耗电量 $\omega / kW \cdot h$	标准产品	单 位	单位产品耗电量 $\omega / kW \cdot h$
有色金属铸件	1t	600~1000	变压器	1kV·A	2.5
铸铁件	1t	300	电动机	1kW	14
锻铁件	1t	30~80	量具刃具	1t	6300~8500
拖拉机	1台	5000~8000	重型机床	1t	1600
汽车	1辆	1500~2500	纱	1t	40
静电电容器	1kvar	3	橡胶制品	1t	250~400

若已知某企业的产品和产量，查表可得该产品的单位产品耗电量 ω 和该类工厂的年最大负荷利用小时数 T_{max}，进而按下式求出企业年电能需要量 W_a 和计算负荷 P_c。

$$\begin{cases} W_a = \omega n \\ P_c = \dfrac{W_a}{T_{max}} \end{cases} \qquad (2-9)$$

式中 ω——单位产品耗电量；

n——年产品数或年产量。

2. 负荷密度法

商住建筑的用电负荷常与建筑面积直接相关。对于具有相同功能、用途和档次的商住建筑，尽管建筑的规模不同，但单位建筑面积上的负荷密度具有统计规律上的相似性。表 2-2 列出了当前经济发展情况下各类建筑物的负荷密度和需要系数。

若已知建筑面积 $A(\mathrm{m}^2)$，并查表得到同类建筑的负荷密度指标 $\rho(\mathrm{W/m}^2)$，则计算负荷 P_c 可按下式求得：

$$P_c = \rho A \qquad (2\text{-}10)$$

表 2-2　各类建筑物的用电指标

建筑类别		负荷密度 $\rho/(\mathrm{W/m}^2)$			需要系数	备　注
		低档	中档	高档		
住宅	1 类：别墅	60	70	80	0.35~0.50	家庭全电气化
	2 类：高级	50	60	70		家庭基本电气化
	3 类：普通	30	40	50		家庭有主要家电
公共设施	行政办公	50	65	80	0.70~0.80	办公楼、一般写字楼
	商业金融服务	70	100	130	0.80~0.90	金融、商业、旅馆
	文化娱乐	50	70	100	0.60~0.70	
	体育	30	50	80		
	医疗卫生	50	65	80		
	科教	45	65	80		
	文物古迹	20	30	40		
	其他	10	20	30		宗教活动、社会福利
工业企业	一类工业	30	40	50	0.30~0.40	高科技企业
	二类工业	40	50	60	0.30~0.45	一般工业企业
	三类工业	50	60	70	0.35~0.50	中型与重型工业企业
仓储	普通仓储	5	8	10		
	危险品仓储	5	8	12		
	堆场	1.5	2	2.5		
道路广场	道路	0.01	0.25	2		
	广场	0.05	0.25	2		
	停车场	0.03	0.25	2		

三、负荷计算

根据工艺和建筑设计等部门提供的用电设备及其安装容量确定计算负荷的工作称为负荷计算。负荷计算的理论依据是相似性原理，即性质相同、功能相近的用电设备组、生产车间或电力用户，其负荷曲线应相似，其负荷曲线的特征参数值（负荷系数、利用系数、需要系数、最大有功负荷利用时数等）应相近。

根据负荷曲线的不同特征参数，人们总结提炼出了多种负荷计算方法，譬如需要系数法、附加系数法、二项式法等。其中，需要系数法以其计算简单、适用面广、需要系数数据齐全等特点，在用户供电系统设计中应用广泛，尤其适用于变（配）电所的负荷计算。

本章以工业企业用户为例来说明需要系数法在负荷计算中的应用。

1. 单台用电设备的计算负荷

考虑到设备可能在额定工况下运行，单台用电设备的计算负荷就取设备的安装容量。

$$\begin{cases} P_c = P_N \\ Q_c = P_c \tan\varphi \\ S_c = \sqrt{P_c^2 + Q_c^2} \\ I_c = \dfrac{S_c}{\sqrt{3}\,U_N} \end{cases} \tag{2-11}$$

式中 P_N——用电设备的安装容量（kW）；

       $\tan\varphi$——用电设备铭牌给出的功率因数角的正切值；

       U_N——设备的额定电压（kV）；

       P_c——有功计算负荷（kW）；

       Q_c——无功计算负荷（kvar）；

       S_c——视在计算负荷（kV·A）；

       I_c——计算电流（A）。

对于某些设备，考虑到设备的运行效率或辅助设备的功率，设备铭牌功率并不一定是设备的额定电功率。譬如，考虑到荧光灯镇流器的功耗，荧光灯的电功率是灯管额定功率的 1.2 倍；考虑到电动机的运行效率，单台电动机的计算负荷 $P_{c.M}$ 应按下式计算：

$$P_{c.M} = \frac{P_N}{\eta_M} \tag{2-12}$$

式中 η_M——电动机在额定功率下的效率。

2. 用电设备组的计算负荷

当计算配电干线（譬如，第 j 条）上的计算负荷时，首先将用电设备分组，求出各组用电设备的总安装容量 $P_{N.i}$，然后查表得到各组用电设备的需要系数 $K_{d.i}$ 及对应的功率因数 $\cos\varphi_i$ 和功率因数正切值 $\tan\varphi_i$，则

$$\begin{cases} P_{c.j} = \sum P_{c.i} = \sum (K_{d.i} P_{N.i}) \\ Q_{c.j} = \sum Q_{c.i} = \sum (P_{c.i} \tan\varphi_i) \\ S_{c.j} = \sqrt{P_{c.j}^2 + Q_{c.j}^2} \end{cases} \tag{2-13}$$

需要系数与用电设备组中设备的负荷率、设备的平均效率、设备的同时利用系数以及供电线路的效率等因素有关。此外，操作工人的熟练程度、材料的供应、工具的质量等随机因素也对 K_d 有影响。设计时，设计人员应综合考虑上述各种因素，在给出的需要系数的变化范围内适当选择。表 2-3 列出了某些用电设备的需要系数和功率因数。

需要系数法适用于用电设备台数较多、设备容量差别不大的场合，当用电设备组的设备台数较少时，需要系数法的计算结果往往偏小。对于设备台数为 3 台及以下的用电设备组，其计算负荷应取各设备功率之和；4 台用电设备的计算负荷宜取设备功率之和乘以 0.9 的系数。

表 2-3　工业用电设备的需要系数 K_d 值

用电设备名称	K_d	$\cos\varphi$	$\tan\varphi$
金属冷加工机床	0.12~0.20	0.50	1.73
金属热加工机床	0.20~0.28	0.60	1.33
液压机	0.30	0.60	1.33
木工机械	0.20~0.30	0.50~0.60	1.73~1.33
生产用通风机	0.75~0.85	0.80~0.85	0.75~0.62
卫生用通风机	0.65~0.70	0.80	0.75
冷冻机组	0.85~0.90	0.80~0.90	0.75~0.48
压缩机	0.75~0.85	0.80	0.75

3. 车间或全厂的计算负荷

车间或全厂的负荷计算以车间内用电设备组或配电干线的计算负荷为基础，从负荷端逐级向电源端计算，而且需要在各级配电点乘以同期系数 K_Σ，即

$$\begin{cases} P_{c\Sigma} = K_\Sigma \sum P_{c.j} \\ Q_{c\Sigma} = K_\Sigma \sum Q_{c.j} \\ S_{c\Sigma} = \sqrt{P_{c\Sigma}^2 + Q_{c\Sigma}^2} \end{cases} \tag{2-14}$$

求出变压器低压侧总计算负荷后，变压器高压侧的计算负荷等于低压侧计算负荷与变压器功率损耗之和。在初步设计时，变压器的功率损耗可按下式近似估算

$$\begin{cases} \Delta P_T \approx (0.01 \sim 0.02)S_c \\ \Delta Q_T \approx (0.05 \sim 0.08)S_c \end{cases} \tag{2-15}$$

表 2-4 为同期系数的参考值。K_Σ 的取值一般为 0.85~0.95，但各级同期系数的连乘积不宜小于 0.8，由于愈趋向电源端，负荷愈平稳，所以对应的 K_Σ 也愈大。

表 2-4　需要系数法的同期系数 K_Σ 值

应　用　范　围	K_Σ
1. 确定车间变电所低压母线的最大负荷时，所采用的负荷同期系数：	
冷加工车间	0.7~0.8
热加工车间	0.7~0.9
动力站	0.8~1.0
2. 确定配电所母线的最大负荷时，所采用的负荷同期系数：	
计算负荷小于 5000kW	0.9~1.0
计算负荷为 (5000~10000)kW	0.85

注：当由各车间直接计算全厂最大负荷时，应同时乘以表中两种同期系数。

4. 单相用电设备计算负荷的确定

当单相用电设备的总容量小于三相设备总容量的 15% 时，不论单相设备如何分配，均可直接按三相平衡负荷计算；若单相用电设备的总容量大于三相用电设备总容量的 15% 时，则需将其换算成三相等效负荷后，再参与负荷计算。单相用电设备换算为三相等效设备容量的方法如下：

1）单相设备接于相电压时，将三相线路中单相用电设备容量最大的一相乘以 3 作为三相等效设备容量。

2）单相设备接于线电压时，首先应将接于线电压的单相设备容量换算为接于相电压的

设备容量，然后再分相计算各相的设备容量，取最大负荷相的设备容量的 3 倍来作为等效的三相负荷容量。接于线电压的单相设备容量换算为接于相电压的设备容量时，换算公式如下：

$$\begin{cases} P_A = p_{AB-A}P_{AB} + p_{CA-A}P_{CA} \\ Q_A = q_{AB-A}P_{AB} + q_{CA-A}P_{CA} \\ P_B = p_{BC-B}P_{BC} + p_{AB-B}P_{AB} \\ Q_B = q_{BC-B}P_{BC} + q_{AB-B}P_{AB} \\ P_C = p_{CA-C}P_{CA} + p_{BC-C}P_{BC} \\ Q_C = q_{CA-C}P_{CA} + q_{BC-C}P_{BC} \end{cases} \qquad (2\text{-}16)$$

式中　P_{AB}、P_{BC}、P_{CA}——接于 AB、BC、CA 相间的有功负荷（kW）；

$\quad\quad\ P_A$、P_B、P_C——换算为 A、B、C 相的有功负荷（kW）；

$\quad\quad\ Q_A$、Q_B、Q_C——换算为 A、B、C 相的无功负荷（kvar）；

p_{AB-A}、q_{AB-A}、$\cdots$——换算系数，如表 2-5 所示。

表 2-5　相间负荷换算为相负荷的功率换算系数

功率换算系数	负荷功率因数								
	0.35	0.4	0.5	0.6	0.65	0.7	0.8	0.9	1.0
p_{AB-A}、p_{BC-B}、p_{CA-C}	1.27	1.17	1.0	0.89	0.84	0.8	0.72	0.64	0.5
p_{AB-B}、p_{BC-C}、p_{CA-A}	−0.27	−0.17	0	0.11	0.16	0.2	0.28	0.36	0.5
q_{AB-A}、q_{BC-B}、q_{CA-C}	1.05	0.86	0.58	0.38	0.3	0.22	0.09	−0.05	−0.29
q_{AB-B}、q_{BC-C}、q_{CA-A}	1.63	1.44	1.16	0.96	0.88	0.8	0.67	0.53	0.29

四、功率因数及其提高

功率因数反映了用电负荷的性质。当功率因数为 1 时，用电负荷为纯电阻性负荷，负荷从电源只吸收有功功率；当功率因数小于 1 时，用电负荷为阻感性或阻容性负荷，负荷不仅从电源吸收有功功率，还将吸收一定的无功功率。无功功率增大了负荷电流，进而导致设备容量增大、电网能耗增加等。因此，无功功率宜就近平衡或补偿。

在电气设计阶段，应保证电力用户的功率因数满足供电部门的要求。根据国家电网公司《电力系统电压质量和无功电力管理规定》的要求，高压供电用户在高峰负荷时高压侧功率因数应不低于 0.95，低压供电用户的功率因数应不低于 0.9。当功率因数不满足要求时，应采取适当的提高措施。

1. 功率因数

按照无功补偿前后划分，功率因数分为自然功率因数和总功率因数，无补偿时用电设备组的功率因数称为自然功率因数，而补偿后的功率因数称为总功率因数。

按照功率因数的测算方法来分，可分为瞬时功率因数和平均功率因数。瞬时功率因数是某一工频周期的功率因数，由功率因数表读出，其原理是测量一个工频周期中电流与电压的相位差，或测量一个工频周期中有功功率、无功功率与视在功率，并按下式计算而得：

$$\cos\varphi = \frac{P}{S} = \frac{P}{\sqrt{P^2 + Q^2}} \qquad (2\text{-}17)$$

平均功率因数是指一段时间内（譬如一天或一个月等）功率因数的平均值。对于已经运行的负荷，平均功率因数是通过测定用户在一段时间内的有功电量和无功电量，并由下式计算而得：

$$\cos\varphi = \frac{P_{av}}{\sqrt{P_{av}^2 + Q_{av}^2}} = \frac{W}{\sqrt{W^2 + V^2}}$$ (2-18)

式中　W——用电设备组在计量时段内的有功电量；
　　　V——用电设备组在计量时段内的无功电量。

2. 功率因数的提高

电气设计中，首先应该提高用户的自然功率因数，譬如，合理选择电动机和变压器的容量，选用具有空载切除功能的间歇工作制设备，选用单位功率因数或高功率因数变流设备等。若根据负荷计算所得到的自然功率因数仍不满足要求，则可以采用并联电力电容器或新型静止无功补偿设备作为无功补偿装置，并提出无功补偿装置的补偿方式和容量。

（1）无功补偿方式　无功补偿应本着就近平衡的原则，低压设备的无功功率宜在低压侧补偿，高压设备的无功功率则应在高压侧补偿，补偿装置应尽量靠近无功负荷。按照补偿电容器的安装位置，无功补偿方式分为就地补偿和集中补偿，如图 2-4 所示。

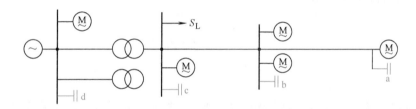

图 2-4　补偿电容器的布置方式

电容器 a 为就地补偿。对于容量较大、负荷平稳的用电设备，在设备附近按照其本身无功功率的需要量装设电容器，与用电设备同时投入运行和断开。对于大容量感应电动机而言，补偿容量应按轻负荷时电机所需的无功功率计算，避免轻负荷时出现过补偿。

就地补偿可以最大限度减少系统中流过的无功功率，使整个供电线路的功率及能量损耗、送电线路的导线截面、开关设备和变压器容量都相应减少或降低，单从补偿效果来看，这是最好的补偿方式。但这种补偿方式也有不足之处：①电容器利用率低，因为在用电设备切除的同时电容器也切除，否则产生无功功率的倒送；②易受到机械振动及其他环境条件的影响。

电容器 b 为分组集中补偿，和就地补偿相比，所需的电容器总容量较少，即电容器的利用率较高，但其补偿效果稍差。

电容器 c 为低压集中补偿，电容器 d 为高压集中补偿。高压集中补偿主要补偿高压用电设备的无功功率和 10kV 变压器的无功损耗，变压器低压侧的无功功率应在低压侧通过就地补偿或低压集中补偿来解决。从提高电源进线的功率因数来讲，仅在高压侧补偿也可以达到要求，但高压侧补偿只能节约电源至 10kV 变电所的导体截面，而设置在低压侧，除具有上述优点外，还能提高 10kV 变电所变压器的负荷能力。

（2）无功补偿容量　在新建工厂的设计阶段，无功功率补偿前的自然平均功率因数

$\cos\varphi_1$ 可按下式确定：

$$\cos\varphi_1 = \frac{P_{av}}{S_{av}} = \sqrt{\frac{1}{1+\left(\dfrac{\beta Q_c}{\alpha P_c}\right)^2}} \qquad (2\text{-}19)$$

式中　P_c——用电设备或用电设备组的有功计算负荷（kW）；

　　　Q_c——用电设备或用电设备组的无功计算负荷（kvar）；

　　　α——用电设备组的有功负荷系数；

　　　β——用电设备组的无功负荷系数。

若采用固定补偿装置，无功补偿容量可按式（2-20）确定：

$$Q_B = \alpha P_c(\tan\varphi_1 - \tan\varphi_2) \qquad (2\text{-}20)$$

当采用分组自动投切或连续动态补偿的补偿装置时，无功补偿容量应按式（2-21）确定：

$$Q_B = P_c(\tan\varphi_1 - \tan\varphi_2) \qquad (2\text{-}21)$$

式中　$\tan\varphi_1$——补偿前功率因数 $\cos\varphi_1$ 对应的正切值；

　　　$\tan\varphi_2$——补偿后期望的功率因数 $\cos\varphi_2$ 对应的正切值。

自动补偿后的总功率因数为

$$\cos\varphi_2 = \sqrt{\frac{1}{1+\left(\dfrac{Q_c - Q_B}{P_c}\right)^2}} \qquad (2\text{-}22)$$

五、供电系统负荷计算示例

某用户供电系统结构和负荷数据如图 2-5 所示，按照需要系数法，各级负荷计算如下。

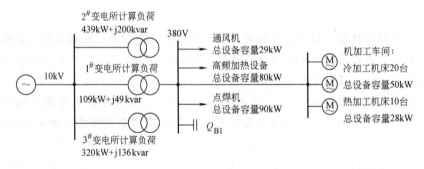

图 2-5　负荷计算示例图

1. 用电设备组的负荷计算

（1）通风机

通风机：$P_N = 29\text{kW}$，查表得 $K_d = 0.85$ 和 $\tan\varphi = 0.75$，于是

$$P_{c\cdot 1} = K_d P_N = (0.85 \times 29)\text{kW} = 25\text{kW}$$

$$Q_{c\cdot 1} = P_{c\cdot 1}\tan\varphi = (25 \times 0.75)\text{kvar} = 19\text{kvar}$$

（2）高频加热设备

高频加热设备：$P_N = 80\text{kW}$，查表得 $K_d = 0.6$ 和 $\tan\varphi = 1.02$，于是

$$P_{c\cdot 2} = K_d P_N = (0.6 \times 80)\text{kW} = 48\text{kW}$$

$$Q_{c.2} = P_{c.2}\tan\varphi = (48 \times 1.02)\,\text{kvar} = 49\,\text{kvar}$$

（3）机加工车间

冷加工机床：$P_N = 50\text{kW}$，查表得 $K_d = 0.16$ 和 $\tan\varphi = 1.73$；

热加工机床：$P_N = 28\text{kW}$，查表得 $K_d = 0.25$ 和 $\tan\varphi = 1.33$；于是

$$P_{c.3} = \sum(K_d P_N) = (0.16 \times 50 + 0.25 \times 28)\,\text{kW} = 15\,\text{kW}$$

$$Q_{c.3} = \sum(P_c \tan\varphi) = (8 \times 1.73 + 7 \times 1.33)\,\text{kvar} = 23\,\text{kvar}$$

（4）点焊机

点焊机：$P_N = 90\text{kW}$，查表得 $K_d = 0.35$ 和 $\tan\varphi = 1.33$，于是

$$P_{c.4} = K_d P_N = (0.35 \times 90)\,\text{kW} = 32\,\text{kW}$$

$$Q_{c.4} = P_{c.4}\tan\varphi = (32 \times 1.33)\,\text{kvar} = 42\,\text{kvar}$$

2. 1# 变电所低压侧计算负荷

取 1# 变电所各组负荷的同期系数为：$K_\Sigma = 0.90$，于是

$$P_{c.LV1} = K_\Sigma(P_{c.1} + P_{c.2} + P_{c.3} + P_{c.4}) = 0.9 \times (25 + 48 + 15 + 32)\,\text{kW} = 108\,\text{kW}$$

$$Q_{c.LV1} = K_\Sigma(Q_{c.1} + Q_{c.2} + Q_{c.3} + Q_{c.4}) = 0.9 \times (19 + 49 + 23 + 42)\,\text{kvar} = 120\,\text{kvar}$$

$$S_{c.LV1} = \sqrt{P_{c.LV1}^2 + Q_{c.LV1}^2} = \sqrt{108^2 + 120^2}\,\text{kV·A} = 161\,\text{kV·A}$$

$$\cos\varphi_1 = \frac{P_{c.LV1}}{S_{c.LV1}} = \frac{108}{161} = 0.67$$

3. 低压集中补偿容量的计算

采用电容器分组自动投切的低压集中补偿方式，设补偿后功率因数为 $\cos\varphi = 0.93$，则

$$Q_{B1} = P_{c.LV1}(\tan\varphi_1 - \tan\varphi_2) = 108 \times (1.11 - 0.40)\,\text{kvar} = 77\,\text{kvar}$$

补偿后变压器低压侧计算负荷为 108kW+j43kvar，$S_c = 116\text{kV·A}$。

4. 变电所高压侧计算负荷

1# 变电所变压器损耗按下式估算：

$$\Delta P_{T1} = 0.01 S_c = (0.01 \times 116)\,\text{kW} = 1\,\text{kW}$$

$$\Delta Q_{T1} = 0.05 S_c = (0.05 \times 116)\,\text{kvar} = 6\,\text{kvar}$$

1# 变电所高压侧计算负荷为：

$$P_{c.HV1} = P_{c.LV1} + \Delta P_{T1} = (108 + 1)\,\text{kW} = 109\,\text{kW}$$

$$Q_{c.HV1} = (Q_{c.LV1} - Q_{B1}) + \Delta Q_{T1} = (120 - 77 + 6)\,\text{kvar} = 49\,\text{kvar}$$

5. 全厂总计算负荷

取全厂负荷的同期系数为：$K_\Sigma = 0.90$，于是

$$P_c = K_\Sigma(P_{c.HV1} + P_{c.HV2} + P_{c.HV3}) = 0.9 \times (109 + 439 + 320)\,\text{kW} = 781\,\text{kW}$$

$$Q_c = K_\Sigma(Q_{c.HV1} + Q_{c.HV2} + Q_{c.HV3}) = 0.9 \times (49 + 200 + 136)\,\text{kvar} = 347\,\text{kvar}$$

$$S_c = \sqrt{P_c^2 + Q_c^2} = \sqrt{781^2 + 347^2}\,\text{kV·A} = 855\,\text{kV·A}$$

$$\cos\varphi = \frac{P_c}{S_c} = \frac{781}{855} = 0.91$$

第二节 供电电压与电源的选择

供配电电压的高低对供电系统方案、有色金属消耗、电能质量及用电经济性等均有重大

影响。决定用户供电电压高低的主要因素是用户供电系统的电压质量与安全经济性。一般而言，供电电压越高，用户供电系统的电压质量越好，线路能耗也越小，但供电系统的建设投资越大。

线路电压损失是影响用户供电系统电压质量的主要因素。用电负荷越大，供电距离越长，则线路电压损失越大。供电电压的选择主要取决于负荷大小、供电距离和用电设备特性，但它往往受到用户所在地区供电条件的限制。

一、线路电压损失

由于线路存在阻抗，当输送一定负荷时，线路首末端将存在电压之差。线路首末端电压的相量差称为线路中的电压降，记作 $\Delta \dot{U}$；线路首末端电压的幅值差称为线路中的电压损失，记作 ΔU。

图 2-6a 所示为末端有一集中负荷的线路 AB，以末端相电压为基准，做出一相的电压相量图如图 2-6b 所示。根据定义，线路 AB 的电压降为

$$\Delta \dot{U} = \dot{U}_A - \dot{U}_B = \Delta U_Z + j\Delta U_H \tag{2-23}$$

式中　ΔU_Z——电压降的纵分量；

ΔU_H——电压降的横分量，分别计算如下：

$$\Delta U_Z = \overline{ac} = \overline{ab} + \overline{bc} = IR\cos\varphi + IX\sin\varphi = \frac{PR+QX}{U_B}$$

$$\Delta U_H = \overline{fc} = \overline{fe} - \overline{ec} = IX\cos\varphi - IR\sin\varphi = \frac{PX-QR}{U_B}$$

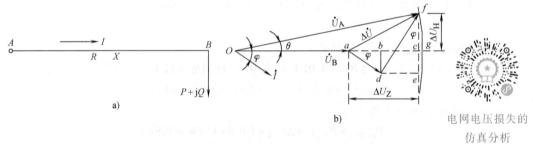

电网电压损失的
仿真分析

图 2-6　电压损失计算示意图

a）电路图　b）相量图

对于用户供电系统，由于线路首末端电压相角差小，在讨论电压对用户电气设备的实际影响时，往往只考虑电压幅值的大小。根据定义，线路 AB 的电压损失为

$$\Delta U = U_A - U_B = \overline{ag} \approx \overline{ac} = \frac{PR+QX}{U_B} \tag{2-24}$$

通常，电压损失用电压损失实际值对电网标称电压的百分数来表示，由于用户供电系统输电距离短，可以认为 $U_B \approx U_N$，则有

$$\Delta U\% = \frac{\Delta U}{U_N} \times 100\% = \frac{PR+QX}{U_N^2} \times 100\% \tag{2-25}$$

图 2-7 为分段接有负荷的干线线路。图中，p、q 分别为支线上的负荷；P、Q 分别为干线上的负荷；l、r、x 分别为每段线路的长度、电阻和电抗；L、R、X 分别为各负荷点至线

路首端的长度、电阻和电抗。线路首末端总电压损失计算如下：

$$\Delta U\% = \Delta U_1\% + \Delta U_2\% = \left(\frac{P_1 r_1 + Q_1 x_1}{U_N^2} + \frac{P_2 r_2 + Q_2 x_2}{U_N^2} \right) \times 100\%$$

$$= \frac{1}{U_N^2} \left[\sum_{i=1}^{n} P_i r_i + \sum_{i=1}^{n} Q_i x_i \right] \times 100\% \tag{2-26}$$

或

$$\Delta U\% = \frac{1}{U_N^2} \left[\sum_{i=1}^{n} p_i R_i + \sum_{i=1}^{n} q_i X_i \right] \times 100\% \tag{2-27}$$

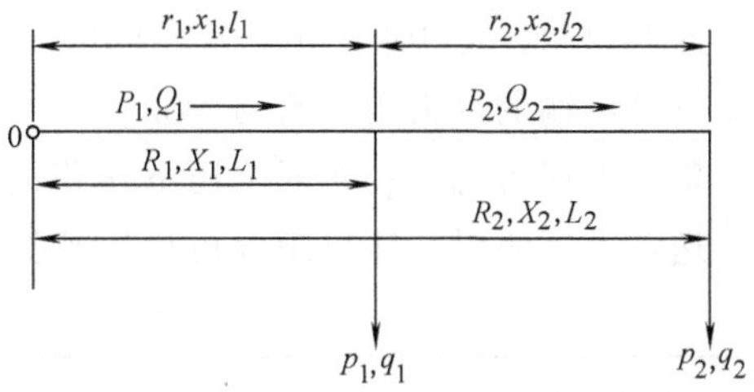

对于图 2-7，各参数关系如下：

$$P_1 = p_1 + p_2 \quad P_2 = p_2$$
$$Q_1 = q_1 + q_2 \quad Q_2 = q_2$$
$$R_1 = r_1 \quad R_2 = r_1 + r_2$$
$$X_1 = x_1 \quad X_2 = x_1 + x_2$$

图 2-7　分段负荷的电压损失计算示意图

如果各段导线的截面是相同的，则

$$\Delta U\% = \frac{1}{U_N^2} \left[r_0 \sum_{i=1}^{n} P_i l_i + x_0 \sum_{i=1}^{n} Q_i l_i \right] \times 100\% = \frac{1}{U_N^2} \left[r_0 \sum_{i=1}^{n} p_i L_i + x_0 \sum_{i=1}^{n} q_i L_i \right] \times 100\% \tag{2-28}$$

式中　r_0、x_0——分别是单位长度导线的电阻和电抗值。

由式（2-28）可知，输送功率与输送距离的乘积决定着线路上的电压损失，常称其为负荷矩，它是判断电压质量的重要技术指标。

二、电压与负荷容量和输送距离的关系

由于受导线截面积的限制和允许线路电压损失的影响，每一标称电压下线路的输电能力是有限的。

1）通常用户供电系统所用的导线最大标称截面为 $240mm^2$，其承载电流的能力限制了某一电压下输送功率的大小。对截面积为 A 的导线，设在满足经济性条件下其可承载的最大电流为 I_{max}，则其可输送的最大功率为

$$P_{max} = \sqrt{3} U_N I_{max} \cos\varphi$$

式中　$\cos\varphi$——负荷功率因数。譬如，对截面积为 $240mm^2$ 的铝芯架空线而言，在满足经济性条件下其可承载的最大电流约为 216A，设负荷功率因数 $\cos\varphi = 0.8$，则在 10kV 电压下可输送的最大功率为

$$P_{max} = \sqrt{3} U_N I_{max} \cos\varphi = (\sqrt{3} \times 10 \times 216 \times 0.8) \text{kW} = 2993\text{kW}$$

2）按允许线路电压损失（一般不应大于5%）选择，在标称电压 U_N 下，对某一截面积导线的负荷矩限制如下：

$$\Delta U\% = \frac{P r_0 l + Q x_0 l}{U_N^2} \times 100\% = \frac{Pl(r_0 + x_0 \tan\varphi)}{U_N^2} \times 100\% \leq 5\%$$

故

$$Pl \leq \frac{5\% \times U_N^2}{r_0 + x_0 \tan\varphi}$$

譬如，对截面积为 $240mm^2$ 的铝芯架空线，线间几何均距为 1m，r_0 为 $0.132\Omega/km$，x_0 为 $0.305\Omega/km$，设负荷功率因数 $\cos\varphi = 0.8$，则在 10kV 电压下的最大负荷距为

$$Pl \leqslant \frac{5/100 \times 10^2}{0.132 + 0.305 \times 0.75} MW \cdot km = 13.9 MW \cdot km = 13.9 \times 10^3 kW \cdot km$$

最大负荷下的传输距离为

$$l = \frac{Pl}{P_{max}} \leqslant \frac{13.9 \times 10^3}{2993} km = 4.65 km$$

此例说明，在 10kV 电压下，$240mm^2$ 的铝绞线可输送的最大功率约为 3000kW，并在此功率下可传输的最大距离约为 5km。

基于上述考虑，在不同电压下线路的输送容量和输送距离参考值如表 2-6 所示。当然，当输送功率减小时，输电距离可相应延长。

表 2-6 线路的输送容量和输送距离

标称电压/kV	传输方式	输送功率/kW	输送距离/km
0.22	架空线	<50	0.15
0.22	电缆	<100	0.2
0.38	架空线	100	0.25
0.38	电缆	175	0.35
6	架空线	1200	15~4
6	电缆	3000	<3
10	架空线	2000	20~6
10	电缆	5000	小于6
35	架空线	2000~8000	50~20
35	电缆	15000	20
110	架空线	10000~50000	150~50

注：此表数据计算依据：架空线及 6(10)kV 电缆线芯截面积最大为 $240mm^2$，35kV 电缆线芯截面积最大为 $400mm^2$。

三、电压的选择

用户供电系统的电压等级应符合电力系统的标称电压。由于用户负荷相对较小、供电距离较短，故从安全和经济的角度考虑，用户供电系统的电压等级一般在 35kV 及以下。

1. 供电电压的选择

供电电压的选择应根据用电容量和供电距离参照表 2-6 并考虑当地电网现状、用户的用电负荷性质及未来发展规划等因素综合而定。一般用户的供电电压为 10kV，大中型工业企业的供电电压可为 35kV。对于个别电力用户，当用电负荷很大、输电距离长且有大功率冲击性负荷（如电弧炼钢炉、轧钢设备及大型整流装置等）时，在技术经济合理的条件下，可考虑采用更高一级电压供电。

2. 高压配电电压的选择

用户供电系统的高压配电电压一般采用 10kV，目前也有探讨和个别使用 20kV 的情况。当用户有多台 6kV 用电设备且容量较大，在技术经济上合理时，也可采用 6kV。

对于具有下列情况的工业企业，可考虑采用 35kV 深入厂区直接配电的方式：

1）厂区和负荷都不大的用户，且取得 35kV 电源很方便时，可用 35kV/0.4kV 变压器直

接供给用电负荷。

2）厂区十分分散，而分区负荷又相对集中，可采用 35kV 架空线深入厂区直接给各分区配电。

采用这种方式可简化供配电系统，节省投资，提高电能质量，降低电能损耗，但该方式受到厂区建筑面积的限制和建筑物的影响。

3. 低压配电电压的选择

1000V 以下的电压，除非因为安全所规定的特殊电压外，对于供给用户直接使用的交流动力及照明电压，我国是 380V/220V。对于矿山和油田等特殊场合，由于负荷分散，供电距离长，为了保证电压质量，动力用电可采用 660V/380V 或 1140V/660V。

四、电源的选择

由于生产性质或使用场合的不同，不同用户或同一用户内的不同设备对供电可靠性的要求是不同的。可靠性即根据用电负荷的性质和突然中断其供电在政治或经济上造成损失或影响的程度对用电设备提出的不允许中断供电的要求。供电电源首先应满足用电负荷的特定要求。

1. 负荷等级

按照用电负荷对供电可靠性的要求，即中断供电对人身生命、生产安全造成的危害及对经济影响的程度，用电负荷分为下列三级：

（1）一级负荷（关键负荷）　突然停电将关乎人身生命安全，或在经济上造成重大损失，或在政治上造成重大不良影响者。如重要交通和通信枢纽用电负荷、重点企业中的重大设备和连续生产线、政治和外事活动中心等。

（2）二级负荷（重要负荷）　突然停电将在经济上造成较大损失，或在政治上造成不良影响者。如突然停电将造成主要设备损坏或大量产品报废或大量减产的工厂用电负荷，交通和通信枢纽用电负荷，大量人员集中的公共场所等。

（3）三级负荷（一般负荷）　不属于一级和二级负荷者。

2. 电源及其选择

电力用户可由多种电源供电，以满足不同设备对电力和供电可靠性的需要。

直接来自电力系统的电源是绝大多数电力用户的主要电能来源，它为用户提供了满足长期稳定持续供电需要的大宗电能，属于正常电源。

除正常电源外，用户根据需要可以设置一些应急电源，以备正常电源故障中断时的急需之用。譬如，独立于正常电源的备用发电机组、独立于正常电源的备用馈电线路、蓄电池组、不间断电源（UPS）等。

近年来，可再生能源发电发展迅速，尤其是分布式光伏得到日益广泛的应用。在厂区或商住建筑，采用屋顶光伏的形式可以为用户提供额外的补充电源，而且分布式光伏电源、储能电源和正常电源可以并网形成一个微电网。在正常电源有电时，正常电源和分布式电源共同为负荷供电，且当分布式电源出力大于负荷需求时，多余的电力还可以送到电网中；在正常电源故障时，分布式电源可以作为备用电源或应急电源使用。

各级用电负荷的供电电源和供电方式，应根据负荷对供电可靠性的要求和地区供电条件，按下列原则考虑确定：

（1）一级负荷　应由两个独立电源供电，有特殊要求的一级负荷，两个独立电源应来自两个不同的地点。两个供电电源应在设备的控制箱内实现自动切换，切换时间应满足设备允许中断供电的要求。除正常电源外，还需增设应急电源。当一级负荷容量较小时，还可以考虑采用含分布式电源的微电网供电方式。

（2）二级负荷　应由两回线路供电，并可在配电装置内实现切换，当一回线路故障时，应不影响另一回线路供电。当负荷较小或取得两回线路有困难时，可由一回专用线路供电。小容量负荷可以采用一路电源加不间断电源或分布式电源。

（3）三级负荷　对供电方式无特殊要求，但在不增加投资或经济允许的情况下，也应尽量提高供电可靠性。

第三节　用户变电所及其主要电气设备

用户变电所是用户供电系统的主要组成部分，它向用户分配电能并进行控制，其组成结构如图 2-8 所示。

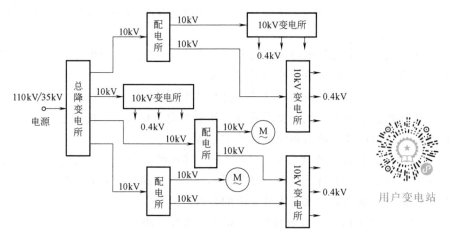

图 2-8　用户供电系统结构框图

一、变电所的作用与组成

变电所的主要作用是降低电压并向用电设备或用电设备组配电。

降压变压器是用户变电所的最重要的设备。用户供电通常采用 10～110kV 高压进线，而大多数用电设备是低压设备，必须通过变压器降压。

用户变电所按电压等级分为总降压变电所和 10kV 变电所（在工业企业称为车间变电所）。总降压变电所将进线 35～110kV 降为 10kV，配电给 10kV 变压器或高压用电设备，然后由 10kV 变电所再次降压为 380V/220V 供给低压用电设备。如果进线电压为 10kV，则可在用户区内设置 10kV 总配电所。由 35kV 直接供电的 35kV/0.4kV 变电所称为直接降压变电所。

高低压开关、供配电线路和测量保护设备等是变电所中的主要电气设备，实现着电能的控制与分配和供电系统的监视与保护。

安全、可靠、合理、经济是对用户供电系统的基本要求，也是对用户变电所的要求。变电所的设计要保证操作人员安全和供用电设备安全，变电所的设置要满足用电负荷对供电可靠性和电能质量的要求，同时，既要考虑用户用电负荷进一步发展的需要，又要努力降低建设投资和年运行费用。

二、变电所的设置

用户供电系统的核心是用户各级变电所。对一个具体用户而言，是否需建总降压变电所或总配电所，需建几个 10kV 变电所，取决于该用户的具体情况，譬如电压等级、总负荷大小、负荷在各厂房的分布、各厂房之间的相对位置等。设计中，变电所的设置可有多种不同的组合方案，每一方案都会影响到供电的技术性和经济性，需要进行全面分析和论证。

1. 总降压变电所或总配电所

当用户供电电压为 35kV 及以上时，一般应考虑设置总降压变电所。对于以 35kV 供电的用户，若用户没有高压用电设备，为简化供电系统，减少投资和电能损耗，在周围环境允许时，也可以不设总降压变电所，而以 35kV/0.4kV 的变压器直接向负荷供电。总降压变电所可以设置 1 台、2 台降压变压器。

当供电电压为 10kV 且有多台高压用电设备或 10kV 变电所较多时，宜设置总配电所。对负荷不大的小型用户，可将总配电所与某个 10kV 变电所合并，扩充为变配电所，或仅设一个独立式变电所。

2. 10kV 变电所

10kV 变电所（在工厂供电系统中常称为车间变电所）的设置主要取决于车间（或小区）负荷的大小、车间（或小区）之间的距离、各生产车间之间工艺联动要求以及经济效果。车间（或小区）负荷较小时，可考虑几个邻近车间（或小区）或工艺上有联动要求的车间合建一个变电所，合建时要考虑低压线路供电的负荷矩。车间（或小区）负荷较大时，可考虑单独建立一个变电所。当车间（或小区）负荷很大时，也可在该车间（或小区）建立多个变电所。

根据负荷的大小和负荷等级，一个 10kV 变电所一般设置 1 台、2 台变压器，单台变压器容量一般不大于 2000kV·A。

三、变电所位置的确定

1. 总降压变电所或总配电所

总降压变电所的位置应接近负荷中心，并适当靠近电源的进线方向，以便使有色金属耗量最少和线路功率及电能损耗最小。同时，还应考虑变电所周围的环境、进出线的方便和设备运输的方便。

在确定负荷中心时，通常画出负荷指示图，如图 2-9 所示。在工厂或车间总平面图上，根据不同的电压、负荷类型（动力或照明），按照负荷大小画成圆，圆心为车间负荷的重

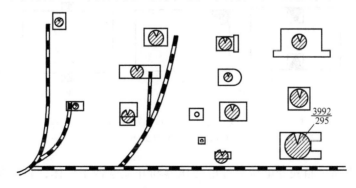

图 2-9　负荷指示图

注：1. 圆中带斜线部分为动力负荷，不带斜线部分为照明负荷

　　2. 分线值为示例，分子为动力负荷，分母为照明负荷

心，圆的直径 $d = 2\sqrt{S/(\pi n)}$ ，其中 S 为负荷的视在容量，n 为比例尺，如 $1\text{mm}^2 = 1\text{kV} \cdot \text{A}/n$。通过观察负荷指示图，可以大致确定负荷中心。必要时，可以绘制负荷分布坐标图，如图 2-10 所示，(x, y) 为总降压变电所的假定位置，以有色金属消耗量最小或线路损耗最小为目标，通过优化计算可以确定最佳 (x, y) 位置。

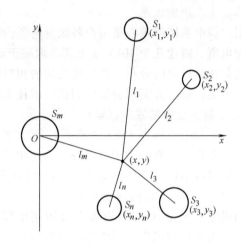

图 2-10　负荷分布图

实际上，影响总降压变（配）电所位置选择的因素很多，如建筑的布局，工艺装备的布置，进出线路环境，防火要求，小区运输，安全保卫，甚至风向、水位，以及建筑观点，未来发展等，都对变（配）电所的位置选择产生影响，应根据具体情况综合考虑。

2. 10kV 变电所

10kV 变电所的位置也应深入到低压负荷的中心，但往往受到生产工艺和建筑的制约。考虑到运输的方便及进出线方式，10kV 变电所的位置主要有以下几种类型：

（1）独立变电所　具有独立完整的变电所建筑。主要是用在负荷过于分散，将变电所建在任一厂房均不合适，或由于生产环境的限制，如防火、防爆、防尘、有腐蚀性气体等，才考虑设置独立变电所。设置独立变电所时要考虑低压的合理送电容量及距离。独立式变电所具有建筑费用高、馈电距离远、线路损耗大等缺点。

（2）附设变电所　附设变电所利用厂房一面或两面墙壁建造，如图 2-11 所示。当厂房生产面积有限、生产环境特殊或因生产工艺要求设备经常变动时，宜采用外附式，否则应采用内附式。附设变电所最好布置在厂房较长的一边上，并使其略偏向电源的方向，在两个跨度或三个跨度的厂房，也可以将变电所棋布在厂房的两端。如果厂房布局允许，也可将变电所设置在厂房内部或梁架上，以便供电点最大限度地接近负荷中心。

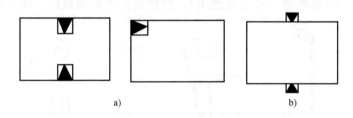

a)　　　　　　　　　　　　　　　　b)

图 2-11　附设变电所位置示意图

a）内附式　b）外附式

（3）箱式变电所　箱式变电所集配电变压器和开关电器于一体，装配在箱内，整体可独立置于户外，具有体积小、安装灵活、无须建筑等特点，适用于小型工业企业、居民小区、广场和道路照明等场合。

（4）地下变电所　地下变电所设于地下，通风不良，投资较大，用于有防空等特殊要求的场合，此外，民用高层建筑的变电所常设置在地下室内。

四、变压器的选择

为了降低电能损耗，变压器应首选低损耗节能型。当厂区配电母线电压偏差不能满足要求时，总降压变压器可选用有载调压变压器。车间变压器一般采用普通变压器。在具有三级高压的大型工厂变电所，若通过主变压器各侧的功率均达到该变压器容量的15%以上，宜采用三绕组变压器。

对于10kV/0.4kV变压器，其绕组型式可以是Yyn0或Dynll接法，但Dynll接法具有零序过电流保护灵敏度高和抑制零序谐波等优点，宜优先采用。

变压器台数应根据供电条件、负荷性质、用电容量和运行方式等综合确定。在确定变压器容量时，除考虑正常负荷外，还应考虑到变压器的过负荷能力和经济运行条件。

1. 变压器的过负荷能力

变压器在额定条件下可以持续正常运行。但实际情况是，变压器在许多时间的实际负荷远小于额定容量，因而使得变压器在不降低规定使用寿命的条件下具有一定的短期过负荷能力。

变压器的过负荷分为正常过负荷和事故过负荷两种。

（1）正常过负荷　在实际运行中，变压器的负荷和环境温度是经常变化的。当负荷较轻或环境温度较低时，绝缘材料的老化速度减缓；当出现过负荷或环境温度较高时，绝缘材料的老化加速。因此，在不降低变压器预期使用寿命条件下，上述两种运行方式可以互相补偿。

由变压器日负荷变化而允许的过负荷能力，可根据变压器日运行负荷曲线由相关手册查表得到。譬如，对于自然油冷双绕组变压器，当变压器平均负荷与最大负荷之比为0.6时，变压器可在20%过负荷情况下持续运行4h。

若变压器在夏季处于低负荷运行，在冬季则可允许有一定过负荷能力。如果夏季最大负荷低于变压器额定容量，每降低1%则冬季可过负荷1%，但最大过负荷量不得超过15%。

上述两种情况允许的过负荷值可以相加使用。但是，对于设置在户外，年平均温度不超过5℃，最高温度不超过40℃的自然循环油冷变压器，总过负荷不得超过30%，户内变压器总过负荷不得超过20%。

（2）事故过负荷　即使在变压器正常过负荷的情况下，其绝缘老化程度也只相当于绝缘自然损坏率的80%，剩余20%是为了满足事故过负荷而储备的。当互为暗备用的两台变压器中一台因故障退出运行时，另一台变压器可在事故过负荷下运行一段时间。各类变压器允许的事故过负荷数值和时间可查阅相关手册。

2. 变压器的经济运行

变压器是变电所中电能损耗最大的设备，因此，变电所的经济运行主要取决于变压器的经济运行。所谓变压器的运行是经济的，是指变压器在运行中传输单位kV·A所产生的有功功率损耗最小。显然，变压器的经济运行与变压器负荷率（变压器实际容量占额定容量之百分比）有关。通常，变压器的经济负荷率在70%左右。

对于多台并列运行的变压器，也存在经济运行方式的问题。随着负荷的变化，可以改变运行变压器的台数，以便在不同的负荷区间，总运行损耗最小。

3. 变压器数量和容量的选择

（1）变压器台数的选择　一个变电所中变压器的台数通常为 1~2 台。变压器台数多，不仅投资增加，消耗材料多，而且使系统接线复杂，维护困难。

当一、二级负荷较大时，为满足供电可靠性，应采用两台变压器供电。若一、二级负荷较小，并且可由低压侧取得足够容量的备用联络电源，也可装设一台变压器。

当负荷为三级时，宜采用一台变压器。但当负荷较大或认为经济合理时，也可采用两台变压器。

（2）变压器容量的选择　变压器的容量首先要满足在计算负荷下变压器能够长期可靠运行。

单台变压器的额定容量 S_{NT} 与计算负荷 S_c 的关系应满足：

$$S_{NT} \geqslant S_c \tag{2-29}$$

对于两台并列运行的变压器，则应满足

$$\begin{cases} S_{NT1} + S_{NT2} \geqslant S_c \\ S_{NT1} \geqslant S_{cI} + S_{cII} \\ S_{NT2} \geqslant S_{cI} + S_{cII} \end{cases} \tag{2-30}$$

式中　S_{NT1}、S_{NT2}——分别为并列运行的两台变压器的额定容量；

S_{cI}、S_{cII}——分别为负荷 S_C 中一级和二级负荷的容量。

变压器容量的选择除必须满足上述基本要求外，还应考虑：①为适应工厂发展和调整的需要，变压器容量应留有 15%~25% 的裕量；②满足变压器经济运行条件。

对于设有两台变压器的变电所，通常选用两台等容量的变压器，单台变压器的容量视它们的备用方式而定：

（1）明备用　一台变压器工作，另一台变压器停止运行作为备用。此时，两台变压器均按最大负荷时变压器负荷率为 100% 考虑。

（2）暗备用　两台变压器同时运行，正常情况下每台变压器各承担约全部负荷的 50%。因此，每台变压器的容量宜按全部最大负荷的 70% 选择。

变压器互为暗备用的特点是：①正常情况下，变压器最大负荷率约为 70%，符合变压器经济运行要求，并留有一定裕量；②若一台变压器故障，另一台变压器可以在承担全部最大负荷的情况下继续运行一段时间，这段时间完全有可能调整生产，切除部分不重要负荷，保证生产秩序。显然，两台变压器互为暗备用的运行方式，具有投资省、能耗小等优点，在实际中得到了比较广泛的应用。

五、变电所的主要电气设备

变电所的电气设备分为一次设备和二次设备。

高低压开关柜是变电所的主要一次成套设备。为了实现对负荷的灵活控制和保障操作人员、供电系统和电气设备的安全，在配电给各个用电设备（组）的馈出线的出口处，必须设置相应的操作开关、保护设备和测量设备，而这些设备通常装设在与各条馈出线相对应的配电开关柜中，以便装配、操作和维护。

高压开关的操作控制系统、继电保护系统、测量与信号系统以及通信系统是用户变电所的主要二次设备，保障着一次设备和供电系统的安全可靠运行。

下面介绍主要一次设备的功能和用途。

（1）高压断路器 供电系统中最重要的开关电器之一。线路正常时，用来通断负荷电流；线路故障（短路）时，在保护装置的作用下用来切断巨大的短路电流。断路器具有良好的灭弧装置和较强的灭弧能力。按灭弧介质划分，断路器分为油断路器、真空断路器、SF_6 断路器等，油断路器目前正在逐步被淘汰。

（2）负荷开关 线路正常时，用来通断负荷电流，但不能用来切断线路短路电流。负荷开关只有简易的灭弧装置。负荷开关必须与高压熔断器配合使用，利用高压熔断器切断短路故障电流。

（3）隔离开关 隔离开关没有灭弧装置，其灭弧能力很小。仅当电气设备停电检修时，用来隔离电源，造成一个明显的断开点，以保证检修人员的工作安全。在 10kV 变电所中，允许采用隔离开关作为下列设备和线路的正常通断操作开关：

1）电压互感器和避雷器。

2）励磁电流不超过 2A 的空载变压器。

3）电容电流不超过 5A 的空载线路。

4）感性负荷电流不超过 5A 的用电设备，如所用变压器等。

在上述情况下，当采用隔离开关作为负荷通断开关时，必须与熔断器配合，利用熔断器来切除故障。

（4）熔断器 线路或设备故障时，用于切断强大的短路故障电流。在某些情况下，熔断器常与负荷开关或隔离开关配合使用，以代替价格昂贵的高压断路器，节约工程投资。

（5）避雷器 避雷器主要用来抑制架空线路和配电母线上的雷电过电压和操作过电压，以保护电气设备免受损害。

（6）电力电容器 主要用于补偿无功功率。

（7）所用变压器 小容量 10kV 变压器，主要向变电所内部的动力负荷、照明负荷、继电保护操作电源等提供电力。

（8）电流互感器 将主回路中的大电流变换为小电流信号，供计量和继电保护用。电流互感器二次侧额定电流通常为 5A 或 1A，使用中二次侧不允许开路，以避免产生高压对操作者造成伤害。对于不使用的电流互感器的二次侧必须短路。通常，在每条电源进线和高压配电馈出线上均装有测量和保护用的电流互感器，在低压配电馈出线上装有测量用电流互感器。电流互感器按其误差分为 0.2 级、0.5 级、1 级、3 级和 D 级等。1 级以下用于测量，3 级以上用于继电保护。

（9）电压互感器 将高电压变换为低电压，供计量和继电保护用。电压互感器二次侧额定电压通常为 100V，使用中二次侧不允许短路。通常，在高压配电母线上均装有测量和保护用电压互感器。如图 2-12 所示，电压互感器常用的三种接线方式及应用范围如下：

1）图 2-12a 是两个单相电压互感器联结成 V/V 形，或称开口三角形联结法，这种接线方式常用于中性点不接地系统中，可以测量三相相间电压，也可接电度表或功率表。

2）图 2-12b 为三相三芯式的 Y/Y_0 联结法，这种联结方式可用来测量三相相间电压，也可接电能表和功率表，但不能测量相对地电压。

3）图 2-12c 是三相五芯三绕组电压互感器的 $Y_0/Y_0/\triangle$ 联结法，这种联结方式用得最广泛。二次侧 Y_0 联结法可用来测量线电压、相电压及接电能表和功率表，另一个二次辅助线圈联结成开口三角形，用来测量电路对地绝缘，**即测量零序电压值。**

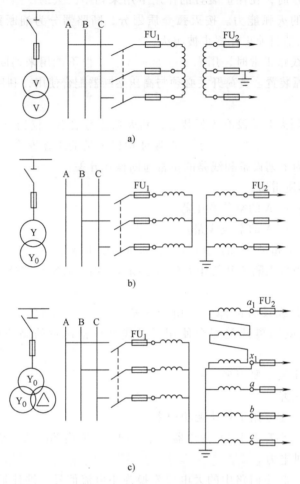

图 2-12 电压互感器常用的三种接线

a) 两个单相电压互感器的 V/V 联结法 b) 三相三芯式电压互感器的 Y/Y$_0$ 联结法

c) 三相五芯式电压互感器的 Y$_0$/Y$_0$/△联结法

此外，还有低压断路器、低压隔离开关、低压熔断器等，不再赘述。

第四节 用户变电所的电气主接线

一、电气主接线及其要求

电气主接线表示电能从电源分配给用电设备的主要电路，主接线图应表示出所有的电气设备及其连接关系。由于三相交流电力装置中三相连接方法相同，为清晰起见，主接线图通常只表示电气装置的一相连接，因而主接线图也称为单线图。

安全、可靠、灵活、经济是对变电所主接线的基本要求。

安全包括设备安全和人身安全。因此，电气设计必须遵照国家标准和电气设计规范，正确设计电气回路，合理选择电气设备，严格配置正常监视系统和故障保护系统，全面考虑各种保障人身安全的技术措施。

可靠就是变电所的主接线应能满足各级负荷对供电可靠性的要求。提高供电可靠性的途径很多，例如，设置备用电源并采用备用电源自动投入装置、多路并联供电等。电气设备是供电系统中最薄弱的元件，为了使供电系统工作可靠，接线方式应力求简单清晰，减少电气设备的数目。

灵活就是在保障安全可靠的前提下，主接线能够适应不同的运行方式。例如负荷较轻时，能方便地切除不必要的变压器，而在负荷增大时，又能方便地投入，以利于经济运行。检修时操作简单，不致中断供电等。

经济是在满足以上要求的前提下，尽量降低建设投资和年运行费用。但是，在投资增加不多或经济许可的情况下，应尽量提高供电可靠性，减少停电损失。

确定供电方式还应考虑未来用电负荷的发展。有的工厂和企业是分期建设的，由于没有分析研究进一步发展情况下如何做到使原有的接线方式易于合理改造，致使接线方式零乱、复杂，互不衔接而影响了供电的可靠性和灵活性，在基建投资上也造成极大的浪费。

二、母线制

母线是从配电变压器或电源进线到各条馈出线路之间的电气主干线，它起着从电源接收电能和给各馈出线分配电能的作用。母线制是指电源进线与各馈出线之间的连接方式。常用母线制主要有三种：单母线制、单母线分段制和双母线制。

1. 单母线制

单母线制如图 2-13 所示，用于只有一回进线的情况。单母线制的可靠性和灵活性都较低，母线或直接连接于母线上的任一开关发生故障或检修时，全部负荷都将中断供电。

2. 单母线分段制

在两回电源进线的情况下，宜采用单母线分段制，如图 2-14 所示。母线分段开关可采用隔离开关，但当分段开关需要带负荷操作或继电保护和自动装置有要求时，应采用断路器。

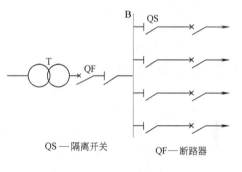

QS—隔离开关　　QF—断路器

图 2-13　单母线制

单母线分段制在可靠性和灵活性方面较单母线制有所提高，可满足二类负荷和部分一类负荷的供电要求。当双回路同时供电时，母线分段开关正常是打开的，一条回路故障或一段母线故障将不影响另一段母线的正常供电。此外，检修亦可采用分段检修方式，不致使全部负荷供电中断。

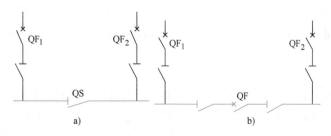

图 2-14　单母线分段制

a）用隔离开关分段　　b）用断路器分段

单母线分段的缺点是：某分段上的母线或母线隔离开关发生故障或检修时，该段母线上的负荷将中断供电，而且电源只能通过一回进线供电，供电功率较低。

3. 双母线制

对于特别重要的负荷，可考虑采用双母线制。图 2-15 为双母线制接线图，B_1 为工作母线，B_2 为备用母线，每一条进线或馈线经由一个断路器和两个隔离开关接于双母线上。

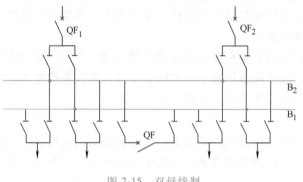

图 2-15　双母线制

双母线制的优点有：①轮流检修母线或母线隔离开关，不致引起供电中断；②在工作母线发生故障时，通过备用母线能迅速恢复供电。

双母线制的缺点有：开关数目增多，联锁机构复杂，切换操作繁琐，造价高。对用户供电系统不推荐采用双母线制。

三、总降压变电所的主接线

用户供电系统中，总降压变电所的常用电气主接线可概括为两类：线路—变压器组方式和桥形接线方式。

1. 线路—变压器组接线

图 2-16 为线路—变压器组的几种典型接线方式，其共同特点是一回电源进线经过一台主降压变压器供电到厂内配电母线上。

图 2-16a 在变压器两侧均设有断路器，当变压器内部故障时，继电保护装置动作于 QF_1 跳闸；当变压器二次侧母线故障时，继电保护装置动作于 QF_2 跳闸。隔离开关 QS_1 和 QS_2 在检修变压器及断路器时打开，起隔离两边电源的作用。在操作顺序上，合闸时，首先闭合 QS_2 和 QS_1，然后闭合 QF_1 和 QF_2；打开时，先打开 QF_2 和 QF_1，然后打开 QS_1 和 QS_2。

图 2-16b 与图 2-16a 的区别在于，省去了电源侧断路器，这时，变压器内部故障必须依靠线路电源端继电保护装置来完成，而且隔离开关 QS_1 应能切断变压器的空载电流。这种简化接线的使用条件是：

1）变压器由上级变电所或配电所专线供电。

2）供电线路较短，上级变电所或配电所出口处继电保护能可靠实现对变压器的保护。

3）变压器容量小，能满足用隔离开关切断变压器空载电流的要求。

图 2-16c 通常用于 35/0.4kV 直接降压变电所，具有接线简单、投资少等优点。变压器的过电流和内部故障由跌落式熔断器保护，低压母线故障由变压器二次侧的低压断路器保护。

上述单回电源进线的线路—变压器组接线可用于对二、三级负荷供电。当用户有两回电源进线时，可采用双回线路—变压器组接线配以单母线分段，用于对一、二级负荷供电，如图 2-17 所示。如继电保护和自动装置无要求，母线分段开关可仅设隔离开关。

在双回线路—变压器组接线中，若某一回路中线路 l 或变压器 T 任一元件发生故障，则该回路中另一元件也不能投入工作。因而，在故障情况下，线路或变压器得不到充分利用。下述桥形接线可以补救这一缺陷。

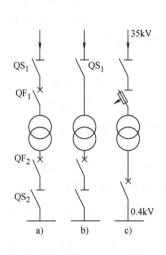

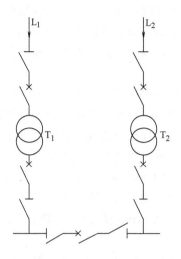

图 2-16　线路—变压器组接线方式

图 2-17　双回线路—变压器组接线方式

2. 桥形接线

桥形接线分为内桥和外桥两种，如图 2-18 所示，其共同特点是在两台变压器一次侧进线处用一桥臂将两回线路相连。桥臂连在进线断路器之内称内桥，连在进线断路器之外称外桥。两种桥形接线都能实现线路和变压器的充分利用，如变压器 T_1 故障，可以将 T_1 切除，用 L_1 和 L_2 并联给 T_2 供电以减小线路能耗和线路中的电压损失；若线路 L_1 故障，可以将 L_1 切除，用 L_2 同时给 T_1 和 T_2 供电，以充分利用变压器并减少变压器能耗。

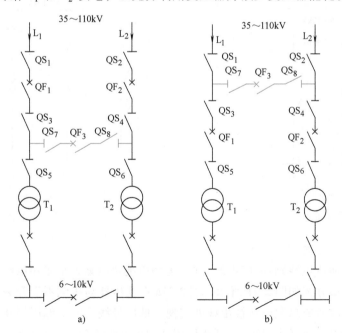

图 2-18　桥形接线方式

a) 内桥接线　b) 外桥接线

桥形接线可用于给一、二级负荷供电。内桥接线适用于线路较长或不需经常切换变压器的情况，而外桥接线适用于供电线路较短或需要经常切换变压器的情况。桥形接线线路复杂，高压设备多，操作不便，投资大，在用户供电系统中应用很少。

四、10（6）kV 配电所的主接线

配电所是用户电能的中转站。10kV 配电所（或总降压变电所的配电部分）接收来自电源或总降压变压器的电能并分配给各馈出线的用户，每个配电所的馈出线路一般不少于 4~5 回。此外，在配电母线上常设有电压互感器、避雷器、并联电容器、所用变压器等。配电所的配电母线可以是单母线或单母线分段制。

（1）10（6）kV 电源进线　电源进线的常用接线方式如图 2-19 所示。图 2-19a 适用于外来电源进线或引自总降压变压器的二次侧，用于需带负荷操作或继电保护和自动装置有要求的情况；图 2-19b 仅设一个隔离开关，适用于专线供电，且继电保护和自动装置无要求的情况。

（2）10（6）kV 馈出线　馈出线的常用接线方式如图 2-20 所示。图 2-20a 适用于向负荷比较大或需要频繁操作的下一级配电所或高压用电设备配电，如车间变压器、电动机、电炉、并联电容器组等；对于没有倒送电可能的线路，如电动机、电炉、低压侧与其他电源无联系的变压器等，可采用简化的图 2-20b 接线；对于小容量线路或设备，如容量不大于500kV·A 的辅助车间变压器、容量不大于 400kvar 的并联电容器组，当满足保护和操作要求时，可用带熔断器的负荷开关代替断路器，如图 2-20d 所示；对于电压互感器、所用变压器等很小容量的设备，可采用图 2-20c 接线方式以减少投资，熔断器作为过电流和短路的保护装置，隔离开关兼作正常操作开关。

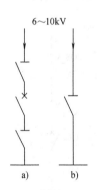

图 2-19　配电所 10（6）kV
电源进线的接线方式

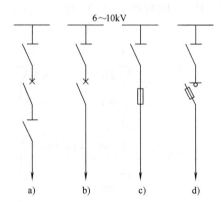

图 2-20　配电所 10（6）kV
馈出线的接线方式

五、10(6)kV 变电所的主接线

10(6)kV 变电所供电线路往往较短，并考虑环境美化因素，常采用电缆配电。10(6)kV 变电所主接线的典型方案如图 2-21 所示。图 2-21a 在变压器高压侧不设开关，变压器的操作和保护在总降压变电所或总配电所馈出线处实现，低压母线故障由低压侧断路器保护。当需要在车间变电所操作空载变压器时，可选用图 2-21b 或图 2-21c 所示方案，其中，图 2-21b适用于变压器容量不大于 630kV·A 的变电所。

当 10(6)kV 变电所由架空线供电时，其典型方案如图 2-22 所示。图 2-22a、b 适用于变压器容量不大于 630kV·A 的变电所，图 2-22c 则适用于变压器容量较大的变电所。通常，跌落式熔断器安装在变压器室外墙上或架空线终端杆上。

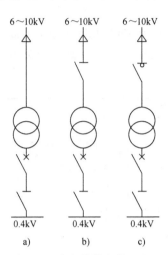

图 2-21 由电缆供电的 10(6)
kV 变电所典型主接线

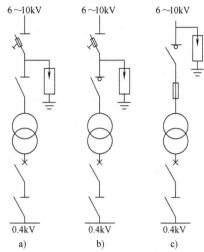

图 2-22 由架空线供电的 10(6)
kV 变电所典型主接线

对于变压器低压侧，宜采用低压断路器和刀开关，如图 2-21 和图 2-22 所示。当低压母线为单电源供电时，可以不设刀开关；当低压侧无保护要求和自动切换电源要求且不需要带负荷操作时，可仅设刀开关。

关于 10(6)kV 变电所低压馈出线的接线方式，在满足安全隔离、短路及过电流保护的要求下，接线比较灵活，图 2-23 列出几种典型方式供参考。图 2-23a、b、c 适用于对非频繁操作的线路、动力设备和照明配电箱配电，图 2-23d、e、f 用于对由交流接触器操作的电动机、要求频繁操作的用电设备等配电。图中，刀开关起隔离电源的作用，低压断路器和熔断器起过电流和短路保护的作用，热继电器作过电流保护用。

值得指出的是，目前市场上推出了一种针对低压电动机的具有控制与保护功能的组合电器 CPS，它把隔离开关、断路器、接触器和热继电器等多种传统分离器件的主要功能集合成一体。CPS 能够综合多种信号，实现控制与保护特性在产品内部自

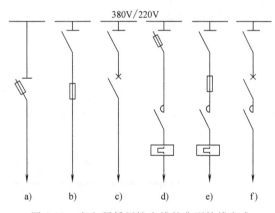

图 2-23 变电所低压馈出线的典型接线方式

配合，具有体积小、短路分断能力强、过电流值可整定和运行安全可靠等优点，可广泛用于对低压电气设备的控制与保护。

六、变电所主接线的绘制

变电所主接线中各支路的开关设备及其连接关系通常做成标准高压开关柜和低压配电屏以供选用（参考附录中附表 18 和附表 19），故而主接线图的绘制应与柜、屏的实际布局相对应。绘制变电所主接线图时，所有电气设备均表示处于不带电状态。

变电所主接线图应说明：①电源电压、电源进线回路数和线路结构；②变电所的接线方式和运行方式；③高压开关柜和低压配电屏的类型和电路方案；④高低压电气设备的型号及规格；⑤各条馈出线的回路编号、名称及容量等。

通常，变电所主接线的高低压部分分别绘制，图 2-24 为 35kV 总降压变电所高压配电系统图示例，图 2-25 为 10kV 变电所低压配电系统图示例。图 2-24 中，高压开关柜采用手车式，其插接头起到隔离开关的作用。

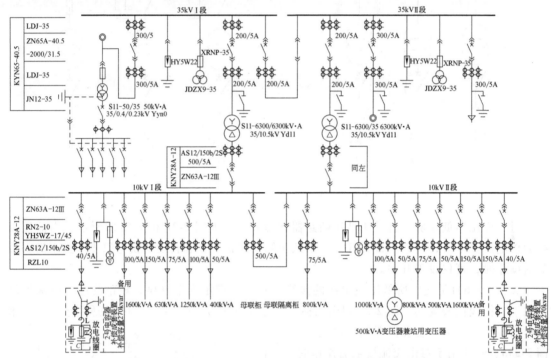

图 2-24 某 35kV 总降压变电所高压配电系统图

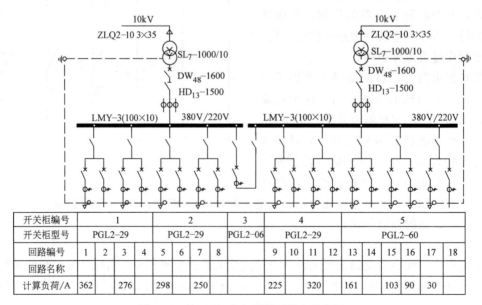

开关柜编号	1				2				3	4				5				
开关柜型号	PGL2-29				PGL2-29				PGL2-06	PGL2-29				PGL2-60				
回路编号	1	2	3	4	5	6	7	8		9	10	11	12	13	14	15	16	17	18
回路名称																		
计算负荷/A	362		276		298		250			225		320		161		103	90	30

图 2-25 某 10kV 变电所低压配电系统图

第五节　变电所的二次接线与操作电源

除一次设备外，变电所还存在大量的二次设备，实现电能的监测与控制、供电系统的监视与保护等。二次设备包括：电压、电流和电能的测量表计，保护用电压和电流继电器，各类开关的操作控制设备，信号指示设备，自动装置与远动装置等。根据测量、控制、保护和信号显示的要求，表示二次设备互连关系的电路称二次接线或二次回路。

变电所二次系统与一次系统的关系如图 2-26 所示。

图 2-26　变电所二次系统与一次系统的关系

二次接线按电源性质来分，有交流回路和直流回路；按用途来分，则有操作电源回路、测量表计回路、断路器控制和信号回路、中央信号回路、继电保护和自动装置回路等。本节重点讨论测量回路、控制和信号回路及中央信号回路，继电保护和自动装置将在后续章节中介绍。

一、电气测量仪表及测量回路

为了保证供电系统的安全运行和用户的安全用电，使一次设备安全、可靠、经济地运行，必须在变电所中装设电气测量仪表，以监视其运行状况。对电气测量仪表，要保证其测量范围和准确度满足变配电设备运行监视和计量的要求，并力求外形美观，便于观测，经济耐用等。具体要求如下：

1）测量精度应满足测量要求，并不受环境温度、湿度和外磁场等外界条件的影响。

2）仪表本身消耗的功率应越小越好。

3）仪表应有足够的绝缘强度、耐压和短时过载能力，以保证安全运行。

4）应有良好的读数装置。

一般而言，每段配电母线上应装设电压表，每条进线和出线应装设电流表，电源进线和有电能单独计量要求的出线应装设电能表。图 2-27 为 6～10kV 高压线路电气测量仪表接线

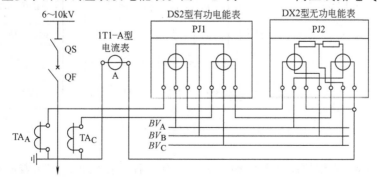

图 2-27　6～10kV 高压线路电气测量仪表接线原理图

原理图。图 2-28 为 6~10kV 母线的电压测量和绝缘监视接线原理图。目前，基于微机的数字化测量仪表得到普遍应用，内部测量原理不尽相同，但是外部电压电流信号线的引入是相同的。

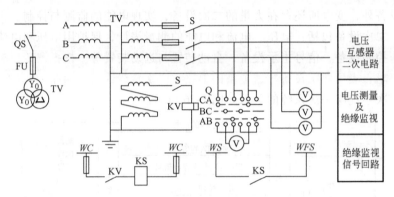

图 2-28　6~10kV 母线的电压测量及绝缘监视接线原理图

TV—电压互感器　S—联锁开关　Q—电压切换开关　KV—电压继电器　KS—信号继电器

二、断路器的控制与信号回路

断路器的控制与信号回路一般分为控制保护回路、合闸回路、事故信号回路和预告信号回路等。断路器的控制与信号回路应能监视断路器操作电源和分合闸回路的完整性，应能指示断路器的分合闸位置和是否自动分合闸，并有防跳闭锁功能。图 2-29 为灯光监视的断路器的控制与信号回路，SA 为手动操作断路器分合闸过程的控制开关。

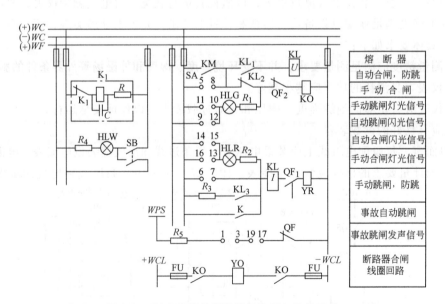

图 2-29　灯光监视的断路器的控制与信号回路

图 2-30 为 LW2-Z 型控制开关的触点表，它有 6 种操作位置，控制着断路器的分合闸过程。

在"跳闸后"位置的手柄（正面）的样式和触点盒（背面）接线图 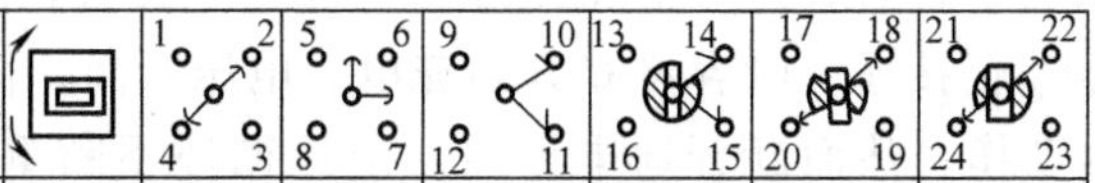	[符号]	1–2 / 4–3	5–6 / 8–7	9–10 / 12–11	13–14 / 16–15	17–18 / 20–19	21–22 / 24–23
手柄和触点盒型式	F8	1a	4	6a	40	20	20

触点号	—	1-3	2-4	5-8	6-7	9-10	9-12	10-11	13-14	14-15	13-16	17-19	17-18	18-20	21-23	21-22	22-24
位置 跳闸后	■	—	×	—	—	—	—	×	—	×	—	—	×	—	—	×	—
预备合闸	▯	×	—	—	×	×	—	—	—	×	—	—	×	—	—	×	—
合闸	◆	×	—	×	—	×	—	—	—	×	—	—	×	—	×	—	—
合闸后	▯	×	—	—	×	×	—	—	—	—	×	×	—	—	×	—	—
预备跳闸	■	—	×	—	—	—	×	—	×	—	—	×	—	—	×	—	—
跳闸	◆	—	×	—	×	—	×	—	×	—	—	×	—	—	×	—	×

图 2-30　LW2-Z 型控制开关触点表

（1）**手动合闸**　合闸前，断路器处于"跳闸后"位置，断路器的辅助触点 QF$_2$ 闭合。由图 2-30 的控制开关触点表知 SA10-11 闭合，绿灯 HLG 回路接通发亮。但由于电阻 R$_1$ 限电流，不足以使合闸接触器 KO 动作，绿灯亮表示断路器处于跳闸位置，且控制电源和合闸回路完好。

当控制开关扳到"预备合闸"位置时，触点 SA9-10 闭合，绿灯 HLG 改接在 WF 母线上，发出绿闪光，说明情况正常，可以合闸。当开关再旋转 45° 至"合闸"位置时，触点 SA5-8 接通，合闸接触器 KO 动作使合闸线圈 YO 通电，断路器合闸。合闸完成后，辅助触点 QF$_2$ 断开，切断合闸电源，同时 QF$_1$ 闭合。

当操作人员将手柄放开后，在弹簧的作用下，开关回到"合闸后"位置，触点 SA13-16 闭合，红灯 HLR 电路接通。红灯亮表示断路器在合闸状态。

（2）**自动合闸**　控制开关在"跳闸后"位置，若自动装置的中间继电器接点 KM 闭合，将使合闸接触器 KO 动作合闸。自动合闸后，信号回路经控制开关中 SA14-15、红灯 HLR、辅助触点 QF$_1$ 与闪光母线接通，HLR 发出红色闪光，表示断路器是自动合闸的，只有当运行人员将手柄扳到"合闸后"位置，HLR 才发出平光。

（3）**手动跳闸**　首先将开关扳到"预备跳闸"位置，SA13-14 接通，HLR 发出闪光。再将手柄扳到"跳闸"位置，SA6-7 接通使断路器跳闸。松手后，开关又自动弹回到"跳闸后"位置。跳闸完成后，辅助触点 QF$_1$ 断开，红灯熄灭，QF$_2$ 闭合，通过触点 SA10-11 使绿灯亮。

（4）**自动跳闸**　如果由于故障继电保护装置动作，使触点 K 闭合，引起断路器跳闸。由于"合闸后"位置 SA9-10 已接通，于是绿灯发出闪光。

在事故情况下，除用闪光信号显示外，控制电路还备有音响信号。在图 2-29 中，开关触点 SA1-3 和 SA19-17 与触点 QF 串联，接在事故音响母线 WPS 上，当断路器因事故跳闸而出现"不对应"关系时，音响信号回路的触点全部接通而发出音响。

（5）**闪光电源装置**　闪光电源装置由 DX-3 型闪光继电器 K$_1$、附加电阻 R 和电容 C 等组成，接线图见图 2-29 左部。当断路器发生事故跳闸后，断路器处于跳闸状态，而控制开关仍留在"合闸后"位置,这种情况称为"不对应"关系。在此情况下,触点SA9-10与断路器辅助触点QF_2仍接通,电容器C开始充电,电压升高,待其升高到闪光继电器K_1的动作值时,继电器动作,从而断开通电回路,上述循环不断重复,继电器K_1触点也不断开闭,闪光母线(+)WF上便出现断续正电压使绿灯闪光。

"预备合闸""预备跳闸"和自动投入时,也同样能起动闪光继电器,使相应的指示灯发出闪光。

SB为试验按钮,按下时白信号灯HLW亮,表示本装置电源正常。

(6)防跳装置 断路器的所谓"跳跃",是指运行人员手动合闸断路器于故障时,断路器又被继电保护动作于跳闸,由于控制开关位于"合闸"位置,则会引起断路器重新合闸。为了防止这一现象,断路器控制电路设有防止跳跃的电气联锁装置。

图2-29中KL为跳跃闭锁继电器,它具有电流和电压两个线圈,电流线圈接在跳闸线圈YR之前,电压线圈则经过其本身的常开触点KL_1与合闸接触器线圈KO并联。当继电保护装置动作,即触点K闭合使断路器跳闸线圈YR接通时,同时也接通了KL的电流线圈并使之起动,于是,防跳继电器的常闭触点KL_2断开,将KO回路断开,避免了断路器再次合闸,同时常开触点KL_1闭合,通过SA5-8或自动装置触点KM使KL的电压线圈接通并自保持,从而防止了断路器的"跳跃"。触点KL_3与继电器触点K并联,用来保护后者,使其不致断开超过其触点容量的跳闸线圈电流。

三、信号装置

在变电所运行的各种电气设备,随时都可能发生不正常的工作状态。在变电所装设的中央信号装置,主要用来示警和显示电气设备的工作状态,以便运行人员及时了解、采取措施。

中央信号装置按形式来分有灯光信号和音响信号。灯光信号表明不正常工作状态的性质地点,而音响信号在于引起运行人员的注意。灯光信号通过装设在各控制屏上的信号灯和光字牌,表明各种电气设备的情况,音响信号则通过蜂鸣器和警铃的声响来实现,设置在控制室内。由全所共用的音响信号,称为中央音响信号装置。

中央信号装置按用途分有事故信号、预告信号和位置信号。

事故信号表示供电系统在运行中发生了某种故障而使继电保护动作。如高压断路器因线路发生短路而自动跳闸后给出的信号即为事故信号。

预告信号表示供电系统运行中发生了某种异常情况,但并不要求系统中断运行,只要求给出指示信号,通知值班人员及时处理即可。如变压器过负荷、10kV线路单相绝缘破坏等信号即为预告信号。

位置信号用以指示电气设备的工作状态,如断路器的合闸指示灯、跳闸指示灯均为位置信号。

中央信号装置有各种典型电路和设备可供设计人员参考选用。计算机监控系统的使用也为供电系统的运行状态监察和异常故障报警提供了新的方式和途径。

四、操作电源

变电所的控制、信号、保护及自动装置以及其他二次回路的工作电源称为操作电源。为了保证供电系统的安全可靠运行,操作电源应满足如下基本要求:

1)正常情况下,提供信号、保护、自动装置、断路器跳合闸以及其他二次设备的操作控制电源。

2）在事故状态下，当电网电压下降甚至消失时，应能提供继电保护跳闸和应急照明电源，避免事故扩大。

变电所中的操作电源有直流电源和交流电源两种。重要用户或变压器总容量超过5000kV·A的变电所，宜选用直流操作电源；小型配电所中断路器采用弹簧储能合闸和去分流跳闸的全交流操作方式时，宜选用交流操作电源。包括储能电源在内的分布式电源也可作为操作电源的一种选择。

1. 直流操作电源

用户变电所的直流操作电源多采用单母线接线方式，并设有一组储能蓄电池，如图 2-31 所示。在交流电源正常时，整流装置通过直流母线向直流负荷供电，同时向蓄电池浮充电；当交流电源故障消失时，蓄电池通过直流母线向直流负荷供电。

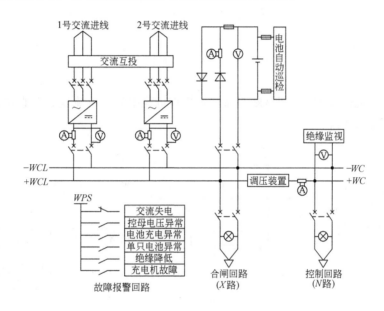

图 2-31 单母线直流系统接线图

直流系统整流设备的交流电源来自于变电所所用变压器。变电所一般应装设两台所用变压器，但在下列情况下，可以只设一台所用变压器：

1）可以由本变电所外部引入一回可靠的 380V 备用电源时。

2）变电所只有一回电源和一台主变压器时，可在进线断路器前装设一台所用变压器。

3）设有蓄电池储能电源时。

根据对操作电源的可靠性要求和是否采用蓄电池电源，所用变压器可接于不同的位置，如图 2-32 所示，图中，1# 和 2# 代表所用变压器。图 2-32a 中，所用变压器接于电源进线断路器之前和 10(6)kV 配电母线上；图 2-32b 中，所用变压器接于 10(6)kV 母线进线断路器之前。

2. 交流操作电源

交流操作电源比直流操作电源更简单，保护跳闸可以采用直接动作式继电器或跳闸线圈

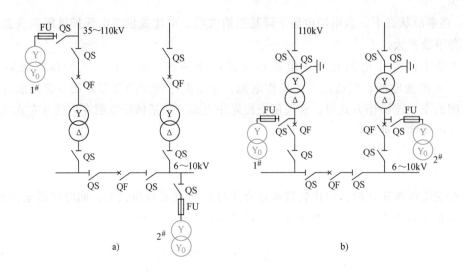

图 2-32 所用变压器的接线方式

去分流的方式（见图 2-33），即靠断路器弹簧操作机构中的过电流脱扣器直接跳闸，跳闸能源直接来自电流互感器。

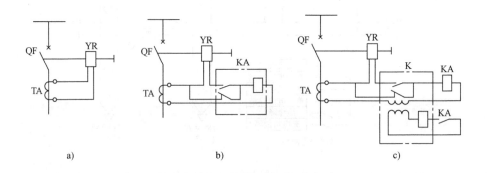

图 2-33 交流操作电源下断路器保护跳闸原理接线图

a）直接动作方式 b）跳闸线圈去分流方式 c）中间继电器去分流方式

　　交流操作电源从所用变压器、电压互感器或电流互感器来。来自所用变压器和电压互感器的交流电压型操作电源主要供给信号、控制、断路器合闸回路和断路器分励脱扣器线圈跳闸回路，而来自电流互感器的交流电流型操作电源主要供给断路器的电流脱扣器线圈跳闸回路。

　　由于交流操作电源取自于供电系统电压，当供电系统故障时，交流操作电源电压降低或消失，因此，交流操作电源的可靠性较低。使用交流不间断电源（UPS）可以提高交流操作电源的可靠性。如图 2-34 所示，当系统电源正常时，由系统电源向断路器操作机构储能回路和 UPS 电源供电，并通过 UPS 向控制回路和信号回路供电；当系统发生故障时，由 UPS 电源向控制回路及信号回路供电，使断路器可靠跳闸并发出信号。

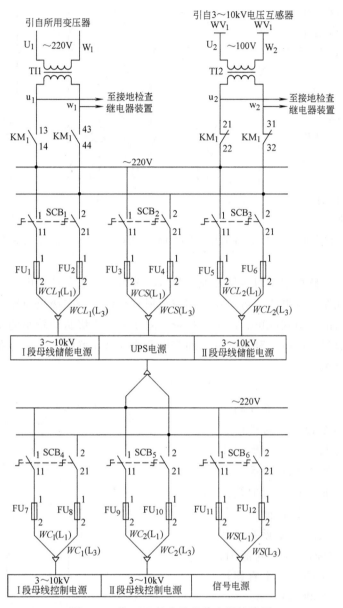

图 2-34 带 UPS 的交流操作电源接线图

TI1，TI2—中间变压器 KM₁—中间接触器 SCB₁～SCB₆—组合开关 FU₁～FU₁₂—熔断器

第六节 高低压配电网及导线截面积选择

一、配电网的接线方式

用户供电系统的配电网主要是 10(6)kV 高压配电网和 380V 低压配电网。配电网常用的典型配电方式分为放射式、树干式和环式三种。

1. 放射式

放射式的特点是配电母线上每条馈出线仅给 10(6)kV 变压器、高压电动机、高压配电所的配电母线等设备单独供电，配电线路通常采用电缆，如图 2-35 所示。

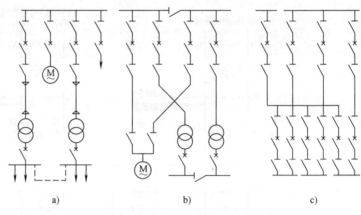

放射式的优点是：供电可靠性高，故障发生后影响范围小；继电保护装置简单且易于整定；便于实现自动化；运行简单，切换操作方便。放射式的缺点是：配电线路和高压开关柜数量多，投资大。

图 2-35　放射式接线图
a）单回路放射式　b）双回路放射式　c）带有公共备用线路的放射式

单回路放射式线路可用于对容量较大、位置较分散的三级负荷供电；对于一、二级负荷容量较大的设备或车间变电所，可采用双回路放射式供电；当二级负荷比较分散时，也可采用带公共备用线路的放射式配电，以节省投资。对于一、二级负荷较小的 10(6)kV 变电所，亦可采用单回路放射式配电，利用邻近车间变电所之间低压联络方式或分布式电源解决重要负荷的备用供电电源。

2. 树干式

树干式的特点是一条配电线路沿厂区走线，T 接多个设备，为检修方便，线路通常采用架空线，一般用于对三级负荷供电，如图 2-36 所示。

树干式的优点是变配电所的馈出线回路数少、投资小、结构简单；其缺点是可靠性差、线路故障影响范围大。为减小干线故障时的停电范围，每条线路连接的变压器台数不宜超过 5 台，总容量不超过 3000kV·A。

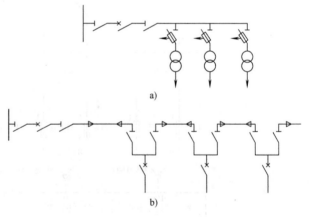

图 2-36　单树干式接线图
a）架空线　b）电缆

为满足二级负荷的供电要求，可采用图 2-37 所示的双回路树干式。若低压系统加装自动切换的备用联络线，还可提高供电可靠性。

3. 环式

若将两条树干式配电线路在末端用开关连接起来，就构成环式接线，如图 2-38 所示。环式接线的供电可靠性较高，运行方式灵活，可用于对二、三级负荷供电。当环中任一点发生故障时，只要查明故障点，经过短时停电"倒闸操作"，拉开故障点两侧隔离开关，即可全部恢复供电。

环式配电系统的保护装置和整定配合都比较复杂，通常采用开环运行方式，且环中连接的变压器数目和容量的限制同树干式供电系统。

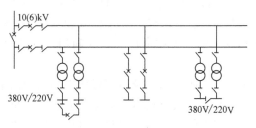

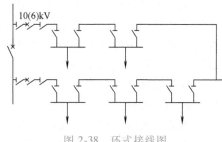

图 2-37 双回路树干式接线图

图 2-38 环式接线图

以上只是从原则上进行一般分析。实际上，上述三种配电方式各有其特点，设计中可根据具体的使用条件进行选用，也可组合使用。

低压配电系统的接线方式与 10(6)kV 配电网基本相同，有放射式、树干式和链式等。如图 2-39 所示。对容量较大、负荷性质重要或环境恶劣的车间的用电设备，宜采用放射式配电。在正常环境下，当大部分用电设备容量较小又无特殊要求时，可采用树干式配电；对某些距供电点较远、彼此相距又很近、容量也很小的次要用电设备，可采用链式配电，链接的设备一般不超过 5 台，总容量不超过 10kW。

图 2-39a 为放射式低压配电系统。干线 1 由变电所低压侧引出，接至用电设备或主配电箱 2，再以支干线 3 引到分配电箱 4 后接到用电设备上（图中未画出），由 4 接至用电设备的线路称为支线。

低压配电系统担负着直接向用电设备配电的任务，其配电方式直接影响着各个设备的供电可靠性和用电质量。低压配电系统设计中应遵循以下基本原则：

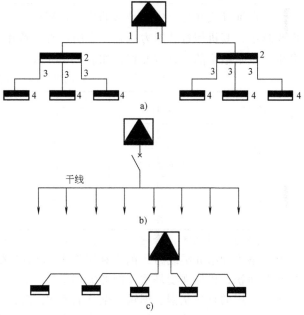

图 2-39 低压配电系统的接线方式
a）放射式配电系统 b）树干式配电系统 c）链式配电系统

1）低压配电系统应满足用电设备对供电可靠性和电能质量的要求，同时应注意简化接线，操作安全方便，并能适应生产和使用上的变化及设备检修的需要。

2）合理选择配电方式。

3）根据生产工艺要求，对于平行的生产流水线上或互为备用的用电设备组，宜由不同的配电母线或线路配电；但对于同一生产线上的用电设备，宜由同一母线或线路配电。

4）对于单相用电设备，应尽量平衡地分配于三相中。由三相负荷不平衡引起的车间变压器中性线电流不应超过变压器低压绕组额定电流的 25%。

5）为降低干扰，对冲击性负荷宜采用放射式单独配电。

二、配电网的结构

工厂高低压配电网最普通的两种户外结构是架空线和电缆。

架空线的主要优点有：①设备简单，造价低。架空线与电缆比较，电缆的造价约为架空线的 4 倍。②露置空中，依靠定期巡线便能及时发现缺陷，有故障时易于检修和维护，电缆线路埋设在地下，不易发现缺陷，有故障时较难寻找，修复工作量也大。③利用空气绝缘，建造比较容易，这一优点在超高压线路上尤为明显。

架空线路也存在以下问题：①需占一定的空间，导线距地高度及距邻近建筑物的距离根据电压高低都有明确的规定，往往因为厂区生产厂房密集，人员较多，运输频繁，加之负荷分散，采用架空线时线路纵横交错，占空间较大。②架空线影响厂区美化，这也是厂区供电采用电缆线路的原因之一。

按照供电电压和用户的重要程度，架空线路可分为三级，如表 2-7 所示。

表 2-7　架空线路的等级

架空线路等级	架空电力线路	
	标称电压/kV	电力用户级别
Ⅰ	超过 110	所有等级
	35～110	一级和二级
Ⅱ	35～110	三级
	1～20	所有各级
Ⅲ	≤1	所有各级

为了保证导线在运行中有足够的机械过载能力，要求导线的截面积不能太小。因为导线截面积越小，其机械过载能力也越小，所以在规程中对上述不同等级的线路和不同材料的导线分别规定了最小的允许截面积，如表 2-8 所示。

表 2-8　允许的导线最小截面积或直径

导线结构	导线材料	线路等级		
		Ⅰ	Ⅱ	Ⅲ
单股线	铜 青铜 钢 铝及其合金	不允许	$10mm^2$ $\phi3.5mm$ $\phi3.5mm$ 不允许	$6mm^2$ $\phi2.5mm$ $\phi2.75mm$ $10mm^2$
多股线	铜 青铜 钢 铝及其合金	$16mm^2$ $16mm^2$ $16mm^2$ $25mm^2$	$10mm^2$ $10mm^2$ $10mm^2$ $16mm^2$	$6mm^2$ $6mm^2$ $10mm^2$ $16mm^2$

当线路通过居民区，跨越铁路、公路时，安全系数还应放大，即允许最小截面积还应放大，对于第Ⅰ和第Ⅱ类线路，铜线和铝线截面积应该分别是 $16mm^2$ 和 $35mm^2$。选择架空线的导线截面积，机械强度是重要的考虑因素之一。

导线常用的材料是铜、铜锡合金（青铜）、铝、铝合金及钢。

铜导电性能好，抗腐蚀能力强，容易焊接，耐腐蚀，但因铜导线价格高，因此，除了腐蚀性较严重的地区，架空线一般不采用铜导线。铝的导电性能较差，为保持同样大小的功率损耗，铝线的截面积应当是铜线的 1.6～1.65 倍。铝线的机械强度低，为此常采用多股线绞成，用抗张强度为 $1200N/mm^2$ 的钢作为线芯，把铝线绞在芯子外面，形成钢芯铝线。铝线不耐受碱性和酸性物质的侵蚀，使用时要注意防护。

至于电缆，它的导电部分和绝缘部分都在一个整体中，所以电缆线路的结构问题实际上就是电缆的敷设方法。电缆户外敷设有三种类型：

1）直接埋地（见图 2-40）。

2）敷设在混凝土管中（见图 2-41）。

3）敷设在电缆沟中（见图 2-42）。

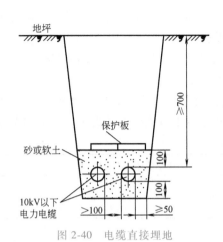

图 2-40　电缆直接埋地

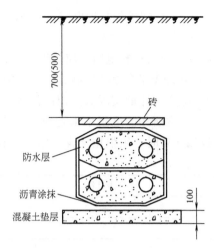

图 2-41　电缆敷设在混凝土管中

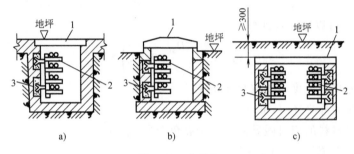

图 2-42　电缆沟

a）户内　b）户外　c）厂内

1—盖板　2—电缆支架　3—预埋铁件

最常用、最经济的敷设方法是将电缆直接埋地，但当电缆数量较多或容易受到外界损伤的场所，为了避免损坏和减少地下其他管道的影响，则将电缆敷设在混凝土管中。如果要平行敷设许多电缆，可将它们敷设在隧道中。当电缆数量超过 30 根时，修建隧道往往是经济的。

敷设方法对电缆的散热有很大影响，因而会影响到电缆的允许载流能力，所以实际载流能力必须根据它们的敷设方法乘以必要的修正系数。

三、供电线路的电阻和电抗

1. 电阻

截面积为 A 和长度为 l 的导线，其电阻可用下式计算：

$$r_0 = \frac{\rho}{A} \tag{2-31}$$

$$R = r_0 l \tag{2-32}$$

式中　ρ——导线材料的电阻率（$10^{-9}\ \Omega \cdot m$）；

　　　l——导线长度（km）；

　　　A——导线截面积（mm^2）；

r_0——导线单位长度电阻（Ω/km）。

在工频交流电路中，由于集肤效应和近距效应，导线有效电阻比直流电阻大，再考虑到如下因素，导线材料电阻率应加以修正，如表 2-9 所示。

1）电力线路多由绞线制成，绞线中线股的实际长度要较导线长度大 2%~3%。

2）电力线路的实际截面积通常略小于其标称截面积。

3）通常所用的电阻率都是对应于 20℃ 的情况，当温度改变时，电阻率的大小也要改变。设计计算时，须根据导线工作地点的环境温度和导线中电流密度的大小取一平均温度。

表 2-9 各种导线材料电阻率

导线材料	电阻率的计算值/（$10^{-9}\Omega\cdot\text{m}$）
铜	18.8
铝	31.7

2. 电抗

导线电抗的大小，与导线的几何尺寸，三相导线的排列方法及相间距离有关。导线的单位长度电抗（x_0）可以用下式计算：

$$x_0 = 2\pi f\left(4.6\lg\frac{D_{\text{av}}}{r} + 0.5\mu_{\text{r}}\right)\times 10^{-4} \tag{2-33}$$

式中 x_0——线路单位长度电抗（Ω/km）；

r——导线的外半径（cm）；

μ_{r}——导线材料的相对磁导率，对于有色金属 $\mu_{\text{r}}=1$；

f——交流系统频率（Hz）；

D_{av}——三相导线间的几何平均距离（cm）。

如图 2-43a 所示，设三相导线间的距离分别为 D_1、D_2、D_3，则 $D_{\text{av}}=\sqrt[3]{D_1D_2D_3}$；若三相导线为水平排列，如图 2-43b 所示，则 $D_{\text{av}}=\sqrt[3]{DD\times 2D}=1.26D$。

当导线排列不对称时，则三相中各相导线电抗实际数值不等，导致各相电压降不等。为消除此现象，架空线的各相需要换位，如图 2-44 所示。

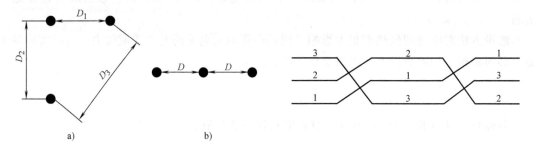

图 2-43 三相交流线路中的线间距离   图 2-44 导线的换位

对于系统频率为 50Hz 的电网，且导线为有色金属，则式（2-33）为

$$x_0 = 0.14\lg\frac{D_{\text{av}}}{r} + 0.016\,\Omega/\text{km} \tag{2-34}$$

导线电抗为

$$X = x_0 l \tag{2-35}$$

在三相电缆中，由于相间距离小，其电抗值远比架空线小。导线的电阻随着截面积的增大而显著降低，但其电抗值随导线截面积的变化并不显著。这是因为，即使 (D_{av}/r) 变化很大，$\lg(D_{av}/r)$ 变化却很小。架空线路每千米电抗一般可取 $x_0 \approx (0.35 \sim 0.4)\,\Omega/\mathrm{km}$，电缆可取 $x_0 \approx 0.08\,\Omega/\mathrm{km}$，这两个数值在短路电流计算及电压损失计算中会经常用到。

实际中，导线的每千米电阻和电抗一般由制造厂家提供，使用时可查阅有关手册。

四、导线截面积的选择

从导线本身安全的角度出发，导线截面积的选择应考虑两个最基本的要求：架空线路的机械过载能力和导线最高允许工作温度。机械过载能力决定了导线的最小允许截面积，参见表 2-8。除上述两个基本要求外，还可根据实际情况提出附加要求，如考虑到初投资与年运行费两方面综合经济性的经济电流密度法，考虑线路电压损失大小按电压损失要求选择法等。

1. 按照发热选择导线截面积

当导线传输一定负荷时，其电阻上能耗使导线温度升高，导致绝缘老化和机械强度降低。因此，各种导线通常都规定了其最高允许长期工作温度。当周围介质温度一定时，在允许温度条件下，某一截面积的导线必然对应地有其最大允许电流，这一电流（常称载流量）通常是由生产厂家列表给出以备查用，附录表 4~6 列出部分导线允许载流量。

按照发热要求，所选截面积为 A 的导线在实际介质温度下的载流量必须满足下式所示关系：

$$I_{al} \geq I_c \tag{2-36}$$

式中　I_{al}——导线允许载流量；

　　　I_c——计算电流。

当实际介质温度 θ'_1 不同于表中规定的基准数值 θ_1 时，可按下式对导线所能通过的允许电流进行修正：

$$I'_{al} = \sqrt{\frac{\theta_2 - \theta'_1}{\theta_2 - \theta_1}}\, I_{al} \tag{2-37}$$

式中　I'_{al}——实际介质温度 θ'_1 下导线允许通过的电流；

　　　I_{al}——表中所列基准介质温度 θ_1 下导线允许通过的电流；

　　　θ_2——该种导线允许最高温度。

在设计时，导线截面积应根据计算电流和实际介质温度查表选择。至于导线在短路故障条件下的发热校验详见第三章"短路电流计算"。

2. 按经济电流密度选择导线截面积

在建设电网时，从经济上要考虑两方面的问题：一方面，要减少建设的初投资；另一方面，也要考虑如何减少以后每年所支付的年运行费用。线路上的电能损耗是供电系统运行费用的一个组成部分。

建设电网的投资费用包括与导线截面积无关的基本费用（Z_0）和与导线截面积有关的费用，截面积越大则投资费用越大。总投资费用 Z 可表示如下：

$$Z = (Z_0 + bA)\, l \tag{2-38}$$

式中　Z_0——单位长度的第一项费用（元/km）；

　　　b——线路造价与导线截面积间的关系系数；

　　　A——导线截面积（mm^2）；

l——线路长度（km）。

电网的年运行费用 F 应包括设备折旧费 F_z（元/年）、网路的维护修理费 F_x（元/年），管理费 F_g（元/年），以及电网中年电能损耗费 F_s。前三项往往是用投资费的百分数来衡量确定的：

$$F_1 = F_z + F_x + F_g = \frac{\alpha}{100}(Z_0 + bA)l \tag{2-39}$$

式中　α——反映以上三项费用的系数，根据国家规定，可在有关手册中查出。

电网中年电能损耗费 F_s 在设计阶段可按下式计算：

$$F_s = 3I_{max}^2 R\tau\beta \times 10^{-3} = 3I_{max}^2 \frac{\rho l}{A}\tau\beta \tag{2-40}$$

式中　R——导线电阻（Ω）；

β——电价（元/kW·h）；

I_{max}——设计时求得的最大电流即 I_c（A）；

τ——最大负荷损耗时数（h）；

l——导线长度（km）。

经济电流密度是根据年运行费最少的方法求得的。年运行费与导线截面积的关系为

$$F = F_l + F_s = \frac{\alpha}{100}(Z_0 + bA)l + 3I_{max}^2 \frac{\rho l}{A}\tau\beta \tag{2-41}$$

令

$$\frac{dF}{dA} = 0$$

则

$$A_{Jn} = I_{max}/J_n \tag{2-42}$$

式中

$$J_n = \sqrt{\frac{10\alpha b}{3\rho\tau\beta}}$$

J_n 即为经济电流密度，由式（2-42）可以看出：

1）经济截面积与通过的最大电流成正比，但经济电流密度却是一个常数。

2）经济电流密度 J_n 与年最大负荷损耗时数 τ 成反比，而 τ 与最大有功负荷年利用小时数 T_{max} 成正比，因此，T_{max} 越大，则 J_n 应越小。这是因为在同样的最大负荷电流下，T_{max} 越大就表示负荷曲线越平，最大负荷电流持续的时间越长，因而电能损耗费用所占的比重也越大，J_n 取得小一些，就使导线的截面积大一些，从而电阻小一些，以降低导线上的电能损耗。

3）经济电流密度 J_n 与电价 β 成反比，电价越高，电能损耗在总费用中所占比例越大，故电流密度应取得小些。

在用户供电系统设计中，经济电流密度法主要用于电能损耗量较大的电源进线和电弧炉的短网等截面积的计算，经济电流密度 J_n 的值可查相关手册。图 2-45 给出了 10kV 交联聚乙烯电缆在不同电价下的经济电流密度随 T_{max} 的变化曲线，若已知电价和年最大负荷利用小时数，则可查出相应的经济电流密度值。

3. 按电压损失要求选择导线截面积

为保证供电质量，导线上的电压损失应低于最大允许值，通常不超过5%。因此，对于输电距离较长或负荷电流较大的线路，必须按允许电压损失来选择或校验导线截面积。设线

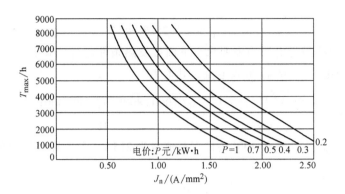

图 2-45　不同电价下 10kV 交联聚乙烯电缆的经济电流密度曲线

路允许电压损失为 $\Delta U_{al}\%$，则由式（2-28）可得

$$\frac{P(r_0 l) + Q(x_0 l)}{U_N^2} \times 100\% \leqslant \Delta U_{al}\% \tag{2-43}$$

由于导线截面积对导线电抗的影响不大，对架空线路可初取 $x_0 = 0.4\Omega/km$，对电缆可初取 $x_0 = 0.08\Omega/km$，因此可由上式求出 r_0：

$$r_0 \leqslant \frac{1}{Pl}(U_N^2 \Delta U_{al}\% - Q x_0 l) \tag{2-44}$$

于是，由式（2-31）可导出满足电压损失要求的导线截面积 A：

$$A \geqslant \frac{\rho}{r_0} \tag{2-45}$$

根据式（2-45）所得 A 值选出导线标称截面积后，再根据线路布置情况得出实际 r_0 和 x_0 代入式（2-43）进行校验。

若导线截面积按电压损失来选择，则还必须按发热条件进行校验。

例 2-1　设有一回 10kV LJ 型架空线路向两个负荷点供电，线路长度和负荷情况如图 2-46 所示。已知架空线线间距为 1m，空气中最高温度为 37℃，允许电压损失 $\Delta U_{al}\% = 5\%$，试选择导线截面积。

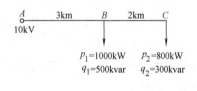

图 2-46　例 2-1 图

解　设线路 AB 段和 BC 段选取同一截面 LJ 型铝绞线，初取 $x_0 = 0.4\Omega/km$，则由式（2-28）有

$$\begin{aligned}
\Delta U_{AC}\% &= \frac{[r_0 l_1(p_1 + p_2) + x_0 l_1(q_1 + q_2)] + [r_0 l_2 p_2 + x_0 l_2 q_2]}{U_N^2} \times 100\% \\
&= \frac{r[3 \times (1 + 0.8) + 2 \times 0.8] + 0.4 \times [3 \times (0.5 + 0.3) + 2 \times 0.3]}{10^2} \times 100\% \leqslant 5\%
\end{aligned}$$

于是可得

$$r_0 \leqslant 0.54\Omega/km$$

$$A \geqslant \frac{\rho}{r_0} = \frac{31.7}{0.54}mm^2 = 58.4mm^2$$

选取 LJ-70 铝绞线，查附表 16 可得：$r_0 = 0.46\Omega/km$，$x_0 = 0.344\Omega/km$。将参数代入

式（2-28）可得

$$\Delta U_{AC}\% = 4.252\% \leqslant 5\%$$

可见，LJ-70 导线满足电压损失要求，下面按发热条件进行校验。

导线最大负荷电流为 AB 段承载电流，其值为

$$I_{AB} = \frac{\sqrt{(p_1+p_2)^2+(q_1+q_2)^2}}{\sqrt{3}\,U_N} = \frac{\sqrt{(1000+800)^2+(500+300)^2}}{\sqrt{3}\times 10}A = 114A$$

查附表 4，得 LJ-70 导线在 40℃条件下载流量为 215A，大于导线最大负荷电流，满足发热条件。

第七节 供电系统的方案比较

在设计供电系统时，往往可得到多个较为合理的设计方案，这时需要对它们进行技术经济比较，以确定最优方案。

影响整个供电系统设计方案的因素很多，譬如：供配电电压的高低；距离电源的远近；负荷的大小和配置；可靠性和备用电源要求；运行方式及其灵活性；大型用电设备及其工作情况；检修维护要求等。

方案的比较需从技术和经济两方面出发。供电系统的技术指标包括：供电可靠性；电能质量；运行和维护的方便及灵活程度；自动化程度；建筑设施的寿命；占地面积；新型设备的利用等。供电系统的经济指标有投资费和年运行费，其中，投资费中应包括变电所投资、建筑物投资、电网投资以及线路功率损失在发电厂引起的附加损失投资；年运行费中应包括变电所折旧费、电网年折旧费、年维修费、年管理费以及供电系统中年总电能损耗费。

技术比较应对每一方案在各个技术指标方面作定性或定量的分析比较，而且，无论哪种方案都必须在可靠性、电能质量、生产效果和安全等方面达到相同的基本要求。

经济比较是两种方案间的经济指标的综合比较。设方案 1 和方案 2 的投资费用分别为 Z_1 和 Z_2，年运行费分别为 F_1 和 F_2，若某一方案的投资费和年运行费均小，则该方案经济性好是明显的。但实际情况往往是，某一方案（譬如方案 1）投资费用低，则其年运行费用就高，这时，可用回收期 T 的大小来决定方案的优劣。即

$$T = \frac{Z_2-Z_1}{F_1-F_2} \tag{2-46}$$

回收期反映了用年运行费用的减少量去补偿初投资费用的增加量所需的年限。计算回收期 T 应与国家对该部门基本建设规定的标准回收期 T_e 作比较，若 $T \geqslant T_e$，则应采用投资费用较低的方案，否则应采用年运行费用较低的方案。

除回收期外，经济比较也可采用年计算投资最小的方法，即

$$Z_{c.a} = \frac{1}{T_e}Z+F = \min \tag{2-47}$$

方案比较时，经济分析应与系统负荷预测、电力电量平衡、电源安排、电网规划、系统供电可靠性分析等项技术工作密切配合进行。

供电可靠性是供电系统的一个重要技术指标，由于提高可靠性往往需要增加投资，无疑

会在可靠性要求的必要程度和投资额多少方面存在不同的见解。一方面，为提高供电可靠性而不适当地增加供电系统的复杂性，不仅初投资增加，而且供电可靠性也未必有所提高，因为元件较多的复杂系统出现故障和误操作的概率较大，反而对可靠性不利；另一方面，为减少投资而不适当地降低供电可靠性要求，可能会在将来因供电中断而蒙受更大的经济损失。因此，当两种方案因供电可靠性差别而对经济指标影响较大时，应计算由于可靠性要求增加投资以取得不中断供电所获得的经济效益，即将停电损失费作为一项费用，列入归算后的年开支费用中。

确定最优方案，需要做大量的计算分析工作。根据技术经济比较结果，可以合理选择用户各级供配电系统，包括：

1）优化选择供配电系统的接线方式。
2）根据需要和可能，选择自备电源的容量和最佳运行方案。
3）结合地方特点，确定符合技术经济要求及最小有色金属消耗量的供电电压。
4）总降压变电所及车间变电所中最合理的变压器容量、数量和运行方式。
5）选择电气设备及导线、母线。
6）选用安全接地策略。

习题与思考题

2-1 什么是计算负荷？确定计算负荷的目的是什么？

2-2 计算负荷与实际负荷有何关系？有何区别？

2-3 什么是负荷曲线？负荷曲线在求计算负荷时有何作用？

2-4 用户变电所位置选择的原则是什么？

2-5 变压器台数选择应考虑哪些因素？什么是明备用？什么是暗备用？

2-6 变压器容量选择应考虑哪些因素？

2-7 什么是变电所的电气主接线？对变电所主接线的基本要求是什么？

2-8 用户供电系统高压配电网的接线方式有哪几种？请从可靠性、经济性、灵活性等方面分析其优缺点。

2-9 简述高压断路器和高压隔离开关在电力系统中的作用与区别。

2-10 我国10kV配电变压器常用哪两种联结组？在3次谐波比较突出的场合，宜采用哪种联结组？

2-11 电流互感器和电压互感器各有哪些功能？电流互感器工作时二次侧为什么不能开路？

2-12 什么是操作电源？常用的直流操作电源有哪几种？各自有何特点？

2-13 在供电系统中提高功率因数的措施有哪些？

2-14 在供电系统中，无功功率补偿的方式有哪几种？各种补偿方式有何特点？

2-15 拟建年产10000台拖拉机的工厂，在初步设计阶段，试估算工厂的计算负荷。

2-16 某机修车间，装有冷加工机床56台，共260kW；行车1台，5.1kW，$FC=15\%$；通风机4台，共5kW；点焊机3台，共10.5kW，$FC=66\%$。该车间采用380V/220V供电，试确定该车间低压侧的计算负荷。

2-17 某35 kV/10kV总降变电所10kV母线上有下列负荷：

1#车间变电所 $P_{c1} = 850kW$，$Q_{c1} = 700kvar$；

2#车间变电所 $P_{c2} = 920kW$，$Q_{c2} = 760kvar$；

3#车间变电所 $P_{c3} = 780kW$，$Q_{c3} = 660kvar$；

4#车间变电所 $P_{c4} = 880kW$，$Q_{c4} = 780kvar$；

试计算该总降变电所的总计算负荷（P_c、Q_c、S_c、I_c）。若欲将 10kV 母线上的功率因数提高到 0.95，通常应选用何种补偿装置进行无功补偿，并求出补偿容量应是多少？

2-18 某电力用户独立式变电所由 5km 外的 35kV/10kV 地区变电所采用一回 10kV 高压架空线供电，用户变电所共安装两台 560kV·A 降压变压器，低压母线采用单母线分段制，试将上述说明绘成供电系统图，并选择各种电气设备型号。

2-19 某工厂 35kV 总降压变电所，拟选用两台等容量变压器，已知工厂总计算负荷为 5000kV·A，其中一、二级负荷容量为 3000kV·A，试选择变压器的容量。

2-20 已知某工厂由 4 个车间组成，各车间负荷如表 2-10 所示。距厂区 4km 处有一地区变电所，可提供一路 10kV 或 35kV 专线供电，并可从工厂附近公网取得一回 10kV 备用电源；要求工厂总功率因数 $\cos\varphi$ 不小于 0.9。试按上述条件设计该厂供电系统主接线图。

表 2-10 习题 2-20 参数表

单位	P_N/kW	$\cos\varphi$	K_d	备注
车间 1	1500	0.8	0.6	二级负荷占 70%
车间 2	900	0.75	0.7	二级负荷占 10%
车间 3	700	0.9	0.5	
车间 4	500	0.8	0.6	

2-21 图 2-47 所示为 10kV 配电线路，AB 段为架空线，BC 段为电缆，设当地最热月份气温为 40℃，土壤 0.8m 深处为 25℃。设两台变压器均在额定状态下运行（忽略变压器功率损耗），且负荷功率因数相同，试按发热条件来选择架空线和电缆的截面积。

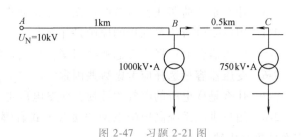

图 2-47 习题 2-21 图

2-22 某 10kV 树干式架空配电线路供电给三个集中负荷，其参数如图 2-48 所示。干线采用同一截面积 LJ 型铝绞线，并要求 AD 段电压损失不大于 5%，试按电压损失要求选择导线截面积，并按发热条件进行校验。

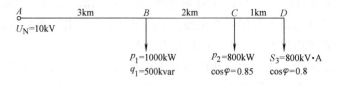

图 2-48 习题 2-22 图

2-23 某工厂距地区变电所 5km，由 10kV 交联聚乙烯电缆供电。已知工厂计算负荷为 2000kV·A，功率因数为 0.85，年最大负荷利用小时数为 5000h，电价为 0.5 元/kW·h，试按经济电流密度法选择导线截面积。

第三章 供电系统的短路电流计算

第一节 短路的基本概念

供电系统应该正常不间断地供给用户合格的电能，以保证生产和生活的正常进行。但是供电系统的正常运行常常因为发生短路故障而遭到破坏。

所谓短路，就是供电系统中一相或多相载流导体接地或相互接触并产生超出规定值的大电流。

造成短路的主要原因是电气设备载流部分的绝缘损坏、误操作、雷击或过电压击穿等。由于误操作产生的故障约占全部短路故障的70%。短路电流值通常是正常工作电流值的数十倍，当它通过电气设备时，设备温度急剧上升，过热会使绝缘加速老化或损坏，同时产生很大的电动力，使设备的载流部分变形或损坏，选用设备时要考虑它们在短路电流作用下的稳定性。短路电流在线路上产生很大的压降，离短路点越近的母线，电压下降越厉害，从而影响与母线连接的电动机或其他设备的正常运行。

供电系统中短路的类型与其电源的中性点是否接地有关。短路的基本类型分三相短路、两相短路、单相短路和两相接地短路。它们的原理图及表示符号如图3-1所示。其中三相短路称为对称短路，其他为不对称短路。由于工业企业的高压供电系统一般为中性点不接地或经熄弧线圈接地的小电流接地系统，单相接地电流很小。为了选择和校验电气设备、载流导体和整定供电系统的继电保护装置，需要计算三相短路电流；在校验继电保护装置的灵敏度

短路类型	原 理 图	代表符号
二相短路		$k^{(3)}$
两相短路	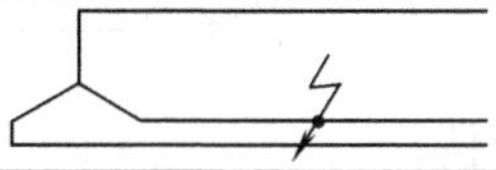	$k^{(2)}$
单相短路	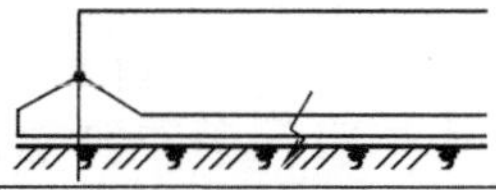	$k^{(1)}$
两相接地短 路	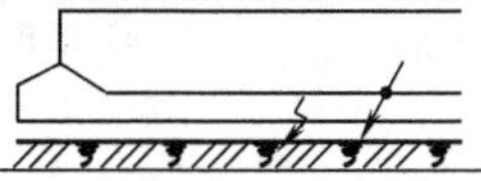	$k^{(1.1)}$

图 3-1　短路类型及其表示符号

时还需计算不对称短路的短路电流值；校验电气设备及载流导体的力稳定和热稳定，就要用到短路冲击电流、稳态短路电流及短路容量；但对瞬时动作的低压断路器，则需用冲击电流有效值来进行其动稳定校验。

第二节 无限大容量电源系统供电时短路过程的分析

一、无限大容量电源供电系统的概念

所谓无限大容量电源是指内阻抗为零的电源。当电源内阻抗为零时，不管输出的电流如何变动，电源内部均不产生压降，电源母线上的输出电压维持不变。实际上系统电源的容量不可能无限大。这里所说的无限大容量是一个相对极大的容量，即当用户的负荷容量远小于给它供电的电力系统容量（约为1/50）时，用户内部供电网路发生短路，电力系统出口母线电压基本维持不变。根据这样的假设来计算短路电流，不会引起较大的误差。在实际工程计算中，当电力系统的阻抗不大于短路回路总阻抗的 5%～10%时，可将该系统看作无限大容量电源供电系统。

二、三相短路过程分析

用户供电系统内某处发生三相短路时，经过简化可用图3-2a的典型星形联结电路来等效。假设电源和负荷都是三相对称，则可取单相来分析，电路如图3-2b所示。

此电路在 $k^{(3)}$ 点发生短路后被分成两个独立回路，与电源相连接的左端回路电流的变化应符合：

$$u_\varphi = R_{kl} i_k + L_{kl} \frac{\mathrm{d}i_k}{\mathrm{d}t} \qquad (3-1)$$

式中 u_φ ——相电压的瞬时值；

      i_k ——每相短路电流瞬时值；

R_{kl}、L_{kl} ——由无限大容量电源至短路点 $k^{(3)}$ 的电阻和电感。

这个微分方程的解为

$$i_k = \frac{U_m}{Z_{kl}} \sin(\omega t + \alpha - \varphi_{kl}) + ce^{-\frac{t}{T_{fi}}}$$

$$= I_{zm} \sin(\omega t + \alpha - \varphi_{kl}) + ce^{-\frac{t}{T_{fi}}} \quad (3-2)$$

式中 U_m ——相电压幅值；

      Z_{kl} ——电路中每相短路阻抗，

$$Z_{kl} = \sqrt{R_{kl}^2 + (\omega L_{kl})^2} \ ;$$

      α ——相电压的初相角；

      φ_{kl} ——短路电流与电压之间的相角；

      T_{fi} ——短路后回路的时间常数，$T_{fi} = L_{kl}/R_{kl}$；

      c ——积分常数，其值由初始条件决定；

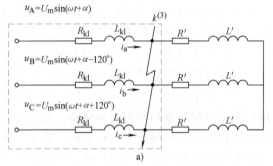

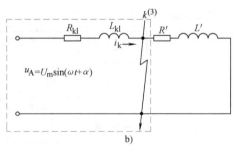

图3-2 分析三相短路时的三相等效电路图和单相等效电路图

a）三相等效电路图 b）单相等效电路图

I_{zm}——三相短路电流周期分量的幅值。

设短路前整个回路流过的负载电流为 $I_m\sin(\omega t+\alpha-\varphi)$，$I_m$ 为负载电流幅值，φ 为它与电压的相角差。当在 $t=0$ 时刻发生三相短路的瞬间，电流不能突变，由式（3-2）有

$$I_m\sin(\alpha-\varphi)=I_{zm}\sin(\alpha-\varphi_{kl})+c \qquad (3-3)$$

解出

$$c=I_m\sin(\alpha-\varphi)-I_{zm}\sin(\alpha-\varphi_{kl})\overset{\Delta}{=}i_{fi0} \qquad (3-4)$$

i_{fi0} 称为短路全电流中非周期分量初始值，因此，短路电流的全电流瞬时值为

$$i_k=I_{zm}\sin(\omega t+\alpha-\varphi_{kl})+i_{fi0}e^{-\frac{t}{T_{fi}}}\overset{\Delta}{=}i_z+i_{fi} \qquad (3-5)$$

上式第一等号右端第一项称为短路电流的周期分量，以 i_z 表示，显然，i_z 的幅值是 I_{zm}，有效值用 I_z 表示；第二项称为短路电流的非周期分量，以 i_{fi} 表示，i_{fi0} 是 i_{fi} 在 $t=0$ 的初值。i_{fi} 在短路后按时间常数为 T_{fi} 的指数曲线衰减，经历（3~5）T_{fi} 即衰减至零，暂态过程将结束，短路进入稳态，稳态短路电流只含短路电流的周期分量。

上述现象的相量图及电流波形图如图 3-3 所示。

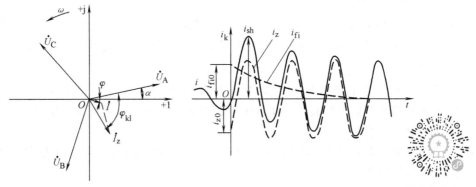

图 3-3　短路时电压、电流相量图及电流波形图

短路电流变化过程的仿真分析

在电源电压及短路地点不变的情况下，要使短路全电流达到最大值，必须具备以下的条件：

1）短路前为空载，即 $I_m=0$，这时 $i_{fi0}=-I_{zm}\sin(\alpha-\varphi_{kl})$。

2）设电路的感抗 X_{kl} 比电阻 R 大得多，即短路阻抗角 $\varphi_{kl}\approx90°$。

3）短路发生于某相电压瞬时值过零值时，即当 $t=0$ 时，初相角 $\alpha=0$。

这时，从式（3-4）、式（3-5）得

$$i_{fi0}=I_{zm}$$

$$i_k=-I_{zm}\cos\omega t+i_{fi0}e^{-\frac{t}{T_{fi}}}$$

其相量图及波形图如图 3-4 所示。

经过 0.01s 后，短路电流的幅值达到冲击电流值，短路电流的冲击电流 i_{sh} 在此情况下为

$$i_{sh}=I_{zm}+i_{fi0}e^{-\frac{0.01}{T_{fi}}}=I_{zm}(1+e^{-\frac{0.01}{T_{fi}}}) \qquad (3-6)$$

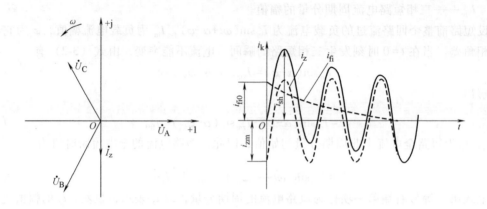

图 3-4　短路电流为最大值时的相量图及波形图（A 相）

令冲击系数 k_{sh} 为

$$k_{sh} = 1 + e^{-\frac{0.01}{T_{fi}}} \tag{3-7}$$

k_{sh} 的范围可分析如下：

假设短路阻抗为纯电感时，即 $R_{kl} = 0$，$T_{fi} = X_{kl}/(\omega R_{kl}) = \infty$，$e^0 = 1$，$k_{sh} = 2$；如果短路阻抗为纯电阻时，即 $X_{kl} = 0$，$T_{fi} = 0$，$e^{-\infty} = 0$，$k_{sh} = 1$，因此 k_{sh} 的变化范围是

$$1 \leqslant k_{sh} \leqslant 2$$

通常，高压供电系统有 $X_{kl} \gg R_{kl}$，$T_{fi} \approx 0.045s$，$k_{sh} = 1.8$，$i_{sh} = \sqrt{2}\,k_{sh} I_z = 2.55 I_z$；低压系统中，$T_{fi} \approx 0.008s$，$k_{sh} = 1.3$，$i_{sh} = 1.84 I_z$。这里的 I_z 是短路电流周期分量有效值。

如前所述，在任一瞬时短路全电流 i_k 就是其周期分量 i_z 和非周期分量 i_{fi} 之和。某一瞬时 t 的短路全电流有效值 $I_{k.t}$ 是以时间 t 为中点的一个周期内 i_z 的有效值 I_z 和 i_{fi} 在 t 时刻瞬时值 $i_{fi.t}$ 的方均根值，即

$$I_{k.t} = \sqrt{I_z^2 + i_{fi.t}^2} \tag{3-8}$$

当 $t = 0.01s$ 时短路全电流的有效值就是对应于冲击电流 i_{sh} 时的有效值，叫作短路冲击电流有效值，用 I_{sh} 来表示，即

$$I_{sh} = \sqrt{I_z^2 + i_{fi.t=0.01}^2} \tag{3-9}$$

$$i_{fi.t=0.01} = (k_{sh} - 1)\sqrt{2} I_z \tag{3-10}$$

$$I_{sh} = I_z \sqrt{1 + 2(k_{sh} - 1)^2} \tag{3-11}$$

在高压系统中 $k_{sh} = 1.8$，$I_{sh} = 1.51 I_z$；

在低压系统中 $k_{sh} = 1.3$，$I_{sh} = 1.09 I_z$；

因此　　　　$$\frac{i_{sh}}{I_{sh}} = \frac{\sqrt{2}\,k_{sh}}{\sqrt{1 + 2(k_{sh} - 1)^2}} = \begin{cases} 1.686 \text{（高压系统）} \\ 1.692 \text{（低压系统）} \end{cases} \tag{3-12}$$

当 $t = \infty$ 时，非周期分量早已衰减完毕，短路全电流就是短路电流周期分量，称之为稳态短路电流，以 I_z 表示其有效值。$I_\infty = I_{k.t=\infty}$。如果电源电压维持恒定，则短路后任何时刻的短路电流周期分量始终不变。所以有

$$I_{z.t=0} = I_{z.t} = I_\infty = I_z \tag{3-13}$$

习惯上把这一短路电流周期分量有效值写作 I_k，即 $I_z = I_k$。

第三节 无限大容量电源条件下短路电流的计算

由本章第二节分析可知，在无限大容量电源供电系统中发生三相短路时，短路电流的周期分量的幅值是不变的，因此它的有效值也是不变的。该有效值可按下式计算：

$$I_k^{(3)} = \frac{U_{av}}{\sqrt{3}\sqrt{R_{kl}^2 + X_{kl}^2}} \tag{3-14}$$

式中　　U_{av}——短路点所在网路段的平均电压。在计算中取 $U_{av} = 1.05U_N$；

R_{kl}、X_{kl}——电源至短路点间的总电阻和总电抗，且已归算至短路点所在段的电压等级下。

在工程设计中，由于高压供电系统中 $R_{kl} \ll X_{kl}$，为了简化计算，若 $R_{kl} < X_{kl}/3$ 时，可忽略 R_{kl}，用 X_{kl} 代替 Z_{kl}；同样在低压供电系统中 $X_{kl} \ll R_{kl}$，若 $X_{kl} < R_{kl}/3$ 时，可忽略 X_{kl}，用 R_{kl} 代替 Z_{kl}；在这样的简化条件下求出的短路电流值，误差不超过 15%，在工程计算及选择设备上是完全允许的。因此对于高压供电系统，式（3-14）可写成

$$I_k^{(3)} = \frac{U_{av}}{\sqrt{3} X_{kl}} \tag{3-15}$$

从式（3-15）可看出，计算短路电流的关键便是求出 X_{kl} 的值。求 X_{kl} 有两种方法：一种是有名值法，另一种是标幺值法。由于标幺值法是电力工程计算中广泛应用的一种基本方法，因此下面进行重点讨论。而有名值法将在本章第四节中结合例题做一简介。

一、标幺值法

在标幺值法中，参与运算的物理量均用其相对值表示。因此，标幺值的概念是：

$$某量的标幺值 = \frac{该量的实际值（任意单位）}{该量的基准值（与实际值同单位）} \tag{3-16}$$

所谓基准值是衡量某个物理量的标准或尺度。例如，如果我们选定：基准功率容量 S_j，基准电压 U_j，基准电流 I_j 和基准电抗 X_j，那么，供电系统中的容量 S、电压 U、电流 I 和电抗 X 的标幺值可用上述的基准值来表示，即

$$S^* = \frac{S}{S_j} \qquad U^* = \frac{U}{U_j} \qquad I^* = \frac{I}{I_j} \qquad X^* = \frac{X}{X_j} \tag{3-17}$$

式（3-17）中 S^*、U^*、I^* 和 X^* 分别为容量、电压、电流和电抗相对于其基准值的标幺值。要特别注意，用标幺值表示的物理量是没有单位的。

在三相交流系统中，容量 S、电压 U、电流 I 和电抗 X 有如下约束关系：

$$S = \sqrt{3} UI \tag{3-18}$$

$$U = \sqrt{3} IX \tag{3-19}$$

当然，这种关系式对各基准值也成立，即

$$S_j = \sqrt{3} U_j I_j \tag{3-20}$$

$$U_j = \sqrt{3} I_j X_j \tag{3-21}$$

式（3-20）、式（3-21）说明，4 个基准量中，只要选定其中两个，另外两个便可通过

关系式计算出来。在短路电流计算中，通常先选定容量 S_j 和电压 U_j，而 I_j 和 X_j 依据下式确定：

$$I_j = \frac{S_j}{\sqrt{3}\,U_j} \tag{3-22}$$

$$X_j = \frac{U_j}{\sqrt{3}\,I_j} = \frac{U_j^2}{S_j} \tag{3-23}$$

基准值可以任意选定，但为了简化短路电流的计算，对于容量的基准值 S_j 可以任选，而基准电压一般都是选取短路点所在网路段的平均电压值。

用式（3-20）和式（3-21）分别除式（3-18）、式（3-19）可得到

$$S^* = \frac{S}{S_j} = U^* I^* \tag{3-24}$$

$$U^* = \frac{U}{U_j} = I^* X^* \tag{3-25}$$

$$X^* = \frac{U^*}{I^*} = \frac{U^{*2}}{S^*} \tag{3-26}$$

由此可知，用标幺值表示的三相系统的各物理量关系如同单相系统的关系一样，这是标幺值表示法的一个重要特点。

复数量的标幺值表示法可分别用其实部和虚部或模数对基准值的标幺值来表示，例如：

$$S^* = \frac{S}{S_j} = P^* + jQ^* \tag{3-27}$$

$$Z^* = \frac{R+jX}{Z_j} = R^* + jX^* \tag{3-28}$$

二、供电系统中各元件电抗标幺值的计算

供电系统中的元件包括电源、输电线路、变压器、电抗器和用户配电线路，为了求出电源至短路点的短路电抗标幺值，需要逐一地求出这些元件的电抗标幺值。

（一）输电线路

已知输电线路的长度 l，每公里电抗值为 x_0，线路所在区段的平均电压为 U_{av}，则输电线路的有名值电抗相对于基准容量 S_j 和基准电压 U_j 的标幺值可按式（3-17）和式（3-23）求得

$$X_l^* = x_0 l \frac{S_j}{U_j^2} \tag{3-29}$$

在短路计算中，通常选取短路区段的平均电压作为基准电压，如果线路电抗与短路点在同一电压等级下，则式（3-29）可改写为

$$X_l^* = x_0 l \frac{S_j}{U_{av}^2} \tag{3-30}$$

如果供电系统经过多级变压，式（3-30）仍能适用，证明如下：

设供电系统如图 3-5 所示，短路发生在第 4 区段内，选择本系统的基准容量为 S_j，基准电压为短路段的线路平均电压 $U_j = U_{av4}$，则第 1 区段的 X_{l1} 归算至短路点的电抗 X'_{l1} 为

$$X'_{l1} = X_{l1}\left(\frac{U_{av2}}{U_{av1}}\right)^2\left(\frac{U_{av3}}{U_{av2}}\right)^2\left(\frac{U_{av4}}{U_{av3}}\right)^2 \qquad (3\text{-}31)$$

再对 S_j 和 U_j 取标幺值 X_{l1}^* 为

$$X_{l1}^* = \frac{X'_{l1}}{X_j} = X_{l1}\left(\frac{U_{av2}}{U_{av1}}\right)^2\left(\frac{U_{av3}}{U_{av2}}\right)^2\left(\frac{U_{av4}}{U_{av3}}\right)^2\left(\frac{S_j}{U_j^2}\right) = X_{l1}\frac{S_j}{U_{av1}^2} \qquad (3\text{-}32)$$

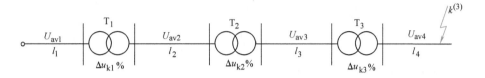

图 3-5 多级电压的供电系统示意图

上式分析说明：不论短路发生在哪一电压等级区段，只要选取短路段的平均电压为基准电压，则任一段线路电抗（欧姆值）对基准值的标幺值，等于该电抗有名值乘以基准容量后，被该线路所在区间段的平均电压的平方值去除。即选取了短路段的平均电压为基准电压后，元件电抗的标幺值就只与元件所在段的平均电压有关，而与短路点发生在哪一段无关。这也是用标幺值法进行短路计算的特点之一。

（二）变压器

由变压器铭牌参数给出的短路电压百分数 $\Delta u_k\%$ 的定义为

$$\Delta u_k\% = \frac{\sqrt{3}\,I_{N.T}X_T}{U_{N.T}}\times 100 = \frac{S_{N.T}X_T}{U_{N.T}^2}\times 100$$

可以求出变压器的等值电抗

$$X_T = \frac{\Delta u_k\%}{100}\frac{U_{N.T}^2}{S_{N.T}} \qquad (3\text{-}33)$$

故

$$X_T^* = \frac{X_T}{X_j} = \frac{\Delta u_k\%}{100}\frac{U_{N.T}^2}{S_{N.T}}\frac{S_j}{U_j^2} \approx \frac{\Delta u_k\%}{100}\frac{S_j}{S_{N.T}} \qquad (3\text{-}34)$$

（三）电抗器

电抗器是用来限制短路电流用的电感线圈，其铭牌上给出额定电抗百分数 $X_{LR}\%$、额定电压 $U_{N.LR}$ 和额定电流 $I_{N.LR}$。根据额定电抗百分数的定义

$$X_{LR}\% = \frac{\sqrt{3}\,I_{N.LR}X_{LR}}{U_{N.LR}}\times 100 \qquad (3\text{-}35)$$

有

$$X_{LR}^* = \frac{X_{LR}}{X_j} = \frac{X_{LR}\%}{100}\frac{U_{N.LR}^2}{\sqrt{3}\,U_{N.LR}I_{N.LR}}\frac{S_j}{U_j^2} \qquad (3\text{-}36)$$

（四）电源

若已知电力系统变电站出口断路器处的短路容量为 S_k，则系统阻抗相对于基准容量 S_j 的标幺值是

$$X_s^* = \frac{S_j}{S_k} \qquad (3\text{-}37)$$

三、求电源至短路点的总电抗

计算出每个元件的电抗后，就可以画出由电源至短路点的等效电路图。图 3-6 就是图 3-5 的等效电路图。求总电抗时，可根据元件间的串、并联关系求出总的电抗标幺值 X_Σ^*。

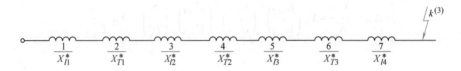

图 3-6　图 3-5 所示系统的等效电路图

四、短路参数的计算

将式（3-15）对基准容量 S_j 和基准电压 U_j 取标幺值，则有

$$\frac{I_k^{(3)}}{I_j} = \frac{U_{av}}{\sqrt{3}\, X_{kl}} \bigg/ \frac{U_j}{\sqrt{3}\, X_j} \tag{3-38}$$

因为选 $U_j = U_{av}$，且 $X_{kl}/X_j = X_\Sigma^*$，故有

$$I_k^{(3)*} = \frac{1}{X_\Sigma^*} \tag{3-39}$$

或

$$I_k^{(3)} = \left(\frac{1}{X_\Sigma^*}\right) I_j \tag{3-40}$$

将式（3-40）两端乘以 $\sqrt{3}\, U_{av} = \sqrt{3}\, U_j$

$$\sqrt{3}\, U_{av} I_k^{(3)} = \left(\frac{1}{X_\Sigma^*}\right) \sqrt{3}\, U_j I_j$$

则

$$S_k^{(3)} = \left(\frac{1}{X_\Sigma^*}\right) S_j \tag{3-41}$$

$$S_k^{(3)*} = \frac{1}{X_\Sigma^*} \tag{3-42}$$

这里的 $S_k^{(3)}$ 定义为三相短路容量，用来校验所选断路器的断流能力或断开容量（或称遮断容量）是否满足可靠工作的要求。

供电系统的短路电流大小与系统的运行方式有很大的关系。系统的运行方式可分为最大运行方式和最小运行方式。最大运行方式下电源系统中发电机组投运多，双回输电线路及并联变压器均全部运行。此时，整个系统的总的短路阻抗最小，短路电流最大；反之，最小运行方式下由于电源中一部分发电机、变压器及输电线路解列，一些并联变压器为保证处于最佳运行状态也采用分列运行，这样将使总的短路阻抗变大，短路电流也相应地减小。在用户供电系统中，用最小运行方式求 $I_k^{(2)}$，用于校验继电保护的灵敏度。

例 3-1　设供电系统图如图 3-7a 所示，数据均标在图上，试求 $k_1^{(3)}$ 及 $k_2^{(3)}$ 处的三相短路电流。

解　通常的计算步骤如下：

先选定基准容量 $S_j(\mathrm{MV \cdot A})$ 和基准电压 $U_j(\mathrm{kV})$，根据 $I_j = S_j/(\sqrt{3}\, U_j)$ 求出基准电流值。S_j 或选 $100\mathrm{MV \cdot A}$，或选系统中某个元件的额定容量。有几个不同电压等级的短路点就

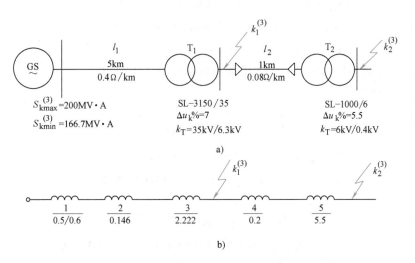

图 3-7　例 3-1 的供电系统图

a）电路图　b）等效电路图

要选同样多个基准电压，自然也有同样多个基准电流值。基准电压应选短路点所在区段的平均电压值。

1）本题选 $S_j = 100 MV \cdot A$

对于 $k_1^{(3)}$ 处，取 $U_{j1} = 6.3 kV$　则 $I_{j1} = \dfrac{100}{\sqrt{3} \times 6.3} kA = 9.16 kA$

对于 $k_2^{(3)}$ 处，取 $U_{j2} = 0.4 kV$　则 $I_{j2} = \dfrac{100}{\sqrt{3} \times 0.4} kA = 144.34 kA$

2）计算系统各元件阻抗的标幺值，绘制等效电路图，图上按顺序标出其阻抗值。（本例中 max 表示最大运行方式，min 表示最小运行方式）。

最大运行方式及最小运行方式下，系统电抗 X_{max}^* 及 X_{min}^* 各为

$$X_{max}^* = \frac{S_j}{S_{k.max}^{(3)}} = \frac{100}{200} = 0.5, \quad X_{min}^* = \frac{S_j}{S_{k.min}^{(3)}} = \frac{100}{166.7} = 0.6$$

$$X_2^* = x_{01} l_1 \frac{S_j}{U_{av1}^2} = 0.4 \times 5 \times \frac{100}{37^2} = 0.146$$

$$X_3^* = \frac{\Delta u_{k1}\%}{100} \frac{S_j}{S_{NT1}} = \frac{7}{100} \times \frac{100}{3.15} = 2.222$$

$$X_4^* = x_{02} l_2 \frac{S_j}{U_{av2}^2} = 0.08 \times 1 \times \frac{100}{6.3^2} = 0.2$$

$$X_5^* = \frac{\Delta u_{k2}\%}{100} \frac{S_j}{S_{NT2}} = \frac{5.5}{100} \times \frac{100}{1} = 5.5$$

作等效电路图如图 3-7b 所示。

3）求电源点至短路点的总阻抗。

$k_1^{(3)}$ 处：$X_{\Sigma 1.max}^* = X_{max}^* + X_2^* + X_3^* = 0.5 + 0.146 + 2.222 = 2.868$

$$X_{\Sigma 1. min}^{*} = X_{min}^{*} + X_2^{*} + X_3^{*} = 0.6 + 0.146 + 2.222 = 2.968$$

$k_2^{(3)}$ 处：
$$X_{\Sigma 2. max}^{*} = X_{\Sigma 1. max}^{*} + X_4^{*} + X_5^{*} = 2.868 + 0.2 + 5.5 = 8.568$$

$$X_{\Sigma 2. min}^{*} = X_{\Sigma 1. min}^{*} + X_4^{*} + X_5^{*} = 2.968 + 0.2 + 5.5 = 8.668$$

4）求短路电流的周期分量，冲击电流及短路容量。

$k_1^{(3)}$ 处的短路参数：

最大运行方式时：
$$I_{k1. max}^{(3)*} = \frac{1}{X_{\Sigma 1. max}^{*}} = \frac{1}{2.868} = 0.349$$

$$I_{k1. max}^{(3)} = I_{k1. max}^{(3)*} \times I_{j1} = 0.349 \times 9.16 \text{kA} = 3.197 \text{kA}$$

$$i_{sh1. max}^{(3)} = 2.55 I_{k1. max}^{(3)} = 2.55 \times 3.197 \text{kA} = 8.152 \text{kA}$$

$$I_{sh1. max}^{(3)} = \frac{i_{sh1. max}^{(3)}}{1.686} \text{kA} = 4.835 \text{kA}$$

$$S_{k1. max}^{(3)} = I_{k1. max}^{(3)*} S_j = 0.349 \times 100 \text{MV} \cdot \text{A} = 34.9 \text{MV} \cdot \text{A}$$

最小运行方式时：
$$I_{k1. min}^{(3)*} = \frac{1}{X_{\Sigma 1. min}^{*}} = \frac{1}{2.968} = 0.337$$

$$I_{k1. min}^{(3)} = I_{k1. min}^{(3)*} \times I_{j1} = 0.337 \times 9.16 \text{kA} = 3.087 \text{kA}$$

同理 $k_2^{(3)}$ 点的短路参数为：

$$I_{k2. max}^{(3)*} = \frac{1}{8.568} = 0.117$$

$$I_{k2. min}^{(3)*} = \frac{1}{8.668} = 0.115$$

$$I_{k2. max}^{(3)} = 0.117 \times 144.34 \text{kA} = 16.89 \text{kA}$$

$$I_{k2. min}^{(3)} = 0.115 \times 144.34 \text{kA} = 16.60 \text{kA}$$

$$i_{sh2. max}^{(3)} = 1.3 \times \sqrt{2} \times 16.89 \text{kA} = 31.05 \text{kA}$$

$$I_{sh2. max}^{(3)} = 1.09 \times I_{k2. max}^{(3)} = 18.41 \text{kA}$$

$$S_{k2. max}^{(3)} = I_{k2. max}^{(3)*} S_j = 0.117 \times 100 \text{MV} \cdot \text{A} = 11.7 \text{MV} \cdot \text{A}$$

通过例3-1的运算说明，用标幺值法计算短路电流公式简明、清晰、数字简单，特别是在大型复杂、短路计算点多的系统中，优点更为突出。所以标幺值法在电力工程计算中应用广泛。

第四节　低压配电网中短路电流的计算

一、低压配电网短路电流计算的特点

1kV 以下的低压配电网中短路电流计算具有以下的特点：

1）配电变压器一次侧可以作为无穷大功率电源供电来考虑。

2）低压配电网中电气元件的电阻值较大，电抗值较小，当 $X > R/3$ 时才计算 X 的影响。因 $X = R/3$ 时，用 R 代替 Z，误差 5.4%，在工程允许范围内。

3）低压配电网电气元件的电阻多以 mΩ 计，因而用有名值比较方便。

4）因低压配电网的非周期分量衰减快，k_{sh} 值在 1~1.3 范围。若已知低压电网短路阻抗的比值 X_Σ / R_Σ，k_{sh} 可按下式计算：

$$k_{sh} = 1 + e^{-\frac{\pi R_\Sigma}{X_\Sigma}}$$
(3-43)

二、低压配电网中各主要元件的阻抗计算

1) 高压侧系统阻抗。由于配电变压器一次侧可视为无限大容量电源供电来考虑。高压系统阻抗一般可忽略不计。若需精确计算时，归算至低压侧的高压系统阻抗可按下式计算：

$$Z_S = \frac{U_{av}^2}{S_k^{(3)}} \times 10^{-3}$$
(3-44)

式中　Z_S——归算至低压侧的高压系统阻抗（$m\Omega$）；

$\quad U_{av}$——配电变压器低压侧电网的平均线电压（V）；

$\quad S_k^{(3)}$——配电变压器高压侧的系统短路容量（$MV \cdot A$）。

在工程实用计算中，一般高压侧系统电抗 $X_S \approx 0.995 Z_S$；高压侧系统电阻 $R_S \approx 0.1 X_S$。

2) 配电变压器的阻抗。

变压器电阻 $\qquad\qquad R_T = \dfrac{\Delta P_{Cu.N.T} U_{N.T2}^2}{S_{N.T}^2}$
(3-45)

式中　$\Delta P_{Cu.N.T}$——变压器额定负荷下的短路损耗（kW）；

$\quad S_{N.T}$——变压器的额定容量（$kV \cdot A$）；

$\quad U_{N.T2}$——变压器二次侧的额定电压（V）。

变压器阻抗 $\qquad\qquad Z_T = \dfrac{\Delta u_k \%}{100} \dfrac{U_{N.T2}^2}{S_{N.T}}$
(3-46)

式中　$\Delta u_k \%$——变压器的短路电压百分数。

变压器的电抗 $\qquad\qquad X_T = \sqrt{Z_T^2 - R_T^2}$
(3-47)

3) 长度在 10~15m 以上的母线的阻抗。

母线的电阻 $\qquad\qquad R_M = \dfrac{l\rho}{A} \times 10^3$
(3-48)

式中　R_M——母线的电阻（$m\Omega$）；

$\quad l$——母线长度（m）；

$\quad \rho$——母线材料的电阻率（$\Omega \cdot mm^2$）/m；

$\quad A$——母线截面积（mm^2）。

水平排列的平放矩形母线，每相母线的电抗 X_M 可按下式计算：

$$X_M = 0.145 l \lg \frac{4D_{av}}{b}$$
(3-49)

式中　X_M——母线的电抗（$m\Omega$）；

$\quad l$——母线长度（m）；

$\quad D_{av}$——母线的相间几何均距（mm）；

$\quad b$——母线宽度（mm）。

在工程实用计算中，母线的电抗亦可采用以下近似公式计算：

母线截面积在 $500mm^2$ 以下时 $\qquad X_M = 0.17 l$

母线截面积在 500mm² 以上时 $\qquad X_M = 0.13l$

4）电流互感器一次线圈的阻抗、低压断路器过电流线圈的阻抗以及刀开关和低压断路器的触头接触电阻通常由制造厂家提供，计算时可参考相应的产品手册。

三、低压配电网的短路计算

对于三相阻抗相同的低压配电系统，短路电流可根据下式计算：

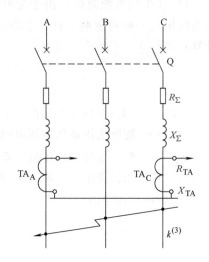

$$I_k^{(3)} = \frac{U_{av}}{\sqrt{3}\sqrt{(R_\Sigma^2 + X_\Sigma^2)}} \qquad (3-50)$$

式中　　　U_{av}——低压侧平均线电压（V）；

R_Σ 及 X_Σ——电源至短路点的总电阻及总电抗（mΩ）；

$I_k^{(3)}$——三相短路电流周期分量有效值（kA）。

在三相中性点不接地系统中，通常只在其中一相或两相装设电流互感器（见图 3-8），导致低压系统三相阻抗不对称，虽然是三相短路，但各相短路电流周期分量 $I_k^{(3)}$ 不相等。当校验低压断路器的最大短路容量时，要用没有装设电流互感器那一相（如 B 相）的短路电流。但要校验电流互感器的稳定度时，可按 AB 或 BC 相间的短路电流值计算。

图 3-8　三相系统中只有 A、C 两相装设电流互感器

第五节　不对称短路电流的分析计算方法

以上讨论的都是三相对称短路的情况，在供电系统中，为了校验保护装置的灵敏度，需要计算不对称短路电流。

不对称短路的计算方法仍然是电工学中讨论过的对称分量法。这一方法将发生不对称短路（$k^{(1)}$，$k^{(2)}$，$k^{(1,1)}$ 等）处出现的三相不对称电压分解成三组各自对称的正序、负序和零序分量，在电力网中，这三组分量都能独立地形成其序网络并满足欧姆定律和基尔霍夫定律。正是这一特点，就能由各序网络相应地求出各序电流，然后将它们叠加起来，还原为三相不对称电流。

一、对称分量法

对称分量法指出，任意一组不对称的相量 $\dot{F}_A$、$\dot{F}_B$ 和 $\dot{F}_C$，可分解为对称的正序、负序和零序三个分量之和，即

$$\begin{cases} \dot{F}_A = \dot{F}_{A+} + \dot{F}_{A-} + \dot{F}_{A0} \\ \dot{F}_B = \dot{F}_{B+} + \dot{F}_{B-} + \dot{F}_{B0} \\ \dot{F}_C = \dot{F}_{C+} + \dot{F}_{C-} + \dot{F}_{C0} \end{cases} \qquad (3-51)$$

其中，A、B、C 三相正序分量按逆时针依次相差 120° 角，三相负序分量则按顺时针依次相

差 120°角，三相零序分量则同相位，如图 3-9 所示。令 $\alpha = e^{j120°} = -\dfrac{1}{2} + j\dfrac{\sqrt{3}}{2}$，则 $\alpha^2 = e^{j240°} =$

$-\dfrac{1}{2} - j\dfrac{\sqrt{3}}{2}$，$\alpha^3 = e^{j360°} = 1$，显然 $1 + \alpha + \alpha^2 = 0$。将式（3-51）的右边第二、第三行的分量都用第

一行的 A 相分量来表示，$\dot{F}_{B+} = \alpha^2 \dot{F}_{A+}$，$\dot{F}_{C+} = \alpha \dot{F}_{A+}$，$\dot{F}_{B-} = \alpha \dot{F}_{A-}$，$\dot{F}_{C-} = \alpha^2 \dot{F}_{A-}$，则
式（3-51）可改写为

$$\begin{pmatrix} \dot{F}_A \\ \dot{F}_B \\ \dot{F}_C \end{pmatrix} = \begin{pmatrix} 1 & 1 & 1 \\ \alpha^2 & \alpha & 1 \\ \alpha & \alpha^2 & 1 \end{pmatrix} \begin{pmatrix} \dot{F}_{A+} \\ \dot{F}_{A-} \\ \dot{F}_{A0} \end{pmatrix} \tag{3-52}$$

其逆变换关系是

$$\begin{pmatrix} \dot{F}_{A+} \\ \dot{F}_{A-} \\ \dot{F}_{A0} \end{pmatrix} = \frac{1}{3} \begin{pmatrix} 1 & \alpha & \alpha^2 \\ 1 & \alpha^2 & \alpha \\ 1 & 1 & 1 \end{pmatrix} \begin{pmatrix} \dot{F}_A \\ \dot{F}_B \\ \dot{F}_C \end{pmatrix} \tag{3-53}$$

式（3-51）有变量 12 个，但式（3-52）变量减至 6 个。

应该说明：式（3-52）、式（3-53）各式的变量既可是电压 $\dot{U}$ 也可是电流 $\dot{I}$，但变量必须是周期分量。

二、基于对称分量法的不对称短路电流计算

当供电系统内某处发生三相不对称短路时，短路点的三相电压 $\dot{U}_{kA}$、$\dot{U}_{kB}$ 和 $\dot{U}_{kC}$ 不对称，可利用式（3-53）将这组不对称电压分解成三组各自对称的正序、负序和零序分量。这样，研究供电系统不对称短路只需举出其中一相（往往是 A 相）来分析即可。图 3-10a 是一个简化的供电

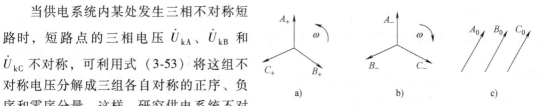

图 3-9　三相序分量的相位关系示意图
a）正序分量　b）负序分量　c）零序分量

系统计算图，图中 k 处的 $\dot{U}_{k+}$、$\dot{U}_{k-}$、$\dot{U}_{k0}$ 是从该点的不对称三相电压分解出来的各序电压分量。在这个系统中，线路上相应地要流过正序、负序和零序电流，各序电流流经供电回路的不同序网络。由于各序回路相互独立，其等效图如图 3-10b、c、d。

无论是正常情况或是故障情况，电源发电机的电势总被认为是纯正弦的正序对称电动势，不存在负序和零序分量。综合三序网络的方程为

$$\begin{pmatrix} \dot{E} \\ 0 \\ 0 \end{pmatrix} - \begin{pmatrix} \dot{U}_{k+} \\ \dot{U}_{k-} \\ \dot{U}_{k0} \end{pmatrix} = \begin{pmatrix} jX_{\Sigma+} & 0 & 0 \\ 0 & jX_{\Sigma-} & 0 \\ 0 & 0 & jX_{\Sigma 0} \end{pmatrix} \begin{pmatrix} \dot{I}_{k+} \\ \dot{I}_{k-} \\ \dot{I}_{k0} \end{pmatrix} \tag{3-54}$$

式中的电源电动势 $\dot{E}$ 为已知量，$\dot{U}_{k+}$、$\dot{U}_{k-}$、$\dot{U}_{k0}$ 可根据短路点的三相不对称电压分解

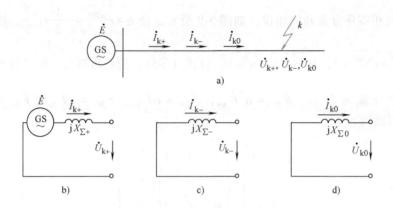

图 3-10　用对称分量法分析供电系统的不对称短路

a）供电系统不对称短路的计算图　b）正序网络　c）负序网络　d）零序网络

得出，故只需求出各序网络的序阻抗值 $X_{\Sigma+}$、$X_{\Sigma-}$ 和 $X_{\Sigma 0}$，短路处的电流 $\dot{I}_{k+}$、$\dot{I}_{k-}$ 和 $\dot{I}_{k0}$ 即可求出，并根据式（3-52）合成各相短路电流的周期分量值。为此，用对称分量法的一个关键是求从电源点至短路点的各元件各序网络阻抗值。

（1）正序阻抗 X_+　正序阻抗即各个元件在三相对称工作时的基波阻抗值，也就是在计算三相对称短路时所采用的阻抗值。

（2）负序阻抗 X_-　因交流电路中同一静止元件相与相之间的互感抗与相序无关，故各元件的负序阻抗与正序阻抗相等，即 $X_-=X_+$，如架空线、电缆、变压器和电抗器等。但对于电机这样的旋转元件，其正负序阻抗不同，具体计算可参见电机学教材。

（3）零序阻抗 X_0　高压电缆和单回架空线的零序电抗约为其正序电抗的 3.5 倍；变压器的零序阻抗与变压器的绕组接法和结构直接相关。

以双绕组变压器为例，图 3-11 给出了变压器绕组在各种不同接法下的零序阻抗计算等值电路图。图中，X_μ 为零序励磁电抗，X_1 和 X_2 分别表示变压器一次绕组与二次绕组的零序漏电抗，其值与正序电抗相同

$$X_1=X_2=\frac{1}{2}\times\left(\frac{\Delta u_k\%}{100}\cdot\frac{U_{N.T}^2}{S_{N.T}}\right)=\frac{1}{2}X_T \tag{3-55}$$

由图 3-11 可以看出：

1）当变压器的某个绕组为 D 联结或 Y 联结时，该绕组对外呈现的零序阻抗为无限大。

2）对于 Dyn 联结的变压器，由于一次侧采用 D 联结，零序主磁通以铁心为回路，可认为 $X_\mu=\infty$，故而二次零序阻抗为

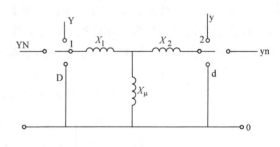

图 3-11　双绕组变压器计算零序电抗时不同接法示意图

$$X_0=X_2+\frac{X_1X_\mu}{X_1+X_\mu}\approx X_1+X_2=X_T \tag{3-56}$$

当变压器低压出口处发生单相短路时，若忽略零线引出线阻抗，则单相短路电流的大小约等于三相短路电流。若单相短路点远离变压器出口处，计及线路零序阻抗，则单相短路电流小于三相短路电流。

3) 对于 Yyn 联结的变压器，二次零序阻抗为

$$X_0 = X_\mu + X_2 = X_\mu + \frac{1}{2}X_\mathrm{T} \tag{3-57}$$

由于零序主磁通没有铁心回路，而以充油空间和油箱壁形成闭合回路，励磁电流很大，X_μ 比正序励磁电抗小得多，通常

$$X_\mu = (0.3 \sim 1.0)\frac{U_\mathrm{N.T}^2}{S_\mathrm{N.T}} \tag{3-58}$$

由于变压器零序励磁阻抗远大于绕组电抗，当变压器低压出口处发生单相短路时，单相短路电流远小于三相短路电流。

例 3-2 如图 3-12 所示，设 Yyn0 联结的 10kV/0.4kV 变压器低压出口 b 相发生单相短路，试用对称分量法分析变压器一次、二次绕组的短路电流。假设变压器一次电源为无限大容量电源。

解

（1）建立系统的三序网络方程

变压器采用 Yyn0 联结，供电系统的三序分量网络及阻抗参数如图 3-13 所示（等效到变压器低压侧）。显然，系统各序阻抗为

$$X_{\Sigma+} = X_{\Sigma-} = X_\mathrm{S} + X_\mathrm{T}$$

$$X_{\Sigma0} = X_\mu + \frac{1}{2}X_\mathrm{T}$$

取电源电压为相电压平均值，根据式（3-54），该系统的三序网络方程为

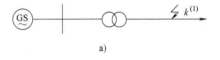

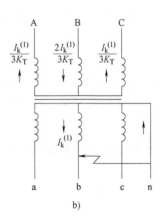

图 3-12 例 3-2 供电系统与变压器低压侧 b 相短路时一次、二次短路电流分布

a) 供电系统 b) 短路电流分布

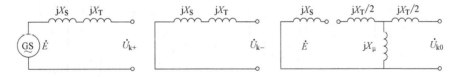

图 3-13 例 3-2 供电系统的三序分量网络图

$$\begin{pmatrix} U_\mathrm{av}/\sqrt{3} \\ 0 \\ 0 \end{pmatrix} - \begin{pmatrix} \dot{U}_\mathrm{k+} \\ \dot{U}_\mathrm{k-} \\ \dot{U}_\mathrm{k0} \end{pmatrix} = \begin{pmatrix} \mathrm{j}(X_\mathrm{S}+X_\mathrm{T}) & 0 & 0 \\ 0 & \mathrm{j}(X_\mathrm{S}+X_\mathrm{T}) & 0 \\ 0 & 0 & \mathrm{j}(X_\mu+X_\mathrm{T}/2) \end{pmatrix} \begin{pmatrix} \dot{I}_\mathrm{k+} \\ \dot{I}_\mathrm{k-} \\ \dot{I}_\mathrm{k0} \end{pmatrix} \tag{E1}$$

（2）根据边界条件，确定短路点电压和电流的三序分量

变压器二次发生 b 相短路时，短路点的电压和电流满足如下条件：

$$\dot{U}_{kb} = 0$$

$$\dot{I}_{ka} = \dot{I}_{kc} = 0$$

根据序分量方程式（3-53）可得短路点的电压和电流序分量方程：

$$\begin{pmatrix} \dot{U}_{k+} \\ \dot{U}_{k-} \\ \dot{U}_{k0} \end{pmatrix} = \frac{1}{3} \begin{pmatrix} 1 & \alpha & \alpha^2 \\ 1 & \alpha^2 & \alpha \\ 1 & 1 & 1 \end{pmatrix} \begin{pmatrix} \dot{U}_{ka} \\ 0 \\ \dot{U}_{kc} \end{pmatrix} \tag{E2}$$

$$\begin{pmatrix} \dot{I}_{k+} \\ \dot{I}_{k-} \\ \dot{I}_{k0} \end{pmatrix} = \frac{1}{3} \begin{pmatrix} 1 & \alpha & \alpha^2 \\ 1 & \alpha^2 & \alpha \\ 1 & 1 & 1 \end{pmatrix} \begin{pmatrix} 0 \\ \dot{I}_{k}^{(1)} \\ 0 \end{pmatrix} \tag{E3}$$

（3）将方程（E2）和方程（E3）代入方程（E1），即可求解出短路电流 $I_k^{(1)}$。

$$\dot{I}_k^{(1)} = \frac{\sqrt{3}\,U_{av}}{j\alpha(X_\mu + 2X_S + 2.5X_T)}$$

（4）求变压器一次、二次绕组的短路电流

由于变压器采用 Yyn0 联结，一次绕组没有零序回路，零序电流为零，即

$$\dot{I}_{Ik0} = 0$$

一次绕组的正序和负序短路电流来自于变压器低压绕组短路电流的穿越，即

$$\dot{I}_{Ik+} = \frac{1}{K_T} \dot{I}_{k+} = \frac{1}{K_T}\frac{\alpha}{3}\dot{I}_k^{(1)}$$

$$\dot{I}_{Ik-} = \frac{1}{K_T} \dot{I}_{k-} = \frac{1}{K_T}\frac{\alpha^2}{3}\dot{I}_k^{(1)}$$

式中，K_T 为变压器一次、二次电压比。于是

$$\begin{pmatrix} \dot{I}_{kA} \\ \dot{I}_{kB} \\ \dot{I}_{kC} \end{pmatrix} = \begin{pmatrix} 1 & 1 & 1 \\ \alpha^2 & \alpha & 1 \\ \alpha & \alpha^2 & 1 \end{pmatrix} \begin{pmatrix} \dot{I}_{Ik+} \\ \dot{I}_{Ik-} \\ \dot{I}_{Ik0} \end{pmatrix} = \begin{pmatrix} 1 & 1 & 1 \\ \alpha^2 & \alpha & 1 \\ \alpha & \alpha^2 & 1 \end{pmatrix} \begin{pmatrix} \dfrac{\alpha}{3K_T} \\ \dfrac{\alpha^2}{3K_T} \\ 0 \end{pmatrix} \dot{I}_k^{(1)} = \begin{pmatrix} -\dfrac{1}{3} \\ \dfrac{2}{3} \\ -\dfrac{1}{3} \end{pmatrix} \frac{\dot{I}_k^{(1)}}{K_T}$$

上式解释了图 3-12 中变压器一次、二次电流的分布规律。

三、基于正序等效定则的不对称短路电流计算

正序等效定则就是不对称短路下最大一相短路电流用正序短路电流分量来表示的方法。其通式为

$$I_{k+}^{(n)} = \frac{E}{X_{\Sigma+} + X_a} \tag{3-59}$$

$$I_k^{(n)} = m^{(n)} I_{k+}^{(n)} \tag{3-60}$$

式中 n——短路类型符号，参阅表 3-1；

X_a——与短路类型有关的附加电抗，参阅表 3-1；

$m^{(n)}$——与短路类型有关的系数，参阅表 3-1；

$I_{k+}^{(n)}$——该短路类型的正序电流分量值；

$I_k^{(n)}$——某种类型短路时最大一相短路电流周期分量。

表 3-1 不同类型短路的 X_a、$m^{(n)}$ 计算值

短路类型	类型符号（n）	X_a	$m^{(n)}$
三相短路	（3）	0	1
两相短路	（2）	$X_{\Sigma-}$	$\sqrt{3}$
单相接地短路	（1）	$X_{\Sigma-}+X_{\Sigma 0}$	3
两相接地短路	（1,1）	$\dfrac{X_{\Sigma-}X_{\Sigma 0}}{X_{\Sigma-}+X_{\Sigma 0}}$	$\sqrt{3}\times\sqrt{1-\dfrac{X_{\Sigma-}X_{\Sigma 0}}{X_{\Sigma-}+X_{\Sigma 0}}}$

由于正序等效定则的应用，使计算不对称短路电流变得非常简捷。因此，计算供电系统不对称短路电流时可按下列步骤进行：

1）求出短路点至供电电源的序阻抗，做出各序等效网络图，忽略电阻，可得 $X_{\Sigma+}$、$X_{\Sigma-}$、$X_{\Sigma 0}$。对于无限大容量电源系统，$X_{\Sigma-}=X_{\Sigma+}$，且 E 可取为电源相电压平均值。

2）根据短路类型从表 3-1 查出 X_a 和 $m^{(n)}$ 的算式，进行计算。

3）按式（3-60）求出短路参数 $I_k^{(n)}$ 等。

例 3-3 试用正序等效定则计算无限大容量电源条件下的两相短路电流。

解 在无限大容量电源条件下，有

$$X_{\Sigma-}=X_{\Sigma+}$$

$$E=U_{av}/\sqrt{3}$$

查表 3-1 有

$$X_a=X_{\Sigma-}=X_{\Sigma+}$$

$$m^{(2)}=\sqrt{3}$$

根据式（3-59）

$$I_{k+}^{(2)}=\frac{U_{av}}{\sqrt{3}(X_{\Sigma+}+X_a)}=\frac{U_{av}}{2\sqrt{3}X_{\Sigma+}}=\frac{1}{2}I_k^{(3)}$$

根据式（3-60）

$$I_k^{(2)}=m^{(2)}I_{k+}^{(2)}=\frac{\sqrt{3}}{2}I_k^{(3)}$$

即两相短路电流是三相短路电流的 $\sqrt{3}/2$ 倍。

第六节 感应电动机对短路电流的影响

在计算靠近电动机处发生三相短路的冲击电流时，应把电动机作为附加电动势来考虑。

因为当电网发生三相短路时，短路点的电压为零，接在短路点附近的电动机因端电压的消失而转速下降，但由于电动机有较大的惯性，其转速不可能立即下降到零，故此时出现电动机的反电动势大于该点电网的剩余电压，它相当于发电机，电动机有反馈电流送到短路点。如图 3-14 所示。

电动机向短路点反馈的冲击电流为

$$i_{\mathrm{sh.M}} = \sqrt{2}\frac{E''^{*}_{\mathrm{M}}}{X''^{*}_{\mathrm{M}}}k_{\mathrm{sh.M}}I_{\mathrm{N.M}} \qquad (3\text{-}61)$$

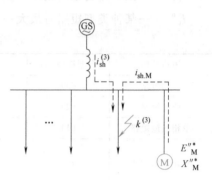

式中　E''^{*}_{M}——电动机的次暂态电动势，一般为 0.9；

$\quad\quad X''^{*}_{\mathrm{M}}$——电动机的次暂态电抗，$X''^{*}_{\mathrm{M}} = \dfrac{1}{I^{*}_{\mathrm{st.M}}}$，$I^{*}_{\mathrm{st.M}}$

为电动机起动电流对其额定电流的标幺值，一般可取 5，此时 $X''^{*}_{\mathrm{M}} = 0.2$；

$\quad\quad I_{\mathrm{N.M}}$——电动机的额定电流，$I_{\mathrm{N.M}} = \dfrac{P_{\mathrm{N.M}}/\eta}{\sqrt{3}\,U_{\mathrm{N.M}}\cos\varphi}$；

图 3-14　计算感应电动机端点上短路时的短路电流

$\quad\quad k_{\mathrm{sh.M}}$——短路电流冲击系数，对高压电动机取

1.4~1.6，对低压电动机取 1。

因为感应电动机供给的反馈短路电流衰减很快，所以只考虑对短路冲击电流的影响。当计及感应电动机的反馈冲击电流时，系统短路电流冲击值为

$$i^{(3)}_{\mathrm{sh}\Sigma} = i^{(3)}_{\mathrm{sh}} + i_{\mathrm{sh.M}} \qquad (3\text{-}62)$$

在实际工程计算中，如果短路点附近接有 100 kW 以上的感应电动机或总容量在 100 kW 以上的电动机群，当 $i_{\mathrm{sh.M}}$ 值为短路冲击电流 $i^{(3)}_{\mathrm{sh}}$ 的 5% 以上时需考虑其影响。

第七节　电气设备的选择及校验

一、短路电流的力效应和热效应

短路电流流过载流导体产生的力效应和热效应是校验载流导体及电气设备能否稳定工作的主要依据之一。

1. 短路电流的力效应

两根平行敷设的载流导体，当其通过电流 i_1、i_2 时，它们之间的作用力 F（单位为 N）为

$$F = 2ki_1i_2\frac{l}{a}\times10^{-7} \qquad (3\text{-}63)$$

式中　i_1、i_2——载流体中通过的电流（A）；

$\quad\quad l$——平行敷设的载流体长度（m）；

$\quad\quad a$——两载流体轴线间的距离（m）；

$\quad\quad k$——与载流体的形状和相对位置有关的形状系数。k 值可根据 $\dfrac{a-b}{b+h}$、$m = \dfrac{b}{h}$ 查曲

线图 3-15，对圆形、管形导体 $k=1$。对其他截面积需查曲线确定。

如果三相载流导体水平敷设在同一平面上，且三相短路电流 i_{kA}、i_{kB}、i_{kC} 流过各相导体时，根据两平行导体间同相电流力相吸、异向电流力相斥的原理，标出各载流体的受力情况，如图 3-16 所示，显然中间相受力最大。

可以证明，平行敷设的三相矩形母线在短路时受力最严重的中间相所受电动力的计算式为

$$F^{(3)} = 1.732k(i_{sh}^{(3)})^2 \frac{l}{a} \times 10^{-7} \qquad (3-64)$$

2. 短路电流的热效应

图 3-17 是载流导体的温度对时间的变化曲线。它表示载流导体通过短路电流期间及切断电流后温度变化的情况。设载流导体周围介质温度为 θ_0，正常通过额定电流时产生额定温升 τ_N，达到额定温度 θ_N，$\tau_N = \theta_N - \theta_0$；在 t_0 时刻发生短路，到 t_1 时刻切除，因 $t_1 - t_0$ 时段很短，可认为是一个绝热过程，即

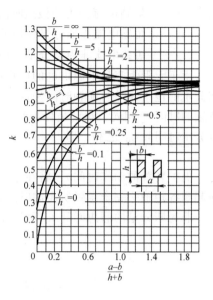

图 3-15　矩形母线的形状系数曲线

短路电流产生的热量不向外扩散，全部转化为载流导体的温升，于是，载流导体产生短路温升 τ_k，最后达到的温度为 θ_k，$\tau_k = \theta_k - \theta_N$。所谓热稳定校验，就是以导体允许温度 $\theta_{N.max}$ 与 θ_k 比较，以满足 $\theta_k \leq \theta_{N.max}$ 条件为合格。不同的载流导体其最大允许温度 $\theta_{N.max}$ 如表 3-2 所示。

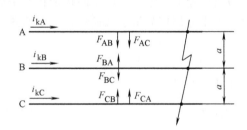

图 3-16　平行敷设的三相载流导体的短路受力分析

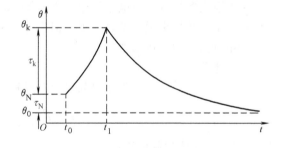

图 3-17　短路后导体温度对时间的变化曲线

要求出 θ_k，必须先求出 τ_k。这便要求找出短路电流作用下发出的热量与导体温升之间的关系，设短路作用的时间为 $t_1 - t_0$（见图 3-17），则热量 Q_k 为

$$Q_k = 0.24 \int_{t_0}^{t_1} I_{kt}^2 R dt \qquad (3-65)$$

式中　I_{kt}——短路全电流的有效值（A）；

　　　R——导体的电阻（Ω）。

由于短路全电流的有效值 I_{kt} 在整个短路过程中并不是常数，特别是发电机端短路，其变化比较复杂，为了便于计算，工程上以短路电流稳态分量的有效值 I_∞ 代替 I_{kt}，于是式（3-65）可改写成下面的形式：

$$Q_k = 0.24 I_\infty^2 R t_j = 0.24 I_\infty^2 R(t_{jz} + t_{jfi}) = Q_{kz} + Q_{kfi} \qquad (3-66)$$

式中 t_j——短路电流作用的假想时间；

t_{jz}——短路电流周期分量作用的假想时间；

t_{jfi}——短路电流非周期分量作用的假想时间。

由于无限大容量电源供电的用户供电系统短路电流的周期分量保持不变，即 $I_z = I_\infty$，周期分量的包络线是与横轴时间坐标平行的直线。因此，周期分量的假想时间 t_{jz} 与短路电流持续的时间 t_k 相同，也就是保护装置的动作时间 t_{op} 和断路器切断电路的实际动作时间（固有分闸时间）t_{QF} 之和，即

$$t_{jz} = t_k = t_{op} + t_{QF} \tag{3-67}$$

保护装置的动作时间 t_{op} 将在第四章阐明。断路器的固有分闸时间 t_{QF} 是指脱扣线圈接通起到各相触头完全息弧所需的时间，具体数值可查阅有关设备手册。

非周期分量的假想时间 t_{jfi} 可计算如下：

$$i_{fi} = \sqrt{2} I_z e^{-\frac{t}{T_{fi}}}$$

$$Q_{kfi} = 0.24 \int_0^{t_k} (i_{fi})^2 R dt = 0.24 I_z^2 R (1 - e^{-\frac{2t_k}{T_{fi}}}) T_{fi}$$

由于 $$Q_{kfi} = 0.24 I_\infty^2 R t_{jfi} \tag{3-68}$$

且无限大容量电源供电系统其 $I_z = I_\infty$，故

$$t_{jfi} = (1 - e^{-\frac{2t_k}{T_{fi}}}) T_{fi}$$

当 $t_k > 0.1s$，且 $T_{fi} = 0.05s$ 时

$$t_{jfi} \approx T_{fi} = 0.05 s \tag{3-69}$$

在无限大容量电源供电系统中，当 $t_{jz} < 1s$ 时，短路电流非周期分量产生的热量相对于周期分量产生的热量来说，不宜忽视，但当 $t_{jz} > 1s$ 时，由于非周期分量衰减较快，产生的热量有限，相对而言 Q_{kfi} 可以忽略。

在上述分析中，由于假设了短路的过程是一个绝热过程，即短路电流作用产生的热量全部转化成了导体的温升。于是可列出短路过程的热平衡方程如下：

$$0.24 I_\infty^2 t_j \frac{\rho}{A} l = \int_{\theta_N}^{\theta_k} A\gamma c d\theta \tag{3-70}$$

式中 A——导体的截面积；

l——导体的长度；

γ——导体材料的密度；

ρ——导体材料的电阻率，该值实际上是温度的函数，即 $\rho = \rho_0(1 + \alpha\theta)$，其中 ρ_0 是 0℃时的电阻率，α 是 ρ_0 的温度系数；

c——导体的比热容，$c = c_0(1 + \beta\theta)$，其中 c_0 是导体在 0℃时的比热容，β 是 c_0 的温度系数。

整理式（3-70）并积分后可得

$$I_\infty^2 t_j = A^2(M_k - M_N) \tag{3-71}$$

式中 $M_k = \dfrac{\gamma c_0}{0.24 \rho_0} \left(\dfrac{\alpha - \beta}{\alpha^2} \ln(1 + \alpha\theta_k) + \dfrac{\beta}{\alpha} \theta_k \right)$

$M_N = \dfrac{\gamma c_0}{0.24 \rho_0} \left(\dfrac{\alpha - \beta}{\alpha^2} \ln(1 + \alpha\theta_N) + \dfrac{\beta}{\alpha} \theta_N \right)$

在导体的材料确定后，M 值仅为温度的函数，即 $M=f(\theta)$。为了简化 M_k、M_N 的计算，工程上常利用不同材质导体的 $M=f(\theta)$ 关系曲线，如图 3-18 所示。

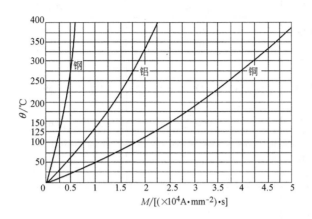

图 3-18　$M=f(\theta)$ 关系曲线

利用图 3-18 曲线求 θ_k 的步骤如图 3-19 所示。

1）从纵坐标上找出导体在正常负荷电流时的温度 θ_N 值。

2）由 θ_N 向右查得对应于该导体材料 $M=f(\theta)$ 曲线上的 a 点，进而求出横坐标上的 M_N 值。

3）根据式（3-71）可求出

$$M_k = M_N + \left(\frac{I_\infty}{A}\right)^2 t_j \tag{3-72}$$

4）由计算出的 M_k 值查出对应 $M=f(\theta)$ 曲线上的 b 点，进而求出纵坐标上的 θ_k 值。

载流导体和电气设备承受短路电流作用时满足热稳定的条件是

$$\theta_{N.max} \geqslant \theta_k \tag{3-73}$$

在工程设计中，为了简化计算，对于载流导体常采用在满足短路时发热的最高允许温度下所需导体的最小截面积 A_{min} 来校验导体的热稳定性。即

$$A_{min} \geqslant \frac{I_\infty}{\sqrt{M_k - M_N}}\sqrt{t_j} = \frac{I_\infty}{C}\sqrt{t_j} \tag{3-74}$$

式中　C——与导体材料有关的热稳定系数，$C = \sqrt{M_k - M_N}$，如表 3-2 所示。

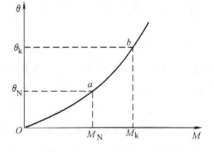

图 3-19　由 θ_N 查 θ_k 的步骤说明

表 3-2　导体或电缆的长期允许工作温度和短路时允许的最高温度

导体种类和材料	短路时导体允许最高温度 $\theta_{N.max}/℃$	导体长期允许工作温度 $\theta_N/℃$	热稳定系数 C 值
铝母线及导线、硬铝及铝锰合金	200	70	87
硬铜母线及导线	300	70	171

（续）

导体种类和材料	短路时导体允许最高温度 $\theta_{N.max}/℃$	导体长期允许工作温度 $\theta_N/℃$	热稳定系数 C 值
钢母线（不与电器直接连接） 钢母线（与电器直接连接）	410 310	70 70	70 63
10kV 铝心油浸纸绝缘电缆 10kV 铜心油浸纸绝缘电缆	200 220	60 60	95 165
6kV 铝心油浸纸绝缘电缆 及 10kV 铝心不滴流电缆	200	65	90
6kV 铜心油浸纸绝缘电缆 及 10kV 铜心不滴流电缆	220	65	150
3kV 以下铝心绝缘电缆 3kV 以下铜心绝缘电缆	200 250	80 80	
铝心交联聚乙烯绝缘电缆 铜心交联聚乙烯绝缘电缆	200 230	90 90	80 135
铝心聚氯乙烯绝缘电缆 铜心聚氯乙烯绝缘电缆	130 130	65 65	65 100

对于一般电气设备，在出厂前都要进行热稳定试验，从而确定设备在 t 时间内允许通过热稳定电流 I_t 的数值，根据短路电流热效应的等效法，即

$$I_t^2 t \geq I_\infty^2 t_j \tag{3-75}$$

或

$$I_t \geq I_\infty \sqrt{t_j/t} \tag{3-76}$$

式中　I_t——设备出厂时 t（s）的热稳定试验电流；

　　　t——设备出厂时热稳定试验时间。

二、供电系统中电气设备的选择及校验

供电系统中各种电气设备的选择是根据系统运行的要求和设备的安装环境条件，保证在正常工作时，安全可靠、运行维护方便，投资经济合理。在短路情况下，能满足动稳定和热稳定的要求而不致损坏，并在技术合理的情况下力求经济。

（一）按正常工作条件选择时要根据以下几个方面内容

（1）环境　供电系统的电气设备在制造上分户内型及户外型，户外型设备工作条件较恶劣，户内型设备不能用于户外。此外，还应考虑防腐、防爆、防尘、防火及海拔等要求。

（2）电压　通常规定一般电气设备允许的最高工作电压为设备额定电压的（1.1 ~ 1.15）倍，因此，在选择电气设备的额定电压时，应使设备的额定电压不低于设备装设地点的电网标称电压 U_N。即

$$U_{N.et} \geq U_N \tag{3-77}$$

（3）电流　电气设备的额定电流是指在规定的环境温度 θ_0（θ_0 一般由设备生产厂家规定）下，电气设备长期允许通过的电流。选择设备或载流导体时应保证满足以下条件：

$$I_{N.et} \geq I_{fz.max} \tag{3-78}$$

式中　$I_{N.et}$——设备铭牌标出的额定电流；

$I_{\text{fz. max}}$——设备或载流导体长期通过的最大负荷电流。

目前我国普通电气设备的额定电流所规定的环境温度为 $\theta_0 = 40℃$，如果电气设备或载流导体所处的周围环境温度是 θ_1 时，则设备或载流导体允许通过的电流 $I'_{\text{N. et}}$ 可修正如下：

$$I'_{\text{N. et}} \geq I_{\text{N}} \sqrt{\frac{\theta_{\text{N}} - \theta_1}{\theta_{\text{N}} - \theta_0}} \qquad (3-79)$$

式中 θ_{N}、θ_1——分别为设备或载流导体长期工作时允许的最高温度和实际环境温度。

（二）按短路情况进行动稳定和热稳定校验

（1）动稳定校验 即以设备出厂时的最大动稳定试验电流与短路电流的冲击电流相比，且

$$i_{\text{et}} \geq i_{\text{sh}}^{(3)} \qquad (3-80)$$

式中 i_{et}——设备出厂时的最大动稳定试验电流；

$i_{\text{sh}}^{(3)}$——设备在系统中安装处的短路冲击电流。

某些电气设备（例如电流互感器）由制造厂家提供动稳定电流倍数 k_{d}，选择设备时要求：

$$k_{\text{d}} \geq \frac{i_{\text{sh}}^{(3)}}{\sqrt{2} I_{\text{N1. TA}}} \qquad (3-81)$$

式中 $I_{\text{N1. TA}}$——电流互感器一次额定电流。

（2）短路情况下的热稳定 载流导体的热稳定应满足式（3-75）的要求。

对电流互感器则要满足下面的热稳定关系

$$(k_{\text{t}} I_{\text{N1. TA}})^2 t \geq I_{\infty}^2 t_{\text{j}} \qquad (3-82)$$

式中 k_{t}——产品目录中给定的热稳定电流倍数；

$I_{\text{N1. TA}}$——电流互感器一次额定电流；

t——由产品目录中给定的热稳定时间。

（三）电气设备的选择与校验

在工程设计中，选择各类电气设备和载流导体时，除了上述的基本条件外，还应考虑它们在供电系统中不同的功能，根据其特殊的工作条件进行校验。

表 3-3 列出了各种电气设备选择时应校验的项目。

表 3-3 选择电气设备时应校验的项目

序号	项目 设备名称	额定电压 /kV	额定电流 /A	断流容量 /MV·A	短路电流校验		备注
					动稳定	热稳定	
1	断路器 负荷开关 隔离开关 熔断器	√ √ √ √	√ √ √ √	√ √	√ √ √	√ √ √	低压熔断器还需考虑回路起动情况
2	电流互感器 电压互感器	√ √	√		√	√	
3	支柱绝缘子 套管绝缘子	√ √	√		√ √	√	
4	母线 电缆		√ √		√	√ √	

（续）

序号	项目 设备名称	额定电压 /kV	额定电流 /A	断流容量 /MV·A	短路电流校验		备注
					动稳定	热稳定	
5	低压断路器	√	√	√			需按回路起动情况选择
6	限流电抗器	√	√		√	√	
7	说明	设备额定电压和线路工作电压相符	设备额定电流大于工作电流	断流容量应大于短路容量	按三相冲击电流校验	按三相稳态短路电流校验	

1. 断路器

高压断路器是供电系统中最重要的开关电器之一，除做正常通断开关之外，还作为故障电流的切除开关。所以在选择高压断路器时，除了考虑其额定电压、额定电流及动稳定和热稳定等因素外，还应校验其断流容量。

（1）按工作环境选型　按使用地点的条件选择，如户内式、户外式，在井下及具有爆炸危险的地点要选择防爆型的设备。

（2）按工作条件选择　按正常工作条件选择断路器的额定电压 $U_{N.QF}$ 及额定电流 $I_{N.QF}$，要求

$$U_{N.QF} \geqslant U_N, \quad I_{N.QF} \geqslant I_{fz.max} \tag{3-83}$$

式中　U_N——断路器安装处电网的标称电压（kV）。

$I_{fz.max}$——断路器安装回路的最大负荷电流（A）。

（3）按短路电流校验动、热稳定性

动稳定性校验　若要断路器在通过最大短路电流时，不致损坏，就必须要求断路器的最大动稳定试验电流峰值 $i_{max.QF}$ 不小于断路器安装处的短路电流冲击值 i_{sh}，即

$$i_{max.QF} \geqslant i_{sh} \tag{3-84}$$

热稳定性校验　当断路器在通过最大短路电流时，为使断路器的最高温升不超过最高允许温度，应满足

$$I_{t.QF}^2 t \geqslant I_\infty^2 t_j \tag{3-85}$$

式中　$I_{t.QF}$，t——分别为断路器出厂的热稳定试验电流及该电流所对应的热稳定时间；

I_∞，t_j——分别为断路器安装处的短路稳态电流及短路电流的持续时间。

（4）断流容量的校验　断路器能可靠切除短路故障的关键参数是它的额定断流容量。断路器的额定断流容量应大于安装处的最大三相短路容量，才能保证断路器能够可靠分断故障电流。即

$$S_{N.k.QF} \geqslant S_{k.max}^{(3)} \tag{3-86}$$

式中　$S_{k.max}^{(3)}$——断路器安装处的最大三相短路容量（MV·A）。

断路器额定断流容量的大小，取决于断路器灭弧装置的结构和尺寸。如果断路器安装在较其额定电压低的电网中使用时，其断流容量相应降低，即

$$S_{k.QF} = S_{N.k.QF} \frac{U_N}{U_{N.QF}} \tag{3-87}$$

在用户高压配电网中，也有采用负荷开关与熔断器配合使用，以替代断路器。负荷开关的灭弧装置简单，断流容量较小，只适宜于切、合线路的负荷电流，不能切断短路电流。切断短路电流要依靠与它配套的高压熔断器来实现。这种与负荷开关配套的高压熔断器的选择原则与高压供电系统中选择高压熔断器的原则相同，并需要校验它的断流能力，即熔断器的分断容量要大于熔断器安装处的最大三相短路容量。

负荷开关一般情况下多与熔断器配合使用，故校验负荷开关时不需考虑断流容量，但仍需进行动稳定和热稳定校验。

2. 隔离开关

隔离开关在供电系统中只用于接通和断开没有负荷电流流过的电路，它的作用是为保证电气设备检修时，使需检修的设备与处于电压下的其余部分构成明显的隔离。隔离开关没有特殊的灭弧装置，所以它的接通和切断必须在断路器分断以后才能进行。

隔离开关因无切断故障电流的要求，所以它只根据一般条件进行选择，并按照短路情况下进行动稳定和热稳定的校验。

3. 电流互感器

在高压电网中，计量仪表的电流线圈（如电流表、功率表等）和继电保护装置中继电器的电流线圈都是通过电流互感器供电的，这样可以隔离高压电，有利于运行人员的安全，同时还可以使仪表及继电器等制造标准化。

由于测量仪表和继电保护对准确度要求不同，故也有电流互感器设有一个一次线圈、两个铁心和两个不同准确度的二次线圈，准确度高的接测量仪表用于计量，低的用于继电保护。

电流互感器的绕组线圈可以长期通过120%的额定电流而不致造成故障。

电流互感器应根据二次设备对互感器的精度等级要求以及安装地点的电网标称电压与长期通过的最大负荷电流来选，并按短路条件校验其动、热稳定性。即

1）电流互感器的额定电压应大于或等于安装地点的电网标称电压。

2）电流互感器一次额定电流应大于或等于线路最大工作电流的1.2~1.5倍。

3）电流互感器的测量精度与它的二次侧所接的负荷大小有关，即与它接入的阻抗 Z_2 大小有关。如果二次侧接入阻抗的功率消耗 $I_{2.\,TA}^2 Z_2 > S_{N.\,TA}$，则电流互感器的测量精度将会降低。应按准确度等级允许的额定容量 $S_{N.\,TA}$ 选定二次侧的接入负荷 Z_2。

4）电流互感器的动、热稳定性校验可按式（3-81）、式（3-82）进行。

5）校验短路冲击电流通过一次绕组时在出线瓷帽处出现的应力 F 是否低于绝缘瓷帽上给定的最大允许应力 F_{al}，

$$F_{al} \geqslant F = 0.5 \times 1.732 (i_{sh}^{(3)})^2 \frac{l}{a} \times 10^{-7} \tag{3-88}$$

式中，F_{al} 为产品说明书上给出的数据。0.5是考虑互感器所受的外部冲击力在其绝缘瓷帽与间距为 l 的两绝缘子之间的分布系数。

4. 电压互感器

电压互感器在供电系统中是用来测量高电压的，其一次绕组与高压电网并联。

电压互感器二次侧不能短路运行。为了保护电压互感器，在高、低压两侧均装设熔断器来切除内部故障。

电压互感器的选择项目如下：

1）其额定电压要与供电电网的标称电压相同。

2）合适的类型：户内型、户外型。

3）应根据电压互感器的测量精度要求来确定二次侧允许接入的负荷。即

$$S_{N.TV} \geq S_2 = \sqrt{\sum_{i=1}^{n} (S_i \cos\varphi_i)^2 + (S_i \sin\varphi_i)^2} \tag{3-89}$$

式中　S_i 及 $\cos\varphi_i$——二次侧所连接仪表并联线圈所消耗的功率及其功率因数，此值可查有关手册得到。

电压互感器的测量误差是随二次侧的负荷不同而改变的。同一互感器在不同的准确度等级下工作时，有不同的容量。一般互感器的容量通常只有几十至几百伏安。所谓互感器的额定容量，是指对应于最高准确度等级时的容量。如果降低准确度等级，则互感器的容量可以相应增大。

由于电压互感器两侧均装有熔断器，故不需进行短路的动稳定和热稳定校验。

习题与思考题

3-1　什么是无限大容量电源供电系统？在短路电流计算中，无限大容量供电电源如何等效处理？

3-2　解释下列术语的物理含义：短路全电流、短路电流的周期分量、非周期分量、短路冲击电流、短路稳态电流及短路容量。

3-3　在短路计算中为什么要采用电网平均电压？平均电压与标称电压有何区别？

3-4　什么叫短路电流的力效应？为什么要用短路冲击电流来计算？

3-5　什么叫短路电流的热效应？为什么要用短路稳态电流来计算？

3-6　短路电流作用的假想时间是什么含义？该假想时间应如何确定？

3-7　简述高压断路器和高压隔离开关在供电系统中的作用，两者在结构上的主要区别是什么？

3-8　选择校验高压断路器和高压隔离开关时，应考虑哪些参数？

3-9　电流互感器和电压互感器各如何选择和校验？

3-10　供电系统如图 3-20 所示，试求图中 k_1、k_2 点发生三相短路时的短路参数（$I_k^{(3)}$、$I_\infty^{(3)}$、$i_{sh}^{(3)}$、$S_k^{(3)}$）以及在最小运行方式下 k_2 点的两相短路电流 $I_k^{(2)}$。

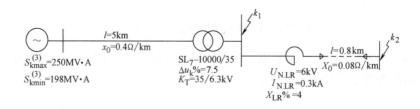

图 3-20　习题 3-10 图

3-11　试用标幺值法计算图 3-21 所示系统中 A 点的短路电流，以及该短路电流在各级电网中的分布。

图 3-21　习题 3-11 图

3-12　如图 3-22 所示系统。

（1）用标幺值法计算系统中 F_1、F_2、F_3 点发生短路故障时，短路点处三相和两相稳态短路电流的大小。

（2）计算 F_3 点三相短路时，流过变压器 T2 高压侧的稳态短路电流大小，并与 F_2 点短路时的短路电流进行比较。

（3）参阅表 3-1，计算 F_3 点 u、v 两相短路时，变压器 T2 高压侧各相稳态短路电流大小。

（4）若考虑电动机的影响，试计算 F_2 点三相短路时短路电流峰值的大小。

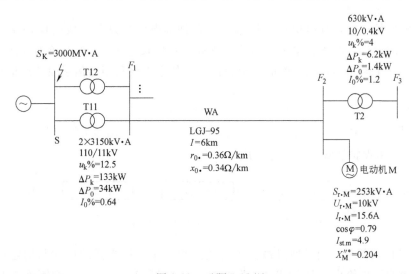

图 3-22　习题 3-12 图

3-13　系统如图 3-23 所示，试提出选择、校验图示系统中高压断路器 QF_1、QF_2 和高压隔离开关 QS_1、QS_2 的参数，并简要说明选择时应如何考虑这些参数。

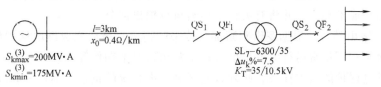

图 3-23　习题 3-13 图

供电系统的继电保护与自动装置

在供电系统发生故障时，必须尽快地将故障部分从系统中切除，以保障电力设备安全、限制故障影响范围；同时，还需发出报警信号，通知值班人员检查并采取消除故障的措施。这些任务就涉及供电系统的一个重要组成部分——继电保护与自动装置。

本章在简述继电保护基本知识的基础上，重点阐述供电系统中继电保护的原理和方法，并讲述当前继电保护的主流实现技术即微机保护以及供电系统中常用的自动装置。

第一节　继电保护的基本概念

一、继电保护

所谓继电保护，泛指继电保护的技术和由各种继电保护设备组成的保护系统，具体包括：继电保护的设计、配置、整定、调试等技术；从获取电量信息的互感器二次回路、经过继电保护装置、至断路器跳闸线圈的一整套设备。如果需要利用通信手段传送信息，还包括通信设备。

继电保护装置是一种能反映供电系统中电气元件（电力线路、变压器、母线、用电设备等）发生故障或处于不正常运行状态、并动作于断路器跳闸或发出信号的自动装置。如图 4-1 所示，继电保护装置由三部分组成：

被测物理量 ——→ 测量比较 ——→ 逻辑判断 ——→ 执行输出 ——→ 跳闸或信号

图 4-1　继电保护装置的组成框图

（1）测量比较部分　测量通过被保护对象的物理量，适当处理后并与给定的值进行比较，根据比较的结果给出"是"或"非"性质的一组逻辑信号，从而判断保护装置是否应该起动。

（2）逻辑判断部分　根据测量比较部分各输出量的大小、性质、逻辑状态、出现顺序、持续时间等，使保护装置按一定逻辑关系判定故障的类型和范围，最后确定是否应使断路器跳闸、发出信号或不动作，并将有关指令传给执行输出部分。

（3）执行输出部分　根据逻辑判断部分传来的指令，最后完成继电保护所担负的任务。如：故障时跳闸；不正常运行时发出信号；正常运行时不动作等。

要完成继电保护的基本任务，必须首先区分供电系统的正常、不正常和故障三种运行状态，并甄别出发生故障和出现异常的电气元件。为此，必须寻找电气元件在这三种运行状态下的可测参量（继电保护主要测电气量）的"差异"，提取和利用这些"差异"，实现对正常、不正常工作和故障元件的快速区分。目前，已经发现不同运行状态下具有明显差异的电气量有：流过电气元件的相电流、序电流、功率及其方向；元件的运行相电压幅值、序电压幅值等。依据这些可测电气量的差异，就形成了继电保护的基本原理，这也是实现保护装置动作的关键。

继电保护一般应满足以下 4 个基本要求：

1. 可靠性

可靠性是指继电保护该动作时应动作、不该动作时不动作，这是对继电保护最基本的要求。继电保护的可靠性可以用拒动率、误动率来衡量，显然，拒动率及误动率愈小，则保护的可靠性愈高。

为保证可靠性，宜选用性能满足要求、原理尽可能简单的保护方案，应采用由可靠的硬件和软件构成的装置，并应具有必要的自动监测、闭锁、报警等措施。

2. 灵敏性

灵敏性是指在设备的被保护范围内发生故障时，继电保护装置应具有的正确动作能力和裕度，通常以灵敏系数来衡量。灵敏系数应根据最小正常运行方式和不利的故障类型来计算。

在国家标准 GB/T 14285—2006《继电保护和安全自动装置技术规程》中，对各类继电保护的灵敏系数要求都做了具体的规定，一般要求其在 1.2~2 之间。高灵敏度的保护装置使故障易于反应，从而减小了故障对系统的影响和波及范围；但高灵敏度的保护装置比较复杂，有可能使继电保护的可靠性降低。

3. 选择性

选择性是指首先由故障设备的继电保护切除故障，当故障设备的继电保护或断路器拒动时，才允许由相邻设备的继电保护切除故障。如图 4-2 所示的单端供电系统中，当 k_2 点短路时，继电保护动作只应使断路器 QF_2 跳闸来切除故障线路。当 k_1 点发生短路时，只应使断路器 QF_1 跳闸，切除电动机 M，而其他断路器不跳闸；但是若由于某种原因造成 QF_1 跳不开，上级线路的继电保护动作（起到远后备作用）跳开 QF_2，那么相对的停电范围也较小，这种保护的动作也是有选择性的。

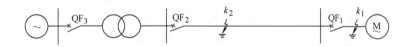

图 4-2　继电保护选择性动作的图示

为保证选择性，对相邻设备有配合要求的继电保护，其灵敏系数及动作时间应相互配合。在某些条件下必须加速切除故障时，可使保护无选择地动作，但必须采取补救措施，例如采用自动重合闸或备用电源等装置自动投入来补救。

4. 速动性

速动性是指继电保护应能尽快地切除短路故障。其目的是提高电力系统的稳定性，减轻故障设备的损坏程度，缩小故障波及的范围，提高自动重合闸和备用电源或备用设备自动投入的效果等。

故障切除时间等于继电保护装置与断路器的动作时间之和，通常快速继电保护装置的动

作时间约为 $0.06 \sim 0.12s$，最快可达 $0.01 \sim 0.04s$；一般断路器的动作时间为 $0.06 \sim 0.15s$，最快可达 $0.02 \sim 0.06s$。对大量的中、低压电气设备来说，不一定都采用高速动作的保护。但是有些情形的故障必须快速切除，例如：大容量电动机内部故障、中低压线路导线截面积过小而为避免过热不允许延时切除的故障、可能危及人身安全、对通信系统或铁路信号系统有强烈干扰的故障等。

此外，继电保护除应满足上述基本要求外，还要求其投资省，便于整定、调试和运行维护，并尽可能满足系统运行时所要求的灵活性。

二、继电器与继电特性

继电保护装置是由若干个继电器组成的。继电器是一种能自动执行断、续控制的部件，当其输入量达到一定值时，能使其输出的被控制量发生预计的状态变化，如触点打开、闭合，或电平由高变低、由低变高等，具有对被控电路实现"通""断"控制的作用。常用继电器的实现原理随相关技术的发展而变化，目前仍在使用的继电器按实现型式可分为：电磁型、感应型、数字型等；按照反映的物理量可分为：电流继电器、电压继电器、功率方向继电器、气体继电器等；按照继电器在保护回路中所起的作用可分为：量度继电器、时间继电器、中间继电器、信号继电器和出口继电器等。

量度继电器是实现保护的关键测量元件，量度继电器分过量、欠量继电器。过量继电器如过电流继电器等；欠量继电器如低电压继电器等。过电流继电器是供电系统中主要继电保护——电流保护的基本元件，它也是反映于一个电气量而动作的简单过量继电器的典型。下面就过电流继电器的构成原理进行分析来说明一般量度继电器的构成原理。

如图 4-3 所示，来自电流互感器的二次电流 I，加入到过电流继电器的输入端。当电流 I 大于由继电器的安装位置和工作任务而预先给定的动作值 I_{op} 时，比较环节有输出。在电磁型继电器中，由于需要靠电磁转矩驱动机械触点的转动与闭合，需要一定的功率和时间，继电器有自身固

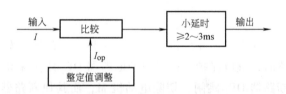

图 4-3　过电流继电器的原理框图

有动作时间（几毫秒），一般的干扰不会造成误动；在数字型继电器中，由于其动作速度快、功率小，为提高动作的可靠性并防止干扰信号引起的误动作，故考虑了必须使测量值大于动作值的持续时间超过 $2 \sim 3ms$ 时，继电器才能动作于输出。

为保证继电器动作后可靠地输出，防止当输入电流在整定值附近波动时输出不停地跳变，对继电器有明确的动作特性要求。例如图 4-4 所示，对于过电流继电器，流过正常状态下的电流 I 时不动作，输出高电平 E_0（或其触点是断开的）；只有其流过的电流大于动作电流 I_{op} 时才能够迅速起动、稳定可靠地输出低电平 E_1（或闭合其触点）；一旦流过继电器的电流减小，并小于返回电流 I_{re}（其值能够确保继电器复位到初始状态），继电器又能立即返回到输出高电平 E_0（或触点重新断开）。无论起动和返回，继电器的动作都是明确的，它不可能停留在某一个中间位置，这种动作特性常称之为"继电特性"。

返回电流 I_{re} 与起动电流 I_{op} 的比值称为继电器的返回系数 k_{re}，可表示为

$$k_{re} = \frac{I_{re}}{I_{op}} \tag{4-1}$$

为了保证动作后输出状态的稳定性和可靠性，过电流继电器的返回系数恒小于1。在实际应用中，常常要求过电流继电器有较高的返回系数，如0.85~0.95。

三、继电保护用的电流互感器

当供电系统设备发生故障或状况异常时，其电流或电压均会瞬间或永久发生变化。除极少数如温度、压力等继电器外，绝大多数继电器的输入量为电流或电压。然而，不可能将继电器直接作用于强电流、高电压的电力设备上，这就得借助于某些设备例如电流互感器或电压互感器，将强电流、高电压按变比变换为较低的电流、电压，供继电器使用，以满足设备与人身的安全要求，并达到经济设计的目的。

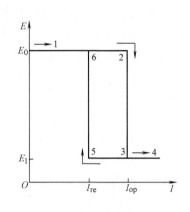

图 4-4　过电流继电器的继电特性曲线

互感器二次电流及电压必须与工业规范的要求相配合，保护用电流互感器在短路电流下的准确性能和暂态特性应符合 GB/T 20840.2《互感器　第 2 部分：电流互感器的补充技术要求》；保护用电压互感器的传变误差及暂态响应需符合 GB/T 20840.3《互感器　第 3 部分：电磁式电压互感器的补充技术要求》。

鉴于供电系统中主要是采用电流保护，下面着重对电流互感器的两个重要方面进行介绍。

1. 电流互感器的 10%误差曲线

电流互感器的电流误差是指测出的电流 $k_{TA}I_2$ 对实际电流 I_1 的相对误差百分值，即

$$\Delta I\% = \frac{k_{TA}I_2 - I_1}{I_1} \times 100 \tag{4-2}$$

式中　k_{TA}——变流比。

我国规程规定：保护用电流互感器的电流误差范围为 ±10%。一个电流互感器的输出电流幅值、相角和输入量之间的相对误差与接到其二次侧的负荷阻抗 Z_2 密切相关。如果 Z_2 大，则允许的一次电流对其额定电流的倍数 $k = I_1/I_{1.TA}$ 就较小；反之，Z_2 小，则允许的 $I_1/I_{1.TA}$ 就较大。

所谓电流互感器的 10%误差曲线，是指互感器的电流误差为 10%时一次电流对其额定电流的倍数 $k = I_1/I_{1.TA}$ 与二次侧负荷阻抗 Z_2 的关系曲线，如图 4-5 所示。通常是按电流互感器接入位置的最大三相短路电流来确定其 $I_k^{(3)}/I_{1.TA}$ 值，从相应型号互感器的 10%曲线中找出横坐标上允许的阻抗欧姆数，使接入二次侧的总阻抗不超过此 Z_2 值，则互感器的电流误差保证在 10%以内。当然 Z_2 与接线方式有关。

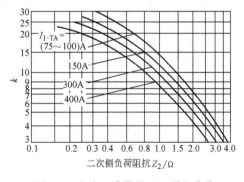

图 4-5　电流互感器的 10%误差曲线

2. 电流互感器的接线方式

电流互感器的接线方式是指互感器与电流继电器之间的联结方式。为了表述流过继电器线圈的电流 I_K 与电流互感器二次电流 $I_{TA.2}$ 的关系，引入一个接线系数 k_{kx}

$$k_{kx} = I_K / I_{TA.2} \tag{4-3}$$

图 4-6a 为全星形联结方式，它是利用三个电流互感器串接三个电流继电器而成，$k_{kx} = 1$。这种结线方式对各种故障都起作用，当短路电流相同时，对所有故障都同样灵敏，对相间短路动作可靠，至少有两个继电器动作。因此它主要用于高压大电流接地系统，以及大型变压器、电动机的差动保护、相间保护和单相接地保护。

图 4-6b 为非全星形联结法，它广泛地应用在中性点不接地系统中。因为这种联结法对单相接地的误动作率低。

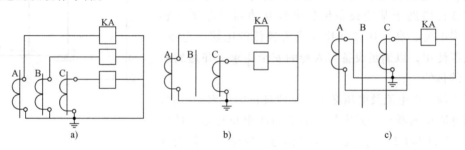

图 4-6 电流互感器的联结方式

a）全星形联结法 b）非全星形联结法 c）差接法

图 4-6c 为差接法，应用于中性点不接地系统的变压器、电动机及线路的相间保护。差接法的接线系数 k_{kx} 随不同的短路方式而不同。如发生三相短路时，流过继电器的电流为 $\sqrt{3} I_k^{(3)} / k_{TA}$，$k_{kx} = \sqrt{3}$，如图 4-7a 所示；当 AB 或 BC 两相短路时，流过继电器的电流为 $I_k^{(2)} / k_{TA}$，$k_{kx} = 1$，如图 4-7b 所示；当在 AC 两相短路情况下，流过继电器的电流为 $2I_k^{(2)} / k_{TA}$，$k_{kx} = 2$，如图 4-7c 所示。因此，不同的短路情况下，差接法具有不同的灵敏度。

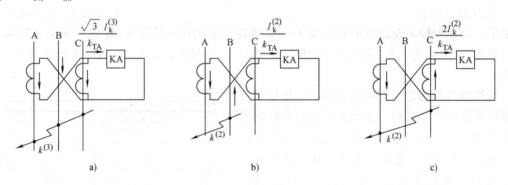

图 4-7 差接法过电流保护在不同短路情况下流过继电器的电流

a）三相短路，$k_{kx} = \sqrt{3}$ b）AB 或 BC 两相短路，$k_{kx} = 1$ c）AC 两相短路，$k_{kx} = 2$

第二节 单端供电网络的保护

通常，供电系统采用单端供电网络，即全部负荷只能由一个电源来供电的网络，有的供电系统为确保供电可靠性而采用双电源互相备用、正常时单端电源供电的运行方式。供电系统中常见的故障，对架空线来说，有断线、碰线、绝缘子被击穿、相间飞弧、短路以及杆塔倒塌等；对电缆来说，因其直接埋地或敷设在混凝土管、隧道内等，受外界因素影响较少，除本身绝缘老化的原因外，只有某些特殊情况下，如地基下沉、土壤含有杂质、建筑施工破坏、热力网影响等，才会使相间或相地之间绝缘击穿或断裂，但是电缆接头连接不良或由于污秽而产生的故障占其全部故障的 70% 以上。

对供电线路的相间短路、单相接地或异常运行，应按 GB 50062—2008《电力装置的继电保护和自动装置设计规范》装设相应的继电保护，包括：过电流保护、电流速断保护、低电压保护、中性点非直接接地系统中单相接地保护、过负荷保护等。

一、过电流保护

当流过被保护元件中的电流超过预先整定的某个数值时，保护装置起动，并用时限保证动作的选择性，使断路器跳闸或给出报警信号，这种继电保护称为过电流保护。其时限特性有定时限和反时限两种。

1. 定时限过电流保护

所谓定时限，是指过电流保护的动作时限是固定的，与通过其上电流的大小无关。

（1）定时限过电流保护的原理接线　图 4-8 所示为某定时限过电流保护的原理接线，它由电流继电器 1KA 与 2KA、时间继电器 KT 和信号继电器 KS 组成。其中，1KA、2KA 是测量元件，用来判断通过线路电流是否超过预设值；KT 为延时元件，它以适当的延时来保证装置动作有选择性；KS 用来发出保护动作的信号。

正常运行时，1KA、2KA、KT、KS 的触点都是断开的，当被保护区故障或电流过大时，1KA 或 2KA 动作，通过其触点起动时间继电器 KT，经过预定的延时后，KT 的触点闭合，将断路器 QF 的跳闸线圈 YR 接通，QF 跳闸，同时起动了信号继电器 KS，信号牌掉下，并接通灯光或音响信号。这样，不正常状态或故障被切除。

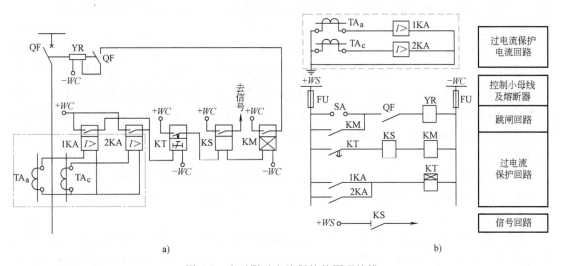

图 4-8　定时限过电流保护的原理接线

a）原理图　b）展开图

（2）工作原理与动作电流　为保证在正常情况下各条线路上的过电流保护绝对不动作，显然保护装置的起动电流必须整定得大于该线路上出现的最大负荷电流；同时还必须考虑在外部故障切除后电压恢复，负荷自起动电流作用下保护装置必须能够返回，其返回电流应大于负荷自起动电流。一般情况下，负荷自起动电流大于最大负荷电流，因此往往以负荷自起动电流决定过电流保护的起动电流。

能使电流继电器起动的最小电流称为继电器的动作电流，以 $I_{op.K}$ 表示。若电流互感器的接线系数为 k_{kx}，变流比为 k_{TA}，则与 $I_{op.K}$ 相对应的电流互感器一次动作电流以 I_{op} 表示，且 $I_{op.K}=I_{op}k_{kx}/k_{TA}$。另一方面，当保护动作后流入电流继电器的电流将减小。能使电流继电器返回到原先状态的最大电流称为继电器的返回电流，以 $I_{re.K}$ 表示，与这一电流对应的电流互感器一次侧的返回电流以 I_{re} 表示，有 $I_{re.K}=I_{re}k_{kx}/k_{TA}$。

在供电系统中整定保护装置的电流值时，必须使返回电流 I_{re} 大于线路出现且能持续 1~2s 的尖峰电流，也可考虑为被保护区母线电压恢复后其他非故障线路的电动机自起动时所引起的最大电流，这常以计算负荷电流 I_c 的 $k_{st.M}$ 倍来表示。于是，$I_{re}>k_{st.M}I_c$，再引入可靠系数 k_k 表示成如下等式：

$$I_{re}=k_k(k_{st.M}I_c) \tag{4-4}$$

式中 k_k——可靠系数，一般取 1.15~1.25；

$k_{st.M}$——自起动系数，由负荷性质及线路接线决定，一般取 1.5~3。

将式（4-4）代入返回系数表示式（4-1），可得电流互感器一次侧的继电器的动作电流

$$I_{op}=\frac{k_k k_{st.M}}{k_{re}}I_c \tag{4-5}$$

则电流互感器二次侧的继电器的动作电流为

$$I_{op.K}=\frac{k_k k_{st.M}}{k_{re}}\frac{k_{kx}}{k_{TA}}I_c \tag{4-6}$$

由式（4-6）可见，返回系数 k_{re} 越小，则保护装置的动作电流越大，因而其灵敏性就越差，这是不利的。因此，要求过电流继电器应有较高的返回系数，工程上一般采用 0.85~0.95。

（3）按选择性要求整定过电流保护的动作时限 各级过电流保护中时间继电器 KT 的延时时限是按阶梯原则来整定的。图 4-9 为一单端电源供电线路，当 k 点发生短路故障时，设置在定时限过电流装置 I 中的过电流继电器和装置 II 中的过电流继电器等都将同时动作，但根据保护动作选择性要求，应该由距离 k 点最近的保护装置 I 动作使断路器 QF₁ 跳闸，故保护装置 I 中时间继电器的整定值应比装置 II 的时间继电器整定值小一个 Δt 值。同理能推出装置 II 的时间继电器又比装置 III 的时间继电器小 Δt 值……等。设 $t_1=t_0$，则 $t_2=t_0+\Delta t$，$t_3=t_0+2\Delta t$。

考虑到保护装置动作时间有一定的误差，断路器动作需要一定的时间，并计及一定的时间裕度，过电流保护的时限 Δt 一般确定在 0.5~0.7s 之间，对于微机型过电流保护，可取 $\Delta t=0.35s$。

（4）灵敏系数的校验 定时限过电流保护的灵敏系数是以其保护末端最小短路电流 $I_{k.min}$ 与动作电流 I_{op} 之比 k_s 来衡量，要求 $k_s \geq 1.3~1.5$。对于中性点不接地的供电系统，最小短路电流出现在最小运行方式下末端两相短路时的短路电流 $I_{k.min}^{(2)}$，故

$$k_s=I_{k.min}^{(2)}/I_{op} \tag{4-7}$$

2. 反时限过电流保护

由图 4-9 可见，供电系统中越靠近电源的定时限过电流保护，其动作时间越长，这对有些系

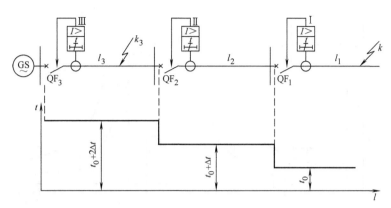

图 4-9 按照阶梯原则整定的定时限过电流保护原理图

统的安全稳定是很不利的。为克服上述缺点，可以采用动作时间与流过继电器中电流的大小有关的动作时限特性，当电流大时保护的动作时限短，而电流小时动作时限长，此即反时限。

（1）反时限过电流保护的原理接线 图 4-10 所示为某反时限过电流保护，1KA、2KA 带有瞬时动作元件的反时限过电流继电器，其本身动作带有时限并有动作指示掉牌信号，所以回路不需接时间继电器和信号继电器。

当线路有故障时，继电器 1KA、2KA 动作，经过一定时限后，其常开触点闭合，常闭触点断开，这时断路器的交流操作跳闸线圈 1YR、2YR（去掉了短接分流支路）通电动作，断路器跳闸，切除故障部分，在继电器去分流的同时，其信号牌自动掉下，指示保护装置已经动作。当故障切除后，继电器返回，但其信号牌却需手动复位。

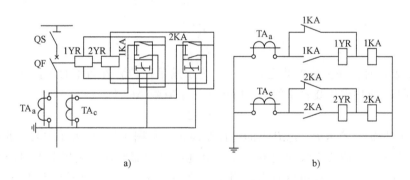

图 4-10 交流操作的反时限过电流保护原理接线

a）原理图 b）展开图

（2）反时限过电流保护的整定配合 下面以图 4-11 所示系统为例来说明反时限过电流保护的整定方法。

保护装置 I 和 II 继电器的动作电流 $I_{op.kI}$ 和 $I_{op.kII}$ 按式（4-6）确定。保护装置动作时限的整定，首先应从距离电源最远的保护装置 I 开始，具体步骤如下：

1）根据已知的保护装置 I 的继电器动作电流 $I_{op.kI}$ 和动作时限，选择相应的电流继电器的动作特性曲线，如图 4-11b 中的曲线①。

2）根据线路 l_1 首端 k_1 点三相短路时流经保护装置 I 继电器的电流 $I_{k1}^{(3)'}$，计算出保护装置 I 的继电器动作电流倍数 n_1：

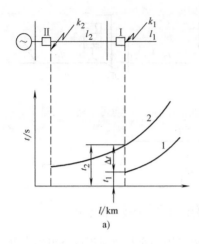 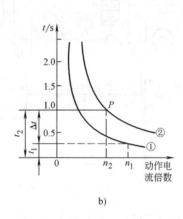

图 4-11 反时限过电流保护动作时限

a）短路点距离与动作时间的关系 b）反时限动作特性曲线

$$n_1 = \frac{I_{\text{k1}}^{(3)'}}{I_{\text{op.kI}}} \tag{4-8}$$

根据 n_1 就可以在保护装置 I 的继电器电流时间特性曲线上查到保护装置 I 在 k_1 点短路时的实际动作时间 t_1，而线路 l_1 中其他各点短路时，保护装置 I 的动作时间可以用同样的方法求得。即得到了线路 l_1 中各点短路时保护装置 I 的动作时间曲线，如图 4-11a 的曲线 1。

3）根据 k_1 点短路时流经保护装置 II 继电器的电流 $I_{\text{k1}}^{(3)''}$，求出保护装置 II 此时的动作电流倍数 n_2：

$$n_2 = \frac{I_{\text{k1}}^{(3)''}}{I_{\text{op.kII}}} \tag{4-9}$$

当 k_1 点短路时，保护装置 II 也将起动。为了满足保护装置动作的选择性，保护装置所需的动作时限 t_2 应比保护装置 I 的动作时限大一个时限 Δt，即

$$t_2 = t_1 + \Delta t \tag{4-10}$$

n_2 和 t_2 的坐标交点为 P，过 P 点的特性曲线②（见图 4-11b）为保护装置 II 的继电器电流时间特性曲线。由曲线②又可得到线路上其他各点短路时保护装置 II 的时限特性，如图 4-11a 中的曲线 2。从图中还可以看出，当 k_1 点发生短路时，其 Δt 较线路 l_1 上其他各点短路时小，所以，如果 k_1 点短路的时限配合能达到要求，则其他各点短路时，必定能保证动作的选择性，这就是为什么选择这一点来进行配合的原因。

3. 定时限与反时限过电流保护的比较

定时限过电流保护的特点是时限整定方便，且在上下级保护的选择性上容易做到配合准确。它的缺点是所需继电器数量较多，因而接线复杂，继电器触点容量较小，不能用交流操作电源作用于跳闸，靠近电源处保护装置动作时限长。

反时限过电流保护的优点是所需的继电器数量少、接线简单，用一个继电器有可能实现不带时限的电流速断保护和带时限的过电流保护；继电器触点容量大，可以用交流操作电源作用于跳闸，可使靠近电源端的故障具有较小的切除时间。但反时限过电流保护装置在整定动作时限的配合上比较复杂，继电器误差较大，尤其在速断部分不易配合，以及当系统在最

小运行方式下短路时，保护的动作时限可能较长。

但鉴于反时限过电流保护装置具有简单、经济等特点，在中小型 6～10kV 供电系统中应用得较为普遍，主要用于单侧电源供电的终端线路和较小容量的电动机上。

二、电流速断保护

定时限过电流保护装置的时限一经整定便不能变动，如图 4-9 所示，当 k_3 处发生三相短路故障时，断路器 QF$_3$ 处继电保护动作时间必须经过 $t_0+2\Delta t$ 才能动作，达不到速动性的目的。为了降低本段线路故障下的事故影响范围，当过电流保护的动作时限大于 0.7s 时，便需设置反应电流增大而瞬时动作的电流保护即电流速断保护，以保证本段线路的短路故障能迅速地被切除。

具有电流速断和定时限过电流保护的线路如图 4-12 所示。

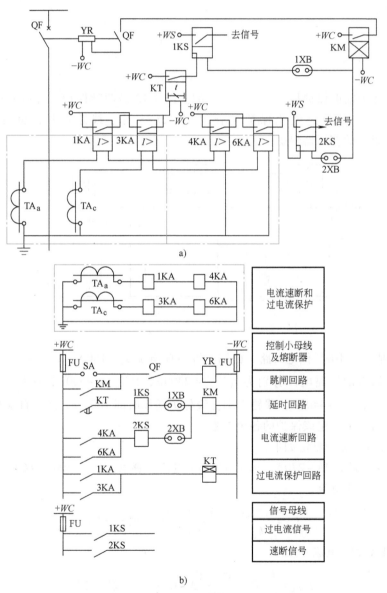

图 4-12　具有电流速断和定时限过电流保护的线路图

a）原理图　b）展开图

为了保证电流速断保护动作的选择性，在下级线路中可能出现的最大短路电流时保护不应动作。因此，速断保护的动作电流必须按躲开本段末端在最大运行方式下发生三相短路时的电流来整定。即

$$I_{op} = k_k I_{k. max}^{(3)} \tag{4-11}$$

引入可靠系数 k_k 是考虑到短路电流计算误差、继电器动作电流误差、短路电流中非周期分量的影响和必要的裕度，一般 $k_k = 1.2 \sim 1.3$。继电器上的动作电流为

$$I_{op. k} = \frac{k_k k_{kx}}{k_{TA}} I_{k. max}^{(3)} \tag{4-12}$$

速断保护的灵敏度是在系统最小运行方式下保护安装处两相短路电流 $I_{k. min}^{(2)}$ 与其动作电流 I_{op} 之比，即

$$k_s = I_{k. min}^{(2)} / I_{op} \tag{4-13}$$

由于可靠系数 k_k 的引入，速断保护的动作电流大于被保护范围末端的最大短路电流，使保护装置不能保护线路全长而有一段死区，因此速断保护不能做主保护，必须和过电流保护配合使用，作为辅助保护是比较经济合理的。图 4-13 是两种保护配合后的动作时间示意图。速断保护与定时限过电流保护配合使用，既适用于线路保护，也可用于容量为 6300kV·A 及以下的变压器保护。

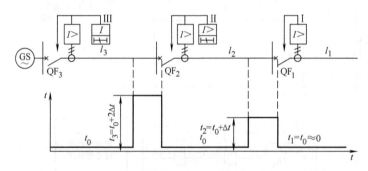

图 4-13　定时限过电流保护与电流速断保护配合的动作时间示意图

例 4-1　某工厂 10kV 供电线路，已知计算负荷电流 $I_c = 180A$，$k_{st. M} = 1.5$，在最大运行方式下末端和始端的短路电流分别为 $I_{k1. max}^{(3)} = 2300A$，$I_{k2. max}^{(3)} = 4600A$；在最小运行方式时，$I_{k1. min}^{(3)} = 2200A$，$I_{k2. min}^{(3)} = 4400A$，线路末端出线保护动作时间为 0.5s，线路首端保护的继电器为非全星形联结，试整定该保护的各个参数。

解　1）过电流保护整定如下：

因 $k_{st. M} I_c = 1.5 \times 180A = 270A$，选用 300/5A 电流互感器，$k_{TA} = 300/5 = 60$。

保护动作一次侧电流

$$I_{op} = \frac{k_k k_{st. M}}{k_{re}} I_c = \frac{1.2 \times 1.5}{0.85} \times 180A = 381A$$

继电器 1KA 动作电流

$$I_{op. k} = \frac{k_k}{k_{TA}} I_{op} = \frac{1 \times 381}{60} A = 6.35A，\quad 取 6.5A$$

时间继电器的整定时限

$$t = t_o + \Delta t = (0.5 + 0.5)\,\text{s} = 1\,\text{s}$$

保护灵敏度

$$k_s = \frac{I_{k1.\,min}^{(2)}}{I_{op}} = \frac{\frac{\sqrt{3}}{2} \times 2200}{381} = 5 > 1.5$$

2）因动作时限大于 0.7s，需加速断保护装置，其整定计算如下：

一次动作电流（选用 DL 型）

$$I_{op} = k_k I_{k1.\,max}^{(3)} = 1.25 \times 2300\,\text{A} = 2875\,\text{A}$$

继电器 2KA 的动作电流

$$I_{op.\,k} = \frac{k_{kx}}{k_{TA}} I_{op} = \frac{1}{60} \times 2875\,\text{A} = 47.9\,\text{A}，取 48\,\text{A}$$

速断保护的灵敏度

$$k_s = \frac{I_{k2.\,min}^{(2)}}{I_{op}} = \frac{\sqrt{3}}{2} \times \frac{4400}{2875} = 1.325$$

三、低电压保护

低电压保护主要用在以下几个方面。

1. 低电压闭锁的过电流保护

定时限过电流保护的动作电流是按躲过最大负荷电流来整定的，在某些情况下可能满足不了灵敏度要求。为此，可采用低电压闭锁的过电流保护来提高其灵敏度，其闭锁接线如图 4-14 所示。此时，过电流继电器的动作电流 $I_{op.\,k}$ 不必按躲过线路的最大负荷电流（一般为线路计算负荷电流 I_c 的 1.5~3 倍）来整定，而只需按躲过 I_c 来整定，即

$$I_{op\cdot k} = \frac{k_k k_{kx}}{k_{re} k_{TA}} I_c \tag{4-14}$$

低电压继电器的动作电压 $U_{op.\,K}$ 按躲过正常最低工作电压 U_{min} 来整定，即

$$U_{op.\,k} = \frac{U_{min}}{k_k k_{re} k_{TV}} \approx (0.6 \sim 0.7) \frac{U_N}{k_{TV}} \tag{4-15}$$

式中　U_{min}——线路最低工作电压，通常可取为（0.85~0.95）U_N；

　　　U_N——线路的标称电压；

　　　k_k——低电压保护的可靠系数，可取 1.2；

　　　k_{re}——低电压保护继电器的返回系数，可取 1.15；

　　　k_{TV}——电压互感器的电压比。

过电流继电器的灵敏度校验方法与不带低电压闭锁的过电流保护相同。低电压继电器由于是反应于数值下降而动作，其灵敏系数按下式校验。

$$k_s = \frac{U_{op.\,K} k_{TV}}{U_{k.\,max}^{(3)}} \tag{4-16}$$

式中　$U_{k.\,max}^{(3)}$——最大运行方式下相邻电气元件末端发生三相金属性短路时保护安装处感受到的最大残压；

　　　k_s——灵敏度系数，一般要求 $k_s \geq 1.25$。

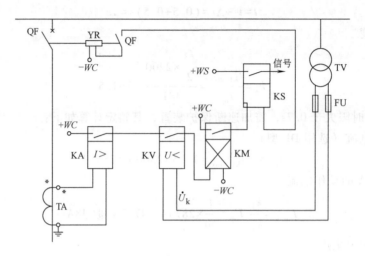

图 4-14 过电流保护与低电压保护联锁接线原理图

2. 用于电动机的低电压保护

电动机采用低电压保护的目的是当电网电压降低到某一数值时，低电压保护动作，将不重要的或不允许自起动的电动机从电网切除，以保证重要电动机在电网电压恢复时顺利地自起动。因此，保护装设的原则和动作电压的整定为：

1）在电网发生故障时往往伴随着电压暂时下降甚至消失，当故障切除后系统电压又恢复时，为了保证重要电动机此时能顺利自起动，对不重要和不准许自起动的电动机，可装设动作电压为 $(60\% \sim 70\%)U_N$、时限为 $(0.5 \sim 1.5)\mathrm{s}$ 的低电压保护，即

$$U_{\mathrm{op.K}} = (0.6 \sim 0.7)\frac{U_N}{k_{TV}} \tag{4-17}$$

2）对于由于生产工艺或技术、安全的要求不允许"长期"失电后再自起动的电动机，可装设动作电压为 $(50\% \sim 55\%)U_N$、时限为 $(5 \sim 10)\mathrm{s}$ 的低电压保护。即

$$U_{\mathrm{op.K}} = (0.5 \sim 0.55)\frac{U_N}{k_{TV}} \tag{4-18}$$

四、中性点非有效接地系统的单相接地保护

由第一章第一节可知，用户供电系统采取中性点非有效接地方式，当发生单相接地时，流经故障点的电流 I_c 由线路相对地的分布电容决定（I_c 为正常时每相对地电容电流 I_{c0} 的 3 倍），比负荷电流小得多，而且三相之间的线电压仍然保持对称，对接于线电压上负荷的供电没有影响，因此在一般情况下允许系统再继续运行 $1 \sim 2\mathrm{h}$。但是，在单相接地以后，故障相对地电压为零，非故障相对地电压升高到 $\sqrt{3}$ 倍，如果流过故障点的接地电流数值较大，就会在接地点产生间歇性电弧，以致引起约 3.5 倍的过电压，损坏绝缘，并且故障有可能进一步扩大成为相间或两相对地短路。此时，应及时发出信号，以便工作人员查找发生接地的线路，采取措施予以消除；特别是，当单相接地对人身和设备的安全有危险时，则应动作于跳闸。因此，根据中性点非有效接地系统发生单相接地时的特点，对供电系统应当装设绝缘监测装置，必要时还应装设零序电流保护。

1. 绝缘监视装置

这种装置是利用供电系统单相接地后出现的零序电压给出信号。在中性点非有效接地的供电系统中，只要本级电压网络中发生单相接地故障，则在同一电压等级的所有母线上都将出现数值较高的零序电压。利用这一特点，在变电所的母线上一般装设网络单相接地的绝缘监视装置，它利用接地后出现的零序电压，带延时动作于信号，表明本级电压网络中出现了单相接地。

如图 4-15 所示，在变电所的母线上接一个三相五心式电压互感器，其二次侧的星形联结绕组接有三个电压表，以测量各相对地电压；另一个二次绕组接成开口三角形，接入过电压继电器，用来反映线路单相接地时出现的零序电压。正常运行时，三相电压对称，故不出现零序电压，电压继电器不动作。当任一回线路发生单相接地故障时，故障相对地电压为零，其他两相对地电压升高到 $\sqrt{3}$ 倍，同时出现零序电压，使电压继电器动作，发出接地故障信号。

这种保护方法简单，但给出信号没有选择性，值班人员想判别出故障发生在哪一条线路上，还需要依次断开各条线路来寻找。若断开某线路时接地信号能消失，即表明故障是在该线路上。这种监视装置可用于出线不太多、负荷电流允许短时间内切断的供电网中。此外，在电网正常运行时，由于电压互感器本身有误差以及高次谐波电压的存在，开口三角形绕组有不平衡电压输出，因此继电器的动作电压要躲过这一不平衡电压，一般整定为 15V。

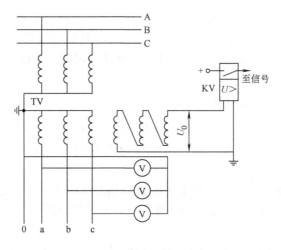

图 4-15　绝缘监视装置接线图

2. 自动选线装置

中性点非有效接地系统的自动选线装置和零序电流保护是一种在不停电的情况下能够自动识别单相接地故障线路的装置，其原理简述如下。

如图 4-16 所示的中性点不接地系统中，线路 l_1、l_2、l_3 和变压器（电源）的各相对地电容分别为 C_{I}、C_{II}、C_{III} 和 C_{T}。当在线路 l_3 上 k 点发生 A 相接地故障后，系统中 A 相电容被短接，因而系统中线路 l_1、l_2、l_3 和变压器（电源）的 A 相对地电容电流为零，B 相和 C 相对地电容电流，则通过大地、故障点、电源和本线路构成的回路，如图 4-16 中箭头所示。

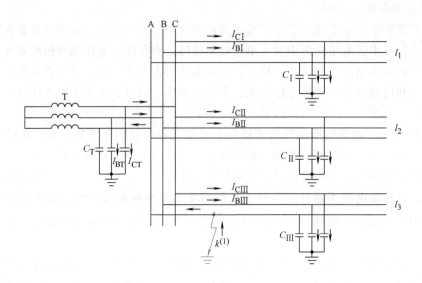

图 4-16　中性点不接地系统单相接地时零序电流分布示意图

非故障线路 l_1、l_2 始端所反应的零序电流分别为

$$\dot I_{0\,\mathrm I} = \dot I_{\mathrm B\,\mathrm I} + \dot I_{\mathrm C\,\mathrm I} = \mathrm j 3 \dot U_{\varphi}\omega C_{\mathrm I} \tag{4-19}$$

$$\dot I_{0\,\mathrm {II}} = \dot I_{\mathrm B\,\mathrm {II}} + \dot I_{\mathrm C\,\mathrm {II}} = \mathrm j 3 \dot U_{\varphi}\omega C_{\mathrm {II}} \tag{4-20}$$

其有效值为 $I_{0\,\mathrm I} = 3U_{\varphi}\omega C_{\mathrm I}$，$I_{0\,\mathrm {II}} = 3U_{\varphi}\omega C_{\mathrm {II}}$，$U_{\varphi}$ 为相电压的有效值。即零序电流为线路本身的电容电流，方向为由母线流向线路。当变电所低压侧出线回路很多时，上述结论可适用于每一条非故障的线路。

变压器出线端所反应的零序电流为

$$\dot I_{0\mathrm T} = \dot I_{\mathrm {BT}} + \dot I_{\mathrm {CT}} = \mathrm j 3 \dot U_{\varphi}\omega C_{\mathrm T} \tag{4-21}$$

其有效值为 $I_{0\mathrm T} = 3U_{\varphi}\omega C_{\mathrm T}$，即零序电流为变压器本身的电容电流，方向为由母线流向变压器。

故障线路 l_3 的接地点要流过全系统 B 相和 C 相对地电容电流之总和。若以由母线流向线路作为假定正方向，则故障线路 l_3 的始端所反应的零序电流为

$$\dot I_{0\,\mathrm{III}} = (\dot I_{\mathrm B\,\mathrm{III}} + \dot I_{\mathrm C\,\mathrm{III}}) - [(\dot I_{\mathrm B\,\mathrm I} + \dot I_{\mathrm C\,\mathrm I}) + (\dot I_{\mathrm B\,\mathrm {II}} + \dot I_{\mathrm C\,\mathrm {II}}) + (\dot I_{\mathrm B\,\mathrm{III}} + \dot I_{\mathrm C\,\mathrm{III}}) + (\dot I_{\mathrm {BT}} + \dot I_{\mathrm {CT}})]$$

$$= -(\dot I_{\mathrm B\,\mathrm I} + \dot I_{\mathrm C\,\mathrm I} + \dot I_{\mathrm B\,\mathrm {II}} + \dot I_{\mathrm C\,\mathrm {II}} + \dot I_{\mathrm {BT}} + \dot I_{\mathrm {CT}}) \tag{4-22}$$

$$= -\mathrm j 3 \dot U_{\varphi}\omega(C_{\mathrm I} + C_{\mathrm {II}} + C_{\mathrm T})$$

其有效值为 $I_{0\,\mathrm{III}} = 3U_{\varphi}\omega(C_{\mathrm I} + C_{\mathrm {II}} + C_{\mathrm T})$。

由此可见，若变电所低压母线有 n 条出线回路，则故障回路 l_i 流向母线的零序电流值等于全系统非故障线路对地电容电流之总和（不包括故障线路本身），方向由线路流向母线，恰好与非故障线路上的相反。即

$$I_{0i} = 3U_{\varphi}\omega\left(\sum_{j=1}^{n} C_j + C_{\mathrm T} - C_i\right) \tag{4-23}$$

式中　$(\sum\limits_{j=1}^{n} C_j + C_T - C_i)$——全系统每相对地电容的总和。

综上所述，在中性点不接地系统中发生单相接地时，可得如下结论：

1) 由于单相接地故障，全系统将出现零序电流。

2) 非故障线路（包括电源变压器）中的零序电流有效值等于正常情况下该线路每相对地的电容电流的 3 倍，其方向由母线指向线路。

3) 故障线路上的零序电流为全系统非故障线路对地电容电流之总和，其方向由线路指向母线。

4) 配电母线上引出线越多，则故障线路上反映的零序电流就越大，也越有利于单相接地自动选线装置的故障选线判断。

根据上述结论，通过测量各条线路上的零序电流并进行比较和方向判别，就可以自动识别出最有可能的单相接地故障线路。值得指出的是，在中性点通过消弧线圈接地并采用过补偿方式的系统中，来自消弧线圈的感性接地电流会抵消一部分流过故障线路中的零序容性电流，进而降低自动选线装置的选择准确性。

3. 零序电流保护

利用单相接地故障线路的零序电流较非故障线路大的特点，可实现有选择性地发出信号或动作于跳闸，此即线路的零序电流保护。显然，零序电流保护适用于变电站出线回路较多的系统。

在供电系统某一线路发生单相接地故障时，非故障线路也会出现不平衡的电容电流 I_C（零序电流），相应的零序电流保护装置不应动作，因此，零序电流保护装置的动作电流 $I_{op.k}$ 应至少大于本线路的电容电流 I_C。

1) 对于架空线，采用图 4-17a 的零序电流过滤器。电流继电器的整定值需要躲过正常负荷电流下产生的不平衡电流 I_{dql} 和其他线路单相接地故障时本线路的电容电流 I_C，即

$$I_{op.k} = k_k \left(\frac{I_C}{k_{TA}} + I_{dql.k} \right) \tag{4-24}$$

式中　k_k——可靠系数，保护装置不带时限时取 $k_k = 4 \sim 5$；保护装置带时限时取 $k_k = 1.5 \sim 2$；

　　　I_C——其他线路单相接地故障时，本线路的电容电流；

　　$I_{dql.k}$——正常运行时负荷不平衡在零序电流过滤器输出端出现的不平衡电流；

　　　k_{TA}——电流互感器的电流比。

2) 对于电缆线路，采用图 4-17b 的专用零序电流互感器。整定动作电流时只需躲过本线路的电容电流 I_C 即可，因此

$$I_{op.k} = k_k I_C / k_{TA} \tag{4-25}$$

式中　k_k——可靠系数，保护装置不带时限时取 $k_k = 4 \sim 5$；保护装置带时限时取 $k_k = 1.5 \sim 2$；

　　　I_C——其他线路单相接地故障时，本线路的电容电流；

　　　k_{TA}——电流互感器的电流比。

按式（4-24）、式（4-25）整定后，还需要校验在本线路发生单相接地故障时的灵敏度系数。由于流经故障线路上的零序电流为与该线路有电联系的总电网电容电流 $I_{C\Sigma}$ 与该线路本身的电容电流 I_C 之差，即 $I_{C\Sigma} - I_C$，在此电流作用下保护应可靠动作，因此零序电流保护

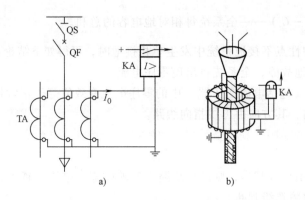

图 4-17　零序电流保护装置

a）架空线路用　b）电缆线路用

的灵敏度系数 k_s 校验为

$$k_s = \frac{I_{C\Sigma} - I_C}{k_{TA} I_{op.k}} \geq \begin{cases} 1.5 & （架空线路） \\ 1.25 & （电缆线路） \end{cases} \quad (4\text{-}26)$$

需要指出的是，对于中性点非有效接地系统，迄今为止还没有一种原理完善、动作可靠、实现简单的单相接地保护，这是因为中性点非有效接地电网中发生单相接地时流过故障和非故障线路的电流变化仅为对地电容电流的变化，其值都较小，特别是当系统经消弧线圈接地且采用过补偿方式工作时，更是难于区分故障线路与非故障线路。

五、过负荷保护

对于可能时常出现过负荷的电缆线路，应装设过负荷保护，延时动作于信号，必要时可动作于跳闸。过负荷保护的原理如图 4-18 所示，由于过负荷电流对称，过负荷保护采用单相式接线，并和相间电流保护共用电流互感器。

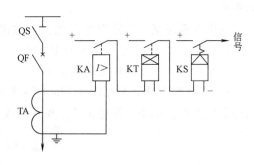

图 4-18　过负荷保护的原理接线图

过负荷保护的动作电流按线路的计算负荷电流 I_C 整定，即

$$I_{op.k} = \frac{k_k}{k_{TA}} I_C \quad (4\text{-}27)$$

式中　k_k——可靠系数，取为 1.2~1.3；

k_{TA}——电流互感器的电流比。动作时间一般整定为 10~15s。

第三节　电力变压器的保护

电力变压器是供电系统中的重要设备，包括总降变电所的主变压器和车间变电所或建筑物变电所的配电变压器，它的故障或异常工作状态对供电的可靠性和用户的生产生活将产生严重的影响。因此，必须根据变压器的容量和重要程度装设性能良好、动作可靠的继电保护装置。

变压器的故障按发生在油箱的内外，分为内部故障和外部故障。内部故障主要有绕组的相间短路、匝间短路和单相接地，这很危险，因为短路电流产生的电弧不仅会破坏绕组绝缘、烧坏铁心，而且还会使绝缘材料和变压器油受热而产生大量气体，有可能引起变压器油箱爆炸。外部故障有套管及其引出线的相间短路和单相接地故障。

变压器的异常工作状态有：外部短路或过负荷引起的过电流、风扇故障或油面降低引起的冷却能力下降等，这些都会使绕组和铁心过热。此外，对于中性点不接地运行的星形联结变压器，外部接地短路有可能造成变压器中性点过电压，威胁变压器绝缘。

对于上述电力变压器的常见故障及异常运行状态，一般应装设下列继电保护：

（1）差动保护或电流速断保护　反映变压器的内、外部故障，瞬时动作于跳闸。

（2）气体保护（也称瓦斯保护）　反映油浸式变压器的内部故障或油面降低，瞬时动作于信号或跳闸。

（3）过电流保护　反映变压器外部短路引起的过电流，带时限动作于跳闸，可作为上述保护的后备。

（4）过负荷保护　反映过载而引起的过电流，一般作用于信号。

（5）温度保护　反映变压器油、绕组温度升高或冷却系统的故障，动作于信号或跳闸。

一、变压器的瓦斯保护

电力变压器通常是利用变压器油作为绝缘和冷却介质。当变压器油箱内故障时，在故障电流和故障点电弧的作用下，变压器油和其他绝缘材料会因受热而分解，产生大量气体。气体排出的多少以及排出速度，与变压器故障的严重程度有关。利用这种气体来实现保护的装置，称为瓦斯保护。对于容量在 800kV·A 及以上的油浸式变压器和 400kV·A 及以上的户内油浸式变压器，均应装设瓦斯保护。

瓦斯保护的主要元件是瓦斯继电器（即气体继电器），它装设在变压器的油箱与储油柜之间的联通管上，如图 4-19a 所示，图 4-19b 为 FJ$_3$-80 型瓦斯继电器的结构示意图。其大致工作原理如下：

在变压器正常工作时，瓦斯继电器的上下油杯中都充满油，油杯因其平衡锤的作用使其上下触点都是断开的。当变压器内部发生轻微故障时，油箱内产生的气体较少且速度较慢致使油面下降，上油杯因其中盛有剩余的油使其力矩大于平衡锤的力矩而降落，从而使上触点接通，发出报警信号，这就是轻瓦斯动作，其动作值采用气体容积（cm^3）表示。当变压器内部发生严重故障时，故障点周围的温度剧增而迅速产生大量的气体，迫使变压器油迅猛地由变压器油箱通过联通管冲入储油柜，在油流经过瓦斯继电器时冲击挡板，使下油杯降落，从而使下触点接通，直接动作于跳闸断路器而切除变压器，这就是重瓦斯动作，其动作值采用油流速度（m/s）表示。

如果变压器出现漏油，将会引起瓦斯继电器内的油也慢慢流尽。这时继电器的上油杯先降落，接通上触点，发出报警信号，当油面继续下降时，会使下油杯降落，下触点接通，从而使断路器跳闸。

瓦斯继电器虽然简单、灵敏、经济，但它动作速度较慢，并且只能反应变压器内部的故障或异常工作状态等，而对变压器外部端子上的故障情况则无法反应。因此，瓦斯保护需要与下述的过电流、速断、差动等保护共同使用。

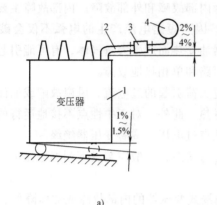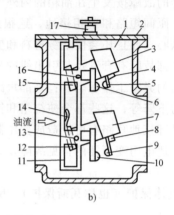

a)   b)

图 4-19　瓦斯继电器的安装及结构示意图

a）瓦斯继电器在变压器上的安装

1—变压器油箱　2—联通管　3—瓦斯继电器　4—储油柜

b）FJ₃-80 型瓦斯继电器的结构示意图

1—容器　2—盖　3—上油杯　4—永久磁铁　5—上动触点　6—上静触点　7—下油杯
8—永久磁铁　9—下动触点　10—下静触点　11—支架　12—下油杯平衡锤
13—下油杯转轴　14—挡板　15—上油杯平衡锤　16—上油杯转轴　17—放气阀

二、变压器的电流保护

变压器内外部故障或异常运行都可能导致其过电流现象发生，应设置相应的电流保护。

1. 过电流保护和电流速断保护

规程规定，电压 10kV 及以下、容量在 10MV·A 及以下的变压器，对其内部、套管及引出线的短路故障应采用电流速断保护；35~66kV 及以下中小容量的降压变压器，对其外部相间短路引起的过电流，宜采用过电流保护。同时，对于供电系统中单侧电源的双绕组或三绕组变压器，过电流保护宜安装于变压器的各侧。

变压器过电流保护和电流速断保护的工作原理、整定原则与线路保护的基本相同，在此不赘述。

由于降压变压器绕组结线不同，当低压侧发生不同类型的短路故障时，反映到高压侧的故障电流分布就不同；同时，变压器保护用电流互感器采用不同的结线方式，流过保护继电器的电流也不相同，这些都会影响到变压器电流保护的参数计算和灵敏度。图 4-20 为 Dyn11 结线的配电变压器低压侧发生 ab 相间短路时，高低压侧故障电流 $I_k^{(2)}$ 的分布和电流相量图（设变压器电压比为 1）。通过对电流相量图的分析可以得出，当变压器低压侧 ab 相间短路时，流过变压器高压侧 A、C 相的故障电流均为 $I_k^{(2)}/\sqrt{3}$，且方向相同。而 B 相流过的故障电流为 $2I_k^{(2)}/\sqrt{3}$。由此可见：

1）若变压器保护用电流继电器采用非全星形结线，则由于 A、C 相都是流过较小的故障电流，因此灵敏度较低。

2）若电流互感器采用全星形结线或两相三继电器结线，则总有一个继电器流过的故障电流为 $2I_k^{(2)}/\sqrt{3}$，因此比非全星形结线灵敏度高。

3）若电流互感器采用两相电流差结线，则通过继电器的故障电流为零，保护装置不动作。

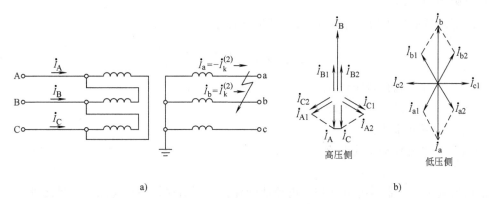

a)   b)

图 4-20 Dyn11 变压器低压侧 ab 相间短路电流分布及相量图

因此，变压器过电流保护互感器的结线方式，通常采用全星形或非全星形，有时为了提高保护装置的灵敏度，在非全星形结线的中性线中接入一个电流继电器，构成两相三继电器结线方式。容量 400kV·A 及以上、一次电压 10kV 及以下、线圈为三角-星形联结的变压器，可采用两相三继电器式的过电流保护。变压器电流保护互感器一般不采用两相电流差结线。

2. 零序电流保护

规程规定，一次侧接入 10kV 及以下非有效接地系统中 Yyn0 联结的变压器，对低压侧单相接地短路，可以选择在低压侧中性点回路装设零序电流保护。其接线如图 4-21 所示。

零序电流保护的动作电流按躲过变压器低压侧最大不平衡电流整定，最大不平衡电流取变压器二次额定电流 I_{2N} 的 25%，即

$$I_{op.K} = k_k \times 0.25 I_{2N} / k_{TA} \qquad (4-28)$$

式中　k_k——可靠系数，取为 1.2；

k_{TA}——零序电流互感器的电流比。

零序电流保护的动作时间一般取 0.5~0.7s，以躲过变压器瞬时最大不平衡电流。

此处零序电流保护灵敏度的校验按变压器低压侧干线末端最小单相短路电流 $I_{k.min}^{(1)}$ 来校验（如下式）其中要求架空线路的灵敏度 $k_s \geqslant 1.5$，电缆线路的 $k_s \geqslant 1.25$。

$$k_s = I_{k.min}^{(1)} / I_{op} \qquad (4-29)$$

3. 过负荷保护

对于 400kV·A 及以上数台并列运行的变压器和作为其他负荷备用电源的单台运行变压器，根据实际可能出现过负荷情况，一般应装设过负荷保护。由于过负荷电流在大多数情况下是三相对称的，只需在一相中安装一个电流继电器即可构成过负荷保护装置。对经常有人值班的变电所，过负荷保护作用于信号；在无经常值班人员的变电所，过负荷可动作于跳闸或切除部分负荷。

为了防止变压器外部短路时变压器过负荷保护发出错误的信号，以及在出现能自行消除的过负荷时不致发出信号，通常过负

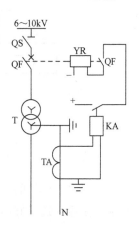

图 4-21 变压器的零序
电流保护原理接线图

荷动作时限为 10~15s。

变压器过负荷保护的动作电流 $I_{\mathrm{op.K}}$ 可按下式计算：

$$I_{\mathrm{op.K}} = \frac{k_{\mathrm{k}}}{k_{\mathrm{re}}k_{\mathrm{TA}}}I_{\mathrm{NT}} = (1.2 \sim 1.25)\frac{I_{\mathrm{NT}}}{k_{\mathrm{TA}}} \qquad (4\text{-}30)$$

式中　I_{NT}——变压器的额定电流；

　　　k_{k}——可靠系数，一般取为 1.05；

　　　k_{re}——返回系数；

　　　k_{TA}——电流互感器的电流比。

三、变压器的差动保护

前面所述的变压器过电流保护、电流速断保护、瓦斯保护各有优点和不足之处，过电流保护虽然能保护整个变压器，但动作时限较长，切除故障不迅速；电流速断保护虽然动作迅速，但存在保护"死区"，保护范围受到限制而不能保护整个变压器；瓦斯保护虽然动作灵敏，但只能反应变压器内部故障，不能保护变压器套管和引出线。为此规程规定，对容量 10MV·A 及以上单独运行的变压器或两台并列运行、每台容量在 6.3MV·A 以上的变压器，对于电压为 10kV 的重要变压器当电流速断保护灵敏度不满足要求时，均应装设变压器的差动保护，用于内部故障和引出线相间短路故障保护。

1. 差动保护的工作原理

差动保护是反映被保护元件两侧电流的差额而动作的保护装置。变压器差动保护的原理接线如图 4-22 所示。将变压器两侧的电流互感器同极性串联起来，使继电器跨接在两连线之间，于是流入差动继电器的电流就是两侧电流互感器二次电流之差，即 $I_{\mathrm{k}} = \dot{I}_1 - \dot{I}_2$。在变压器正常工作或保护范围外部发生短路故障时，流入差动继电器的电流为变压器一、二次侧的不平衡电流 $I_{\mathrm{dql}} = |\dot{I}_1 - \dot{I}_2|$，由于不平衡电流小于差动继电器的动作电流，故保护装置不动作，如图 4-22a 所示。当变压器差动保护范围内发生故障时，在单电源情况下，流入继电器回路的电流 $I_{\mathrm{k}} = I_1$，大于差动保护的动作电流，保护装置动作，使 QF_1、QF_2 同时跳闸，将故障变压器退出工作，如图 4-22b 所示。

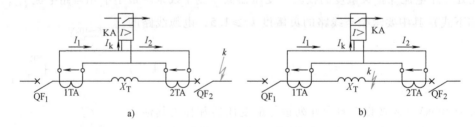

图 4-22　变压器差动保护工作原理图

a）外部故障，保护装置不动作　b）内部故障，保护装置动作

变压器差动保护的工作原理是：正常工作或外部故障时，流入差动继电器的电流为不平衡电流，在适当选择好两侧电流互感器的变流比和结线方式的条件下，该不平衡电流值很小，并小于差动保护的动作电流，故保护不动作；在保护范围内发生故障，流入继电器的电流大于差动保护的动作电流，引发跳闸保护动作。因此，它不需要与相邻元件的保护在整定

值和动作时间上进行配合可以构成无延时速动保护。其保护范围是变压器两侧电流互感器安装地点之间的区域，包括变压器绕组内部及两侧套管和引出线上所出现的各种短路故障。

2. 变压器差动保护的不平衡电流

一方面，为了保证差动保护能正确动作，必须使其动作电流大于最大的不平衡电流；另一方面，为了提高差动保护的灵敏度，在变压器正常运行或保护区外部短路时希望流入继电器的不平衡电流尽可能小。因此，分析变压器不平衡电流的产生原因及其克服方法是十分必要的。变压器差动保护中的不平衡电流包括：

（1）变压器一、二次绕组结线方式的不同而引起的不平衡电流　总降压变电所的变压器通常采用 Yd11 联结，其两侧线电流间存在 30° 的相位差，这样即使电流互感器二次电流的大小相等，在差动回路中也存在一个由相位差引起的不平衡电流。为了消除这一不平衡电流，必须消除上述相位差。为此，如图 4-23 所示，一般将变压器一次侧的电流互感器联结成三角形而变压器二次侧联结成星形，使得两侧电流互感器的二次电流的相位相同，同时电流互感器的变流比还应满足下式：

$$\frac{I_{\mathrm{NT1}}}{k_{\mathrm{TA.\Delta}}}\times\sqrt{3}=\frac{I_{\mathrm{NT2}}}{k_{\mathrm{TA.Y}}} \tag{4-31}$$

式中　I_{NT1}、I_{NT2}——变压器一、二次侧的额定电流；

$k_{\mathrm{TA.Y}}$、$k_{\mathrm{TA.\Delta}}$——变压器一、二次侧电流互感器的电流比。

（2）电流互感器的实际电流比与计算电流比不同而引起的不平衡电流　如果变压器两侧电流互感器所选的电流比与计算电流比完全相同，则不平衡电流为零。但由于变压器的电压比和电流互感器的电流比都有规格等级，实际所选电流互感器的电流比不可能与计算值完全一样，致使继电器回路产生不平衡电流。这种不平衡电流可通过（电磁式保护装置中）平衡线圈或（数字式保护装置中）简单计算来补偿。

（3）变压器两侧电流互感器的型号不同而引起的不平衡电流　当变压器两侧电流互感器型号不同时，其饱和特性也不同，特别是在变压器差动保护范围外部出现短路时，两侧电流互感器在短路电流作用下其饱和程度相差更大，因此在差动回路中出现不平衡电流，这可通过提高保护动作电流来解决。

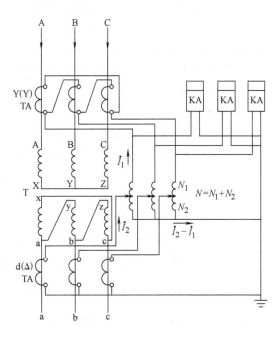

图 4-23　Yd11 联结方式的变压器差动保护联结法及采用自耦变流器平衡循环电流

（4）有载调压变压器分接头的改变而引起的不平衡电流　供电系统中经常采用有载调压的变压器，利用改变变压器的分接头位置来保持运行电压。改变分接头的位置，实际上就是改变变压器的电压比。这样，电流互感器的二次电流也将改变，引起新的不平衡电流。所以，差动保护的动作电流应躲过采用分接头调压而造成的不平衡电流。

（5）变压器励磁电流产生的不平衡电流　变压器正常工作时励磁电流只流经电源侧，其值很小，一般不超过额定电流的 $2\% \sim 5\%$，由此引起的不平衡电流可以不计。但在变压器空载投入和外部故障切除后电压恢复的暂态过程中，由于变压器铁心中的磁通 Φ 不能突变，在变压器一次绕组中可能会产生很大的冲击励磁电流 i（也称励磁涌流），如图 4-24 所示。励磁涌流数值很大，因此在差动回路中产生很大的不平衡电流。

励磁涌流的波形和试验数据显示其具有如下特点：①励磁涌流的最大值可达到变压器额定电流的 $4 \sim 8$ 倍；②励磁涌流中含有很大成分的非周期分量及高次谐波并

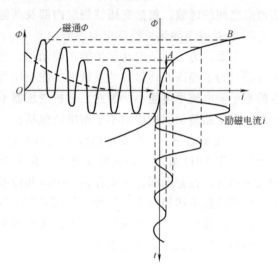

图 4-24　变压器空负荷投入时的励磁电流变动曲线

以二次谐波为主，初值约为基波的 $40\% \sim 60\%$，$0.5 \sim 1s$ 后衰减至 $25\% \sim 50\%$，但完全衰减则要数十秒；③励磁涌流的波形中出现间断角。

依据这些特点，在变压器差动保护中，可以采用具有速饱和铁心的中间变流器，以减少励磁涌流中非周期分量的影响；在微机型变压器差动保护中，还可以采用二次谐波或间断角的方法鉴别励磁涌流与故障电流，使涌流出现时差动保护能可靠闭锁或不动作，从而完全躲过励磁涌流的不利影响。

3. 变压器差动保护动作电流的一般整定原则

变压器差动保护的动作电流 I_{op} 应满足以下三个整定原则：

（1）躲过变压器外部故障时的最大不平衡电流　动作电流 I_{op} 的整定式为

$$I_{\mathrm{op}} = k_{\mathrm{k}} I_{\mathrm{dql.\,m}} \tag{4-32}$$

式中　k_{k}——可靠系数，取 1.3；

$I_{\mathrm{dql.\,m}}$——外部故障时的最大不平衡电流，它是由变压器两侧的电流互感器可能不同型号、电流互感器实际电流比与计算电流比不一致、变压器分接头位置可能改变等因素综合引起的。$I_{\mathrm{dql.\,m}}$ 可按下式计算

$$I_{\mathrm{dql.\,m}} = \left(k_{\mathrm{ts}} 10\% + \Delta f_{\mathrm{ql}} + \frac{\Delta U\%}{100} \right) I_{\mathrm{k.\,max}}^{(3)} \tag{4-33}$$

式中　$I_{\mathrm{k.\,max}}^{(3)}$——保护范围外部短路时的最大短路电流；

k_{ts}——电流互感器的同型系数，型号相同时取 0.5，型号不同时取 1；

Δf_{ql}——电流互感器实际电流比和计算电流比不一致而产生的相对误差，可取 5%；

$\dfrac{\Delta U\%}{100}$——变压器分接头改变引起的相对误差，一般取调压范围的一半，即 $\dfrac{\Delta U\%}{100} = 5\%$。

（2）躲过变压器的最大励磁电流　动作电流 I_{op} 的整定式为

$$I_{\mathrm{op}} = k_{\mathrm{k}} k_{\mathrm{e}} I_{\mathrm{N}} \tag{4-34}$$

式中　k_k——可靠系数，取 $1.3\sim1.5$；

　　　k_e——励磁涌流的最大倍数（即励磁涌流与变压器额定电流的比值），取 $4\sim8$。

由于励磁涌流很大，实际的纵差动保护通常采用其他措施来减少它的影响：一种是采用速饱和中间变流器，以减少励磁涌流产生的不平衡电流，即取 $k_e=1$，但此措施已逐渐被淘汰；另一种是微机保护中通过鉴别励磁涌流和故障电流，在励磁涌流时将差动保护闭锁，这时在整定值中不必考虑励磁涌流的影响，即取 $k_e=0$。

（3）躲过电流互感器二次回路断线引起的差电流　在变压器正常运行情况下，为防止电流互感器二次回路断线时引起差动保护误动作，保护动作电流 I_{op} 应大于变压器的最大负荷电流 $I_{fz.max}$，即

$$I_{op}=k_kI_{fz.max} \tag{4-35}$$

式中的可靠系数 k_k 取 $1.2\sim1.3$。当最大负荷电流不能确定时，可采用变压器的额定电流 I_{NT}。

4. 变压器差动保护的灵敏度校验

变压器差动保护的灵敏度可通过下式校验。

$$k_s=I_{k.min}/I_{op} \tag{4-36}$$

式中　$I_{k.min}$——变压器区内端部故障时流经差动继电器的最小差动电流所对应的一次侧故障电流；

　　　k_s——灵敏度，一般不应低于2。

当按上述整定原则计算的动作电流不能满足灵敏度要求时，需要采用具有制动特性的差动继电器，在微机保护中还可以采用鉴别励磁涌流而构成的差动保护，这些内容将在本章第五节中进行介绍。

第四节　低压配电系统的保护

由于低压熔断器和低压断路器保护装置简单、经济，而且操作灵活、方便，所以广泛应用于用户低压供配电系统中。近几年来，由于数字技术的发展，已经大量采用在低压断路器上设置智能脱扣器的新型保护（兼测控）装置。

一、熔断器保护

1. 熔断器及其安秒特性曲线

熔断器包括熔管和熔体。通常它接在被保护的设备前或接在电源引出线上。当被保护区出现短路故障或过电流时，熔断器熔体被熔断，使设备与电源隔离，免受过电流损坏。因熔断器结构简单、使用方便、价格低廉，所以应用广泛。

熔断器的技术参数包括熔断器（熔管）的额定电压和额定电流、分断能力、熔体的额定电流和熔体的安秒特性曲线。250V 和 500V 是低压熔断器，$3\sim110kV$ 属高压熔断器。

决定熔体熔断时间和通过其电流的关系曲线 $t=f(I)$ 称为熔断器熔体的安秒特性曲线，如图 4-25 所示。该曲线由实验得出，它只表示时限的平均值，其时限相对误差会高达 $\pm50\%$。

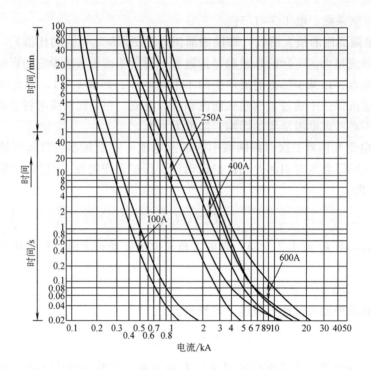

图 4-25　熔断器熔体的安秒特性曲线

2. 熔断器的选用及其与导线的配合

图 4-26 是由变压器二次侧引出的低压配电图。若采用熔断器保护，应在各配电线路的首端装设熔断器。熔断器只装在各相相线上，中性线是不允许装设熔断器的。

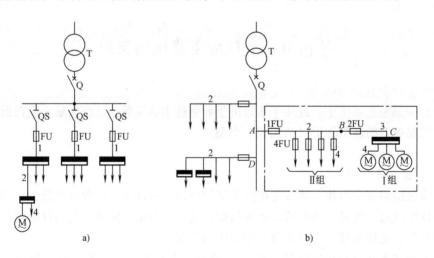

图 4-26　低压配电系统示意图

a）放射式　b）变压器干线式

1—干线　2—分干线　3—支干线　4—支线　Q—低压断路器

对保护电力线路和电气设备的熔断器，其熔体电流的选用可按以下条件进行：

1）熔断器熔体电流应不小于线路正常运行时的计算电流 I_c，即

$$I_{FE} \geq I_c \tag{4-37}$$

2）熔断器熔体电流还应躲过由于电动机起动所引起的尖峰电流 I_{pk}，以使线路出现正常的尖峰电流而不致熔断。因此

$$I_{FE} \geq kI_{pk} \tag{4-38}$$

式中 k——选择熔体时用的计算系数，k 值应根据熔体的特性和电动机的拖动情况来决定。设计规范提供的数据如下：轻负荷起动时起动时间在 3s 以下者，$k = 0.25 \sim 0.4$；重负荷起动时，起动时间在 $3 \sim 8s$ 者，$k = 0.35 \sim 0.5$；超过 8s 的重负荷起动或频繁起动、反接制动等，$k = 0.5 \sim 0.6$；

I_{pk}——尖峰电流。对一台电动机，尖峰电流为 $k_{st.M}I_{N.M}$；对多台电动机 $I_{pk} = I_c + (k_{st.Mmax}-1)I_{N.Mmax}$。其中，$k_{st.Mmax}$ 为起动电流最大的一台电动机的起动电流倍数；$I_{N.Mmax}$ 为起动电流最大的一台电动机的额定电流。

3）为使熔断器可靠地保护导线和电缆，避免因线路短路或过负荷损坏甚至起燃，熔断器的熔体额定电流 $I_{N.FE}$ 必须和导线或电缆的允许电流 I_{al} 相配合，因此要求：

$$I_{N.FE}/I_{al} < k_r \tag{4-39}$$

式中 k_r——熔断器熔体额定电流与被保护线路的允许电流的比例系数。设计规范规定的 k_r 值如下：对电缆或穿管绝缘导线，$k_r = 2.5$；对明敷绝缘导线，$k_r = 1.5$；对于已装设有其他过负荷保护的绝缘导线、电缆线路而又要求用熔断器进行短路保护时，$k_r = 1.25$。

对保护电力变压器的熔断器，其熔体电流可按式（4-40）选定，即

$$I_{FE} = (1.4 \sim 2)I_{N.T} \tag{4-40}$$

式中 $I_{N.T}$——变压器的额定电流。熔断器装设在哪一侧，就选用那侧的额定值。

用于保护电压互感器的熔断器，其熔体额定电流可选用 0.5A，熔管可选用 RN2 型。

3. 熔断器保护灵敏度校验

熔断器保护的灵敏系数 k_s 计算如下：

$$k_s = I_{k.min}^{(n)}/I_{N.FE} \tag{4-41}$$

式中 $I_{k.min}^{(n)}$——熔断器保护线路末端在系统最小运行方式下的短路电流，对中性点不接地系统，取两相短路电流 $I_k^{(2)}$；对中性点直接接地系统，取单相短路电流 $I_k^{(1)}$；

$I_{N.FE}$——熔断器熔体的额定电流。

4. 上下级熔断器的相互配合

用于保护线路短路故障的熔断器，它们上下级之相的相互配合应是这样：设上一级熔体的理想熔断时间为 t_1，下一级为 t_2，因熔体的安秒特性曲线误差约为 ±50%，设上一级熔体为负误差，有 $t_1' = 0.5t_1$，下一级为正误差，即 $t_2' = 1.5t_2$，若欲在某一电流下使 $t_1' > t_2'$，以保证它们之间的选择性，这样就应使 $t_1 > 3t_2$。对应这个条件可从熔体的安秒特性曲线上分别查出这两种熔体的额定电流值。一般使上、下级熔体的额定值相差两个等级即能满足动作选择性的要求。

5. 熔断器（熔管或熔座）的选择和校验

选择熔断器（熔管或熔座）时应满足下列条件：

1）熔断器的额定电压应不低于被保护线路的标称电压。

2）熔断器的额定电流应不小于它所安装的熔体的额定电流。

3）熔断器的类型应符合安装条件及被保护设备的技术要求。

4）熔断器的分断能力应满足

$$I_{\text{off. FE}} > I_{\text{sh}}^{(3)} \tag{4-42}$$

式中　$I_{\text{sh}}^{(3)}$——流经熔断器的短路冲击电流有效值。

例 4-2　图 4-26b 的点画线框内是某车间部分的配电系统图。其负荷分布如下表，各电动机均属轻负荷起动，试选定各熔断器的额定电流及导线截面积。

第 I 组负荷参数	BC 段支干线参数	第 II 组负荷参数	AB 段分干线参数
10kW　3 台 380V, $\cos\varphi = 0.74$ $\eta = 0.96$, $I_{\text{N. M}} = 21.4\text{A}$ $k_{\text{st. M}} = 6.5$, $I_{\text{st. M}} = 139.1\text{A}$ 选用 BLV 穿管导线	$k_{\text{d}} = 0.8$　$k_{\Sigma} = 1$ $I_{\text{c}} = 51.3\text{A}$ 选用 BLV 明敷线	7.5kW　4 台 ($k_{\text{d}} = 0.8$) 380V, $\cos\varphi = 0.765$ $\eta = 0.98$, $I_{\text{N. M}} = 15.2\text{A}$ $k_{\text{st. M}} = 6.5$, $I_{\text{st. M}} = 98.8\text{A}$ 选用 BLV 穿管线	$I_{\text{c I}} = 51.3\text{A}$　$k_{\Sigma} = 1$ $I_{\text{c II}} = 48.6\text{A}$ $I_{\text{c}} = 99.9\text{A}$ 选用 BLV 明敷线

解　1）第 I 组负荷各熔断器及导线截面积可根据式（4-37）和式（4-38）计算。

$I_{\text{FE}} \geqslant 21.4\text{A}$ 或 $I_{\text{FE}} \geqslant k I_{\text{pk}} = (0.25 \sim 0.4) \times 139.1\text{A} = (34.8 \sim 55.6)\text{A}$

选 RTO-100 熔断器，熔丝额定电流 $I_{\text{N. FE}} = 50\text{A}$。

选用塑料绝缘铝导线 BLV-3×4mm²，穿管，车间环境温度 25℃时，$I_{\text{al}} = 25\text{A}$，$I_{\text{N. FE}}/I_{\text{al}} = 50/25 < 2.5$，合格。

2）同理选择第 II 组负荷的熔断器及导线截面积如下：

因 $I_{\text{FE}} \geqslant (0.25 \sim 0.4) \times 98.8\text{A} = (24.7 \sim 39.5)\text{A}$，选 RTO-50 型熔断器，熔丝规格 $I_{\text{N. FE}} = 40\text{A}$，配用 BLV-3×2.5mm² 穿管导线，查得其 $I_{\text{al}} = 19\text{A} > I_{\text{N. M}} = 15.2\text{A}$，同时 $I_{\text{N. FE}}/I_{\text{al}} = 40/19 < 2.5$，合格。

3）BC 段支干线选择如下：$I_{\text{pk}} = [51.3 + (6.5-1) \times 21.4]\text{A} = 169\text{A}$

由 $I_{\text{FE}} \geqslant I_{\text{c}} = 51.3\text{A}$ 或 $I_{\text{FE}} \geqslant (0.25 \sim 0.40) \times 169\text{A} = (42.3 \sim 67.6)\text{A}$，选 RTO-100 型熔断器，考虑要与 I 级负荷熔断器相差两个等级，选熔丝电流 $I_{\text{N. FE}} = 80\text{A}$，导线用 BLV-3×10mm²，明敷线，$I_{\text{al}} = 55\text{A} > I_{\text{c}} = 51.3\text{A}$。$I_{\text{N. FE}}/I_{\text{al}} = 80/50 < 1.5$，合格。

4）选择 AB 段干线时，由于 AB 段后接电动机较多，可按频繁起动考虑。$I_{\text{FE}} \geqslant I_{\text{c}} = 99.9\text{A}$，或电动机频繁起动时，$I_{\text{FE}} = (0.5 \sim 0.6) I_{\text{pk}} = (0.5 \sim 0.6)[99.9 + (6.5-1) \times 21.4] = (110.3 \sim 131.7)\text{A}$。考虑到和 BC 段的配合，选 $I_{\text{FE}} = 120\text{A}$。选用 RTO-200 型熔断器。导线选用 BLV-3×25mm²，明敷线，查得 $I_{\text{al}} = 100\text{A} > I_{\text{c}} = 99.9\text{A}$，且 $I_{\text{FE}}/I_{\text{al}} = 120/100 < 1.5$。校验合格。

二、低压断路器保护

低压断路器又称低压自动开关。它既能带负荷通断电路，又能在短路、过负荷和失电压时自动跳闸，其原理结构如图 4-27 所示。

当线路上发生短路故障时，过电流脱扣器 6 动作于瞬时跳闸；当线路出现过负荷时，加热元件 8（电阻丝）使热脱扣器 7 动作于延时跳闸；当线路电压下降或失电压时，失电压脱扣器 5 动作同样作用于跳闸。当按下脱扣按钮 9 或 10 时，使失电压脱扣器失电压动作或分励脱扣器 4 通电，便能远距离操纵使开关瞬时跳闸。

低压断路器在低压配电系统中的配置方式如图 4-28 所示。

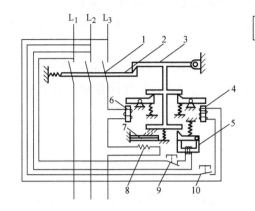

图 4-27　低压断路器的原理结构和结线
1—主触头　2—跳钩　3—锁扣　4—分励脱扣器
5—失电压脱扣器　6—过电流脱扣器　7—热
脱扣器　8—加热元件　9、10—脱扣按钮

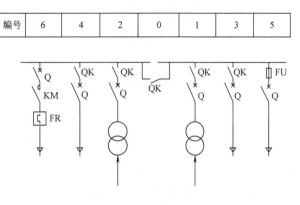

图 4-28　低压断路器在低压系统中常用的配置方式
Q—低压断路器　QK—刀开关　KM—接触器
FR—热继电器　FU—熔断器

图 4-28 中，$3^\#$、$4^\#$ 的接法适用于低压配电出线；$1^\#$、$2^\#$ 的接法适用于两台变压器供电的情况。配置刀开关 QK 是为了检修低压断路器用。如果是单台变压器供电，其变压器二次侧出线只需设置一个低压断路器即够。图中 $6^\#$ 出线是低压断路器与接触器 KM 配合使用，低压断路器用作短路保护，接触器用作电路控制器，供电动机频繁起动用。其上的热继电器 FR 用作过负荷保护。$5^\#$ 出线是低压断路器与熔断器的配合方式，适用于开关断流能力不足的情况。此时靠熔断器进行短路保护，低压断路器只在过负荷和失电压时才断开电路。

配电用低压断路器分为选择型和非选择型两种，所配备的过电流脱扣器有三种：①具有反时限特性的长延时电磁脱扣器，动作时间可以不小于 10s；②延时时限分别为 0.2s、0.4s、0.6s 的短延时脱扣器；③动作时限小于 0.1s 的瞬时脱扣器。对于选择型低压断路器必须装有第②种短延时脱扣器；而非选择型低压断路器只有第①和③两种脱扣器，其中长延时用作过负荷保护，短延时或瞬时均用于短路故障保护。我国目前普遍应用的为非选择型低压断路器，保护特性以瞬时动作方式为主。

低压断路器各种脱扣器的电流整定如下：

（1）长延时过电流脱扣器（即热脱扣器）的整定　这种脱扣器主要用于线路过负荷保护，故其整定值比线路计算电流 I_c 稍大即可

$$I_{1.\text{op}} \geq 1.1 I_c \tag{4-43}$$

式中　$I_{1.\text{op}}$——长延时脱扣器（即热脱扣器）的整定动作电流，但是，热元件的额定电流 $I_{H.N}$ 比 $I_{1.\text{op}}$ 大 $(10\sim25)\%$ 为好，即

$$I_{H.N} \geq (1.1\sim1.25) I_{1.\text{op}} \tag{4-44}$$

（2）瞬时（或短延时）过电流脱扣器的整定　瞬时或短延时脱扣器的整定电流应躲开线路的尖峰电流 I_{pk}，即

$$I_{2.\text{op}} \geq k_k I_{pk} \tag{4-45}$$

式中 $I_{2.\,op}$——瞬时或短延时脱扣器的整定电流值,规定短延时过电流脱扣器整定电流的调节范围;对于容量在 2500A 及以上的断路器为 3~6 倍脱扣器的额定值,对 2500A 以下为 3~10 倍;瞬时脱扣器整定电流调节范围对 2500A 及以上的选择型断路器为 7~10 倍;对 2500A 以下则为 10~20 倍;对非选择型断路器约为 3~10 倍。

k_k——可靠系数。对动作时间 $t_{op} \geq 0.4s$ 的 DW 型断路器,取 $k_k = 1.35$;对动作时间 $t_{op} \leq 0.2s$ 的 DZ 型断路器,取 $k_k = 1.7~2$;对有多台设备的干线,可取 $k_k = 1.3$。

(3)灵敏系数 k_s

$$k_s = I_{k.\,min}/I_{2.\,op} \geq 1.5 \tag{4-46}$$

式中 $I_{k.\,min}$——线路末端最小短路电流。

(4)低压断路器过电流脱扣器整定值与导线的允许电流 I_{a1} 的配合要使低压断路器在线路过负荷或短路时,能够可靠地保护导线不致过热而损坏。因此要满足

$$\frac{I_{1.\,op}}{I_{a1}} < 1 \quad 或 \quad \frac{I_{2.\,op}}{I_{a1}} < 4.5 \tag{4-47}$$

例 4-3 供电系统如图 4-29 所示,所需的数据均标在图上,试选择低压断路器,导线按 40℃温度校验。

解 1)Q_2 选用保护电动机用的 DZ 系列低压断路器。整定计算如下:

因 $I_c = I_{N.M} = 182.4A$,故选定低压断路器的额定电流 $I_{N.Q2} = 200A$

长延时脱扣器整定电流 $I_{1.\,op} = 1.1 I_c = 200A$

瞬时过电流脱扣器电流整定值,(k_k 取 1.7)

$I_{2.\,op} = k_k I_{st.M} = 1.7 \times (6.5 \times 182.4)\text{A} = 2015\text{A}$

选定 $I_{2.\,op} = 2000A$(10 倍额定值)

灵敏系数 $k_s = \dfrac{I_{k2}^{(2)}}{I_{2.\,op}} = \dfrac{\sqrt{3}}{2} \times \dfrac{12.2}{2} = 5.29 > 1.5$,合格。

配合导线 $I_{a1} > I_{N.Q2} = 200A$,选 BBLX-3×100mm², 查得 $T = 40℃$ 时其 $I_{a1} = 224A$。满足 $I_{1.\,op}/I_{a1} < 1$ 的要求。

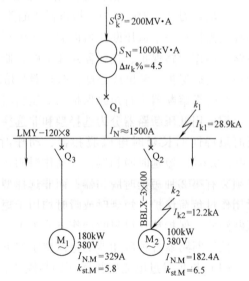

图 4-29 例 4-3 的供电系统图

2)Q_1 选用 DW 系列低压断路器以保护变压器用。因变压器二次额定电流 $I_N \approx 1500A$,故选定低压断路器的额定电流 $I'_{N.Q1} = 1500A$,可选长延时脱扣器电流整定为 $I'_{1.\,op} = 1500A$。

短延时脱扣器动作时间整定为 0.4s,整定电流要考虑 1#电动机起动时产生的峰值电流 I_{pk},取 $k_k = 1.35$,于是

$$I'_{2.\,op} = k_k I_{pk} = 1.35 \times [1500 + (5.8-1) \times 329]\text{A} = 4157\text{A}$$

可选定 $I'_{2.\,op} = 4000A$(3 倍额定电流以下)。

$$k_s = \frac{I_{k1}^{(2)}}{I'_{2.op}} = \frac{\sqrt{3}}{2} \times \frac{28.9}{4} = 6.3 > 1.5$$

选用 LMY-120×8 矩形铝母线，$T = 40℃$ 时，$I_{al} = 1550A > I_N$。

三、低压断路器与熔断器在低压电网保护中的配合

低压断路器与熔断器在低压电网中的设置方案如图 4-30 所示。若能正确选定其额定参数，使上一级保护元件的特性曲线在任何电流下都位于下一级保护元件安秒特性曲线的上方，便能满足保护选择性的动作要求。图 4-30a 是能满足上述要求的，因此这种方案应用得最为普遍。在图 4-30b 中，如果电网被保护范围内的故障电流 I_k 大于临界短路电流 $I_{cr·k}$（图中两条曲线交点处对应的短路电流），则无法满足有选择地动作需求。图 4-30c 中，如果要使两级低压断路器的动作满足选择性要求，必须使 1 处的安秒特性曲线位于 2 处的特性曲线之上。否则，必须使 1 处的特性曲线为 1'或 2 处的特性曲线为 2'。

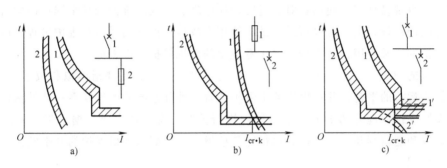

图 4-30　低压断路器与熔断器的设置

由于安秒特性曲线是非线性的，为使保护满足选择性的要求，设计计算时宜用图解方法。

第五节　供电系统的微机保护

一、微机保护的特点

所谓微机保护，就是基于可编程序数字电路技术、实时数字信号处理技术并通过微型计算机实现的继电保护。20 世纪 60 年代末，国外提出用计算机实现继电保护的设想，对继电保护计算机算法的研究为后来微机保护的推广和应用奠定了基础。20 世纪 70 年代中后期，随着微处理器技术的快速发展，微机性价比和可靠性大为提高，为微机保护的实用化打下硬件基础。20 世纪 80 年代电力系统中采用的微机保护在硬件结构、软件技术方面已趋于成熟。20 世纪 90 年代以来，这种保护在我国逐步推广应用，已有很多成套的微机保护装置投入工矿企业或供电系统的现场运行，并取得了一些成功的运行经验。

微机保护具有以下显著的特点：①微机具有强大的存储记忆、逻辑判断和数值运算等信息处理功能，在应用软件的配合下有极强的综合分析和判断能力，不仅可以实现各种继电保护原理，而且可以解决机电式、静态保护装置无法解决的问题，不仅可以实现复杂原理的保护，而且为原理算法的完善和发展提供了良好的实现条件；②微机保护的动作特性和功能主

要是由软件决定的，可以通过改变软件程序以获取所需要的保护性能，使得保护性能的选择和调试都很方便，具有很大的灵活性、适应性；③可用相同的硬件实现不同原理的保护，使得保护装置的制造大为简化，生产标准化批量化，硬件可靠性高；④可以不断地对本身的硬件软件自检，发现装置异常情况并排除干扰和通知运行维护中心，使得保护装置工作可靠性很高，大大减轻运行维护的工作量；⑤微机保护还可兼有故障录波、故障测距、事件顺序记录等辅助功能，微机保护装置设有的通信接口，可以方便地将各地的继电保护装置纳入测量、控制、保护和数据通信为一体的变电站综合自动化系统，这对于保护的运行管理与远方监控、电网事故分析与处理、实现无人值班与提高系统运行的自动化水平等具有重要意义。

当然，微机保护也存在一些问题：①对硬件和软件的可靠性要求较高，且硬件比较容易过时；②微机保护与传统保护有根本性的差别，后者每个部分都是硬件构成，保护的接线和整个动作过程直观易理解，使用者对装置的动作原理、接线及维护较易掌握；而微机保护的软件只有专门的设计人员才能改写或调试，使用者较难掌握它的操纵和维护过程。因此，为适应微机保护的普及应用，必须培养更多专业化的微机保护工作人员。

一台完整的微机保护装置主要由硬件和软件两部分构成，硬件指模拟和数字电子电路，硬件提供软件运行的平台，并且提供数字保护装置与外部系统的电气联系；软件指计算机程序，由它按照保护原理和功能的要求对硬件进行控制，有序地完成数据采集、外部信息交换、数字运算和逻辑判断、动作指令执行等各项操作。下面就微机保护的基本硬件和软件算法做一简要介绍。

二、微机保护装置的基本构成

如图 4-31 所示微机保护装置的硬件系统示意框图，包括：模拟量输入、开关量输入、微机系统、开关量输出、人机对话、外部通信等 6 部分，其中微型机主系统是核心部件，其他 5 部分是外围接口部件。下面分别简要介绍各个部分的功用和特点。

1. 模拟量输入部分

模拟量输入部分就是将互感器输入的模拟电信号正确地变换成离散化的数字量，也称为数据采集系统。按信号传递顺序，交流模拟量输入部分又主要包括以下几部分：

(1) 输入变换 它接受来自电力互感器二次侧的电压、电流信号，并将这些信号进一步变小，同时使互感器与保护装置内部之间实现电气隔离和电磁屏蔽，以保障保护装置内部弱电元件的安全和减少来自高压设备对弱电元件的干扰。

(2) 低通滤波器 作用是抑制输入信号中对保护无用的较高频率的成分，以便采样时易于满足采样定理的要求。低通滤波器可采用简单的有源或无源低通滤波电路。

(3) 采样保持器 S/H 所谓采样保持，就是在某一时刻抽取输入模拟信号的瞬时值，并维持适当时间不变。如果按固定的时间间隔重复地进行这种采样保持操作，就将时间上连续变化的模拟信号转换为时间上离散的模拟信号序列。

(4) 多路转换器 它可由 CPU 通过编码控制将多通道输入信号（由 S/H 送来）依次连接到模数转换器的输入端，用一路模数转换器实现多通道模数转换，以降低成本。

(5) 模数转换器 A/D 它将由 S/H 抽取并保持的输入模拟信号的瞬时值变换为相应的数字值，实现模拟量到数字量的变换。

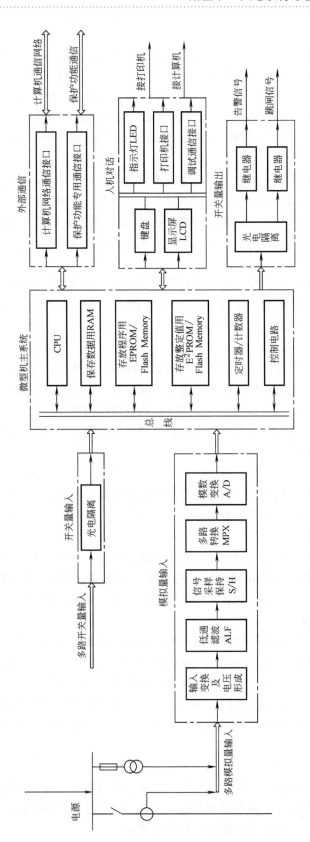

图 4-31　微机保护装置的硬件系统示意框图

2. 开关量输入部分

开关量泛指那些反映"是"或"非"两种状态的逻辑变量,如断路器的"合"或"分"闸状态、开关或继电器触点的"通"或"断"状态、控制信号的"有"或"无"状态等。这些状态正好对应二进制数字的"1"或"0",所以开关量可作为数字量读入(每一路开关量信号占用二进制数字的一位)。开关量输入部分就是为开关量提供输入通道,并在保护装置内外部之间实现光电隔离,以保证内部弱电电路的安全和减少外部干扰。

3. 微型机主系统

微型机主系统执行编制好的程序,对由数据采集部分输入的原始数据进行分析处理,并指挥各种外围接口部件的运转,从而实现继电保护和测量、逻辑、控制等功能。微型机主系统一般由中央处理器(CPU)、存储器、定时器/计数器及控制电路等部分组成,并通过数据总线、地址总线、控制总线连成一个系统,实现数据交换和操作控制。

4. 开关量输出部分

开关量输出部分为正确地发出开关量操作命令提供输出通道,并在微机保护装置内外部之间实现光电隔离。微机保护装置通过开关量输出的"0"或"1"状态来控制执行回路(如报警信号、跳闸回路继电器触点的"通"或"断"等)。

5. 人机对话部分

人机对话部分建立起微机保护装置与使用者之间的信息联系,以便对保护装置进行人工操作、调试和得到反馈信息。继电保护的操作主要包括整定值和控制命令的输入等;而反馈信息主要包括被保护的一次设备是否发生故障、何种性质的故障、保护装置是否已发生动作以及保护装置本身是否运行正常等。数字保护装置采用智能化人机界面使人机信息交换功能大为丰富、操作更为方便。

6. 外部通信部分

外部通信部分提供信息通道与变电站计算机局域网以及电力系统远程通信网相连,实现更高一级的信息管理和控制功能,如信息交互、数据共享、远方操作及远方维护等。

三、微机保护的软件实现

微机保护的软件以硬件为基础,通过算法及程序设计实现所要求的保护功能,包括监控软件和运行软件两部分。监控软件包括中断管理、人机接口与键盘命令的处理、整定值设置、报告显示等程序。运行软件包含在中断服务程序中,完成数据采样、数字滤波、保护算法、故障判断和处理等。

运行软件中的保护算法是微机保护的核心,根据模数变换器提供的输入电气量的采样数据进行分析、运算和判断以实现各种继电保护的功能。微机保护算法可分为两大类:一类是特征量算法,它用来计算保护所需的各种电气量的特征参数,如电流或电压的幅值及相位、序分量、基波分量、某次谐波分量的大小等;另一类是保护动作判据的算法,它利用特征量算法的结果来实现保护的动作过程和特性。下面主要介绍供电系统微机保护中的一些基本算法。

1. 微机保护中的一些基本算法

在供电系统的微机保护中,需要求取的特征量主要是电流或电压的基波分量、谐波分量的幅值大小,可用的方法有半周绝对值积分、全周(半周)傅里叶算法、采样值乘积算法以及故障分量算法等,下面着重介绍其中常用的两种。

（1）半周绝对值积分算法　半周绝对值积分算法可以求取电流或电压的基波幅值。该算法的依据是一个纯正弦量在任意半个周期内绝对值的积分为一常数。对于正弦电流 $i(t) = I_m \sin(\omega t + \alpha)$，$I_m$、$\alpha$ 分别为电流的幅值、相位，其半周绝对值积分 S 为

$$S = \int_0^{\frac{T}{2}} |i(t)| \, dt = \int_0^{\frac{T}{2}} I_m |\sin(\omega t + \alpha)| \, dt = \int_0^{\pi} I_m \sin\omega t \, dt = \frac{2I_m}{\omega} \tag{4-48}$$

式中，积分值 S 与积分起始点的初相角 α 无关。求出积分值 S 后，应用式（4-49）即可求得正弦量的幅值

$$I_m = S \frac{\omega}{2} \tag{4-49}$$

半周绝对值积分算法本身具有一定的抗干扰和抑制高次谐波的能力，算法的数据窗长度为 10ms，此外这种算法运算量极小，可以用非常简单的软件实现，因此，对于一些要求不高的电流、电压保护可以采用这种算法，必要时可另外配一个简单的差分滤波器来抑制信号中的直流分量，提高算法的精度。

（2）全周傅里叶算法　全周傅里叶算法可求取电流或电压的基波幅值以及谐波分量的幅值，包括实部、虚部的大小。该算法的基本思想源于傅里叶级数。假设输入信号 i 中除基频分量外，还包含直流分量和各种整次谐波分量，即可表示为

$$i(t) = \sum_{n=0}^{\infty} I_n \sin(n\omega_1 t + \varphi_n) = \sum_{n=0}^{\infty} [I_n \cos\varphi_n \sin(n\omega_1 t) + I_n \sin\varphi_n \cos(n\omega_1 t)]$$

$$= \sum_{n=0}^{\infty} [I_{Rn} \sin(n\omega_1 t) + I_{In} \cos(n\omega_1 t)] \tag{4-50}$$

式中　n——自然数 0，1，2，…，表示第 n 次谐波；

　　　ω_1——基频角频率；

　I_n、φ_n——分别为第 n 次谐波分量的幅值和相位；

I_{Rn}、I_{In}——分别为第 n 次谐波分量的实部和虚部，且为

$$I_{Rn} = I_n \cos\varphi_n \tag{4-51}$$

$$I_{In} = I_n \sin\varphi_n \tag{4-52}$$

根据三角函数在区间 $[0, T_1]$（T_1 为基频周期）上的正交性和傅里叶系数的计算方法，可导出谐波分量实、虚部为

$$I_{Rn} = \frac{2}{T_1} \int_0^{T_1} i(t) \sin(n\omega_1 t) \, dt \tag{4-53}$$

$$I_{In} = \frac{2}{T_1} \int_0^{T_1} i(t) \cos(n\omega_1 t) \, dt \tag{4-54}$$

取每基频周期 N 点采样，$i(k)$ 表示第 k 点采样值，采用按采样时刻分段的梯形面积之和来近似上两式的连续积分（即梯形法积分），求得

$$I_{Rn} = \frac{2}{N} \sum_{k=0}^{N-1} i(k) \sin\left(kn \frac{2\pi}{N}\right) \tag{4-55}$$

$$I_{In} = \frac{2}{N} \sum_{k=0}^{N-1} i(k) \cos\left(kn \frac{2\pi}{N}\right) \tag{4-56}$$

该算法的数据窗为一个完整的基频周期，称之为全周傅里叶算法。注意到全周傅里叶算

法中系数 $\sin\left(kn\dfrac{2\pi}{N}\right)$、$\cos\left(kn\dfrac{2\pi}{N}\right)$ 为可事先算得的常数，故算法的实时计算量不大。特别地，如取 $n=1$，则得到基频分量的实部 I_{R1} 和虚部 I_{I1}，将它们代入式（4-55）和式（4-56），便可求出基频分量的有效值和相角，即

$$I_1 = \sqrt{I_{R1}^2 + I_{I1}^2} \tag{4-57}$$

$$\tan\varphi_1 = I_{I1}/I_{R1} \tag{4-58}$$

全周傅里叶算法不仅可以保留基波，完全滤除直流分量和整数次谐波分量，对间谐波分量也有一定的抑制作用，在供电系统微机保护中应用极为广泛。全周傅里叶算法的不足之处是需要的数据窗较长（为一个基频周期，即 20ms），使保护的动作速度受到限制。

为了提高算法的响应速度，还可以在式（4-55）与式（4-56）中将数据窗压缩到半个基频周期，从而得到所谓的半周傅里叶算法，不过这对消除直流分量和偶次谐波，效果比全周傅里叶算法有所削弱。

（3）突变量起动判据的算法　微机保护中用于判断是否有故障发生的起动元件广泛采用反应两相电流之差突变量的元件。对于两相电流之差 $i_{ab}=i_a-i_b$、$i_{bc}=i_b-i_c$、$i_{ca}=i_c-i_a$（为方便起见，i_{ab}、i_{bc}、i_{ca} 统一表示成 i），突变量起动判据为

$$\left|\Delta\Delta i(n)\right| = \left|\,\left|\Delta i(n)\right| - \left|\Delta i(n-N)\right|\,\right| = \left|\,\left|i(n)-i(n-N)\right| - \left|i(n-N)-i(n-2N)\right|\,\right| > I_{set} \tag{4-59}$$

式中　　　　　　　n——第 n 次采样时刻；

N——工频一个周期的采样点数；

$i(n)$——当前时刻的采样值；

$i(n-N)$、$i(n-2N)$——分别为一周期前、两周期前对应时刻的采样值；

$\Delta\Delta I_{set}$——起动门槛值（整定值）。

为防止干扰引起误启动，式（4-59）需要使用连续多点采样值进行连续多次判定（通常取为 3 次）。

在正常运行时，系统中流过数值较稳定的负荷电流，相邻三个周期对应采样点的每相电流采样变化很小，$\left|\Delta\Delta i(n)\right|$ 理论上接近零，即使考虑了各种测量、计算和随机误差，其值也比较小。因此，整定值 I_{set} 可选择得很小，突变量起动元件具有较高灵敏度。

在系统发生故障时，故障相电流将急剧变化。例如：发生 AC 两相短路，$i_a(n)$ 增大致使 $i_{ab}(n)$ 增大，而 $i_{ab}(n-N)$ 和 $i_{ab}(n-2N)$ 是依据故障前电流采样值求出的（值几乎为零），故 $\left|\Delta\Delta i_{ab}(n)\right|$ 值急剧增大并大于整定值 I_{set}，$\Delta\Delta i_{ab}(n)$ 元件将起动。

需要说明的是，式（4-59）中采用了两个绝对值相减的形式，这是为了消除系统正常运行但频率偏离 50Hz 时可能引起起动元件的误动作。因为频率变化时，相邻三个周期对应采样点的每相电流值将不相等，使得 $\Delta i(n) = \left|i(n)-i(n-N)\right|$ 与 $\Delta i(n-N) = \left|i(n-N)-i(n-2N)\right|$ 不为零，但两者相减后还是使得总输出 $\left|\Delta\Delta i(n)\right|$ 近似为零。

2. 微机型电流保护

微机型电流保护的工作过程简述如下：

1）采集被保护元件的电流并保存。

2）采用半周绝对值积分算法或全周傅里叶算法等，根据电流采样值计算电流幅值并取各相中的最大值。

3) 将测量电流与电流速断定值进行比较。如果测量电流大于速断定值，则立即发出跳闸命令和动作信号，同时保存电流速断的动作信息，用于记录、显示、查询和上传。

4) 之后，执行过电流保护的功能。当过电流元件持续动作到达整定时间时，立即发出跳闸命令。当测量电流小于过电流定值时，可以考虑一个返回系数后才让过电流元件返回。

5) 当电流速断、过电流保护元件都不动作时，再控制出口回路，使出口继电器处于都不动作状态，达到收回跳闸命令的目的。

3. 微机型变压器差动保护

对于微机型变压器差动保护，为了减小或消除不平衡电流的影响，使变压器外部短路时差动保护不至于误动作，在电流差动保护基本原理的基础上引入制动量，从而构成具有制动特性的差动保护，其动作电流值随外部短路电流的增大而按比率增大。

由本章第三节关于互感器变比和型号方面产生不平衡电流的讨论可知，变压器差动保护的不平衡电流随外部故障时穿越变压器的短路电流（简称穿越电流）的增大而增大。因此，引入一个能够反应穿越电流大小的制动量，使穿越电流大时产生的制动作用大，保护的动作电流也随着增大；穿越电流小时产生的制动作用小，保护的动作电流也减小。这种制动作用称之为比率制动。

制动量通常由变压器各侧的电流综合而成，常见的形式有平均电流制动、复式制动、标积制动等，下面以复式制动量为例进行说明。如图 4-22 所示的变压器差动保护基本原理及电流方向定义，对差动量 I_d 引入制动量 I_r，

$$I_d = |\dot{I}_1 - \dot{I}_2| \tag{4-60}$$

$$I_r = \frac{|\dot{I}_1 + \dot{I}_2|}{2} \tag{4-61}$$

从而构成如图 4-32 所示的比率制动式差动保护动作判据（"两折线"特性），表示如下：

$$I_{op} = \begin{cases} I_{op.min} & (I_r < I_{r1}) \\ K(I_r - I_{r1}) + I_{op.min} & (I_r \geq I_{r1}) \end{cases} \tag{4-62}$$

式中　$I_{op.min}$——保护的最小动作电流，它应大于变压器正常运行时的最大不平衡电流，在工程实用计算中可取 $I_{op.min} = (0.2 \sim 0.5)I_N$；

　　　I_{r1}——拐点电流，与 $I_{op.min}$ 对应的制动电流，工程中拐点电流选取的范围为 $I_{r1} = (0.6 \sim 1.1)I_N$；

　　　K——制动特性斜率，通常取 $K = 0.4 \sim 1$。

当变压器穿越电流最大也即不平衡电流最大时，保护的差动量为 $I_{op.max}$，它也就是不具制动特性的差动保护躲过变压器外部故障时最大不平衡电流而确定的动作电流，见式（4-32）。

由图 4-32 可见，制动特性两折线 a-b-c 高于变压器正常情况与外部故障时不平衡曲线 2，从而可以确保变压器在正常运行和外部故障时差动保护不会误动。当供电系统的变压器内部故障时，差动量与制动量的关系是 $I_d = I = 2I_r$，如图 4-32 中的虚线 3 所示，其与制动特性线相交于点 d，此时差动量只要大于最小动作电流 $I_{op.min}$ 就可以使保护动作。而不具制动特性的差动保护的动作电流为固定的 $I_{op.max}$。可见，采用制动特性后，变压器在各种运行方式下，内部故障时动作电流将从原来的 $I_{op.max}$ 下降到 $I_{op.min}$ 及制动线，故差动保护的灵敏度大

为提高。

另外一方面，为了进一步提高差动保护的可靠性和灵敏性，目前我国的微机型变压器差动保护中还广泛采用二次谐波制动的方法来防止励磁涌流引起差动保护的误动。这是因为变压器励磁涌流中含有大量的二次谐波分量而区别于短路电流，可以利用这个特点使差动保护在励磁涌流作用下闭锁，而只在短路电流作用下进行差动保护动作判据的判别。

二次谐波制动元件的动作判据为

$$I_{d2} > K_2 I_{d1} \tag{4-63}$$

式中 I_{d1}、I_{d2}——分别为差动电流中的基波分量和二次谐波分量的幅值；

K_2——二次谐波制动比，按躲过各种励磁涌流下最小的二次谐波含量整定，整定范围通常为

$$K_2 = 15\% \sim 20\% \tag{4-64}$$

具体数值根据现场空载合闸试验或运行经验来确定。

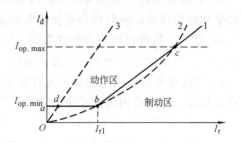

图 4-32 变压器比率制动式差动保护
的动作特性

1—差动保护的制动特性线 a-b-c 2—外部故障时不平衡电流曲线 3—内部故障时差动量与制动量的关系

实际应用中常将二次谐波制动判据式（4-64）与比率制动判据式（4-62）一起构成二次谐波和比率制动差动保护，这样当变压器外部故障时比率制动起主要作用，而出现励磁涌流时二次谐波制动起主要作用。不过，考虑到内部故障时差动电流中也会包含一些二次谐波分量，从而会对灵敏度产生不利影响，所以，通常先用比率制动判据判断是否在动作区，若在动作区，再用二次谐波制动判据判定励磁涌流存在与否，以便决定是否闭锁差动保护。

下面就以利用二次谐波鉴别励磁涌流、采用比率制动特性的微机型变压器差动保护方案为例，介绍其软件流程中中断服务程序的故障处理部分，如图4-33所示。

保护装置通常在中断服务程序中通过监测到差动电流或者相电流突变量时而起动，起动后先保留主程序中断返回地址，再进入故障处理程序入口。

1）第①、②框计算如式（4-60）、式（4-61）所示的差动量 I_d 和制动量 I_r。

2）第③框根据 I_r 的大小分别转至第④或⑤框判别是否满足相应的比率制动判据，此判据如式（4-62）所示。

3）若第④或⑤框判别在制动范围内，则转至第⑪框作外部故障处理。为防止干扰或内部轻微故障时偶然计算误差等原因使保护误复归，设置了一个外部故障复算次数 n_e。在未到 n_e 之前，返回第①框继续计算下一时刻的 I_d；达到 n_e 后即判定为外部故障，由第⑫框设置区内无故障标志，并等候中断。中断服务程序检查到区内无故障标志后，恢复原中断返回地址，待中断返回后保护复归。

4）若第④或⑤框判别为内部故障，则先转至第⑥框进行二次谐波电流 I_{d2} 的计算，并进行第⑦框励磁涌流鉴别，鉴别的判据如式（4-63）所示。在排除了是励磁涌流之后做出内部故障的判断，若第⑧框连续计算内部故障判断次数达到 n_i 时，才发出跳闸命令，否则回到第①框重新计算。

5）第⑨框发出跳闸命令后进入事故报告的整理输出过程，并等待复归命令。

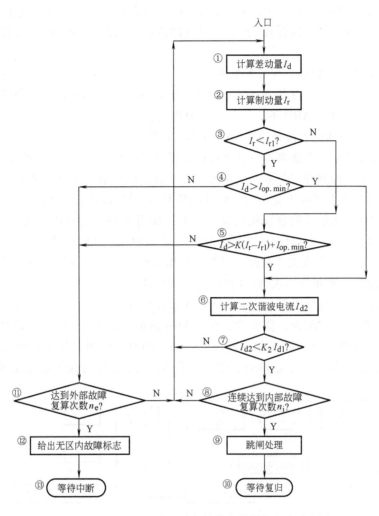

图 4-33 微机型变压器差动保护的中断服务程序流程图

第六节 自动重合闸装置

供电系统架空线路的故障大多是瞬时的。这些瞬时性故障中由于雷击引起的绝缘子表面闪络、大风引起的线路对树枝放电、碰线及鸟害等造成的短路约占故障总数的 80% ~ 90%，当故障线路被断开后，由于故障的瞬时性，故障点的绝缘强度会自动恢复，故障会自动消除，这时若能重新将断路器合上就可以重新恢复供电。自动重合闸装置（Auto-Reclosing Device，ARD）就是利用瞬时故障这一特点，当线路故障时在继电保护装置的作用下将断路器断开，同时起动自动重合闸装置，经过一定时限自动重合闸装置使断路器重新合上。若线路故障是瞬时性的，则重合成功又恢复供电；若线路故障是永久性的且不能消除，再借继电保护装置将线路再次切断。

1. 自动重合闸的基本工作原理

自动重合闸装置分三相一次重合闸、二次重合闸和三次重合闸三种形式。根据对架空线路自动重合闸成功率的统计，一次重合成功率达80%左右，二次重合成功率占15%～16%，三次重合的成功率约5%。因此在35kV及以下的供电系统的架空线路上大都采用三相一次重合闸装置。

自动重合闸装置应满足下列基本要求：

1）线路正常运行时，自动重合闸装置（ARD）应投入，当值班人员利用控制开关或遥控装置将断路器断开时，ARD不应动作。当值班人员手动合闸，由于线路上有永久性故障而随即由保护装置将断路器断开时，ARD亦不应动作。

2）除上述情况外，当断路器因继电保护装置或其他原因跳闸时，ARD均应动作。

3）ARD可采用控制开关位置与断路器位置不对应原则启动重合闸装置，即当控制开关处在合闸位置而断路器实际上处于断开位置的情况下，使ARD启动动作。

4）ARD的动作次数应符合预先的规定（如一次重合闸只应动作一次）。无特殊要求时对架空线路只重合一次，而对电缆线路一般不采用ARD，因其瞬时性故障极少发生。

5）ARD的动作时限应大于故障点灭弧并使周围介质恢复绝缘强度所需时间和断路器及操作机构恢复原状，准备好再次动作的时间，一般采用0.5～1s。

6）ARD动作后，应能自动复归，为下一次动作做好准备。

7）应能和保护装置配合，使保护装置在ARD前加速动作或ARD后保护加速动作。

图4-34所示为单电源线路三相一次重合闸的工作原理框图，其主要由重合闸启动、重合闸时间、一次合闸脉冲、手动跳闸后闭锁、手动合闸于故障时保护加速跳闸等元件组成。

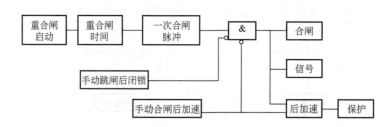

图4-34　三相一次重合闸的工作原理框图

（1）重合闸启动　当断路器由继电保护动作跳闸或其他非手动原因而跳闸后，重合闸均应启动。一般使用断路器的辅助常闭触点或者用合闸位置继电器的触点构成，在正常情况下，当断路器由合闸位置变为分闸位置时，立即发出启动指令。

（2）重合闸时间　启动元件发出启动指令后，时间元件开始计时，达到预定的延时后，发出一个短暂的合闸命令。这个延时即重合闸时间，可以对其整定。

（3）一次合闸脉冲　当延时时间到后，它立即发出一个可以合闸的脉冲命令，并且开始计时，准备重合闸的整组复归，复归时间一般为15～25s。在这个时间内，即使再有重合闸时间元件发出命令，它也不再发出可以合闸的第二次命令。此元件的作用是保证在一次跳闸后有足够的时间合上（暂时性故障）和再次跳开（对永久性故障）断路器，而不会出现多次重合。

（4）手动跳闸后闭锁　当手动断开断路器时，也会启动重合闸回路，为消除这种情况造成的不必要合闸，常设置闭锁环节，使其不能形成合闸命令。

（5）重合闸后加速保护跳闸回路　对于永久性故障，在保证选择性的前提下，尽可能地加快故障的再次切除，需要保护与重合闸配合。当手动合闸到带故障的线路上时，保护跳闸，故障一般是因为检修时的保安接地线未拆除、缺陷未修复等永久性故障，不仅不需要重合，而且还要加速保护的再次跳闸。

2. 自动重合闸与继电保护的配合

在供电系统中，重合闸与继电保护的关系极为密切。为了尽可能利用自动重合闸所提供的条件以加速切除故障，继电保护与之配合时，一般采用如下两种方式。

（1）自动重合闸前加速保护　重合闸前加速保护一般又简称"前加速"。图 4-35 为前加速保护方式的构成原理示意图。假设线路 l_1、l_2、l_3 上均装设有定时限过电流保护，其动作时限按阶梯形原则配合。前加速保护就是在保护 3 处采用自动重合闸前加速保护动作方式。在图示系统中，不管哪一段线路发生故障（如图中的 k_1 点），均由装设于首端的保护装置 3 动作，瞬时切断全部供电线路后，ARD 动作使首端断路器立即重合。若此时故障是瞬时性的，则系统在重合闸以后就恢复了供电；如属永久性故障，则由各级线路 l_1、l_2、l_3 按其相应的保护装置整定的动作时限有选择地动作。

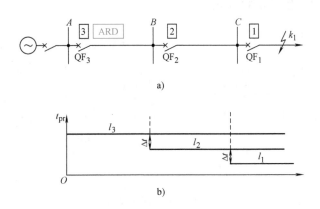

图 4-35　重合闸前加速保护方式的构成原理示意图

a）网络接线图　b）时间配合关系

采用自动重合闸前加速保护具有使用设备少，简单经济，能快速切除瞬时性故障，使瞬时性故障来不及发展成为永久性故障，从而提高重合闸的成功率等优点。但会增加首端断路器的动作次数且重合于永久性故障时再次切除故障的时间会延长。特别是若重合闸装置拒动，则将扩大停电范围。因此"前加速"方式主要用于 35kV 变电站引出的直配线路上，以便快速切除故障。

（2）自动重合闸后加速保护　图 4-36 为后加速保护，其构成原理是每段线路均装设重合闸装置，当线路第一次出现故障时，利用线路上设置的保护装置按照整定的动作时限动

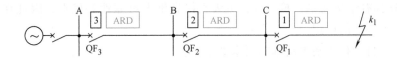

图 4-36　重合闸后加速保护动作原理示意图

作。然后相应的 ARD 动作，使断路器重合一次。若为瞬时性故障，则有可能重合成功；如果重合于永久性故障，则断路器合闸后再加速保护动作，实现无延时的第二次跳闸，瞬时切除故障。

后加速保护第一次跳闸是有选择性的，不会扩大停电范围，且保证了能快速、有选择地切除永久性故障。但每段线路都需装设 ARD，与前加速相比较为复杂。

第七节　备用电源自动投入装置

在具有工作电源及备用电源供电的变（配）电所中，设置备用电源自动投入装置（Auto-put-into device of reserve-source，APD）。其目的就是当工作电源因故障被断开后，能自动而迅速地将备用电源投入，保证用电负荷的正常供电。工作电源和备用电源的接线方式分为两类：明备用接线方式和暗备用接线方式。明备用方式是指在正常工作时，备用电源不投入工作，只有在工作电源发生故障时才投入工作。暗备用的接线方式是指在正常时，两电源都投入工作，互为备用，如图 4-37 所示。

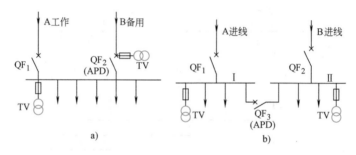

图 4-37　备用电源接线方式示意图

a）明备用　b）暗备用

图 4-37a 是明备用电源的接线方式，APD 装设在备用电源进线断路器 QF_2 处。在正常情况下，由工作电源 A 供电，备用电源由于断路器 QF_2 断开而处于备用状态。当工作电源 A 故障时，APD 动作，将断路器 QF_1 断开，切除故障的工作电源，然后将断路器 QF_2 闭合，使备用电源投入工作，恢复供电。

图 4-37b 是暗备用电源的接线方式，APD 装设在母联断路器 QF_3 处。正常工作时，两路电源同时工作，母线上的分段断路器处于断开状态，Ⅰ段母线和Ⅱ段母线分别由电源 A 和电源 B 供电，通过断路器 QF_3 相互备用，假设电源 A 发生故障时，APD 动作，将失压电源的断路器 QF_1 断开，随即将母联断路器 QF_3 自动投入，此时母线Ⅰ的负荷改由电源 B 供电。

由于 APD 具有结构简单，投资少，可大大提高供电可靠性等优点，因此在工业企业供电系统中得到了广泛的应用。

对备用电源自动投入装置的基本要求如下：

1）当常用电源失电压或电压很低时，APD 应将此路电源切除，随即将备用电源投入，以保证不间断地向用户供电。

2）常用电源因负荷侧故障被继电保护装置切除或备用电源无电时，APD 均不应动作。

3）APD 只应动作一次。以避免将备用电源合闸到永久性故障上去。

4）APD 的动作时间应尽量缩短。

5）电压互感器的熔丝熔断或其刀开关拉开时，APD 不应误动作。

6）常用电源正常的停电操作时 APD 不能动作，以防止备用电源投入。

对于低压系统的重要负荷，譬如消防用电、电梯用电和医疗用电，可采用自动转换开关电器（Automatic Transfer Switching Equipment，ATSE）实现两路进线电源的相互切换。ATSE 具有在两电源之间带负荷自动切换的能力。

ATSE 由开关本体和控制器两部分组成。开关本体完成电源的转接，并具有良好的灭弧能力。控制器完成两个电源的监测、异常判别和切换控制，同时具有短路闭锁功能，若有短路电流流过则锁死开关，严防开关带短路负载转换。监测参数有双电源的电压、电流和频率，异常情况包括欠电压、失电压、缺相和频率偏差等。

按照 ATSE 的结构和性能，ATSE 分为不具有短路分断能力的 PC 级和具有短路分断能力的 CB 级，其接线图形符号如图 4-38 所示。按照 ATSE 的转换机构，ATSE 又分为机电式和静止式。机电式 ATSE 由动静触头、灭弧机构和驱动机构组成，而静止式 ATSE 由晶闸管实现高速切换。

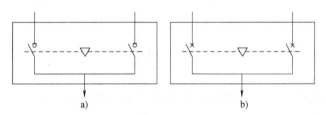

图 4-38　自动转换开关电器的图形符号

a）PC 级　b）CB 级

ATSE 有短时断电的先离后接方式和短时并联供电的先接后离方式。先离后接方式下，ATSE 先将负荷从当前电源断开，再投转到备用电源，负荷存在一段断电时间，不同型式的 ATSE 其转换时间从数毫秒至数秒；先接后离方式下，ATSE 具有相位跟踪功能，待两电源同步时实施先接后离，两路电源出现短时并联运行，负荷得以持续供电。

如果从电源进线、配电到终端用电设备存在多级 ATSE 串级使用的情况，需要注意上下级 ATSE 转换时间的配合问题。一般情况下，下级 ATSE 的转换时间一定要大于上级 ATSE 的转换时间，保障在上级电源出现故障时，最靠近上级电源的 ATSE 进行转换，而下级 AT-SE 维持不动。增大 ATSE 的延时转换时间有助于消除由于电压暂降和上级 ATSE 转换过程而引发的 ATSE 不必要频繁动作。图 4-39 给出了 ATSE 在某重要负荷供电系统中的两级配置，ATSE1 和 ATSE2 为第一级，ATSE3、ATSE4 和 ATSE5 为第二级，由两路 10kV 电源和一路自备发电机通过两级双电源切换确保重要负荷用电。

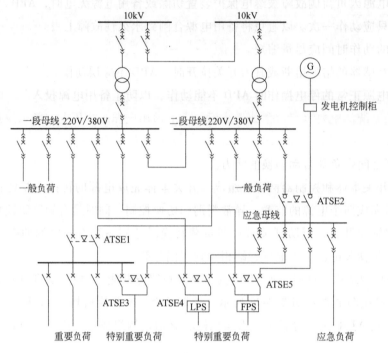

图 4-39　ATSE 在高层建筑供电系统中的配置示例

习题与思考题

4-1　什么是继电保护装置？供电系统对继电保护有哪些要求？

4-2　什么是过电流继电器的动作电流、返回电流和返回系数？如果过电流继电器的返回系数过低，会出现什么问题？

4-3　什么是电流互感器的 10% 误差曲线？它有什么用途？

4-4　电流互感器在供电系统中常用的接线方式有哪些？各种接线方式有何特点？

4-5　简要说明定时限过电流保护装置和反时限过电流保护装置的组成特点、整定方法？

4-6　电流速断保护为什么会出现保护"死区"？

4-7　分别说明过电流保护和电流速断保护是怎样满足供电系统对继电保护要求的？

4-8　过电流保护的灵敏系数是如何定义的？低电压保护的灵敏系数又是如何定义的？

4-9　在中性点非有效接地系统中发生单相接地故障时，通常采取哪些保护措施？

4-10　以过电流保护和电流速断保护为例，说明保护动作值大小与保护范围、保护可靠性、选择性、灵敏性之间的关系。

4-11　简述小电流接地自动选线装置的基本原理及影响选线准确性的因素。

4-12　变压器瓦斯保护可以对哪些类型的故障提供保护？

4-13　试说明变压器可能发生哪些故障和不正常工作状态，应该装设哪些保护？

4-14　作图说明变压器差动保护的基本原理，分析差动不平衡电流产生的原因及抑制措施。

4-15　在 Yd11 联结的变压器上构成差动保护时，如何进行相位补偿？变压器两侧电流互感器的电流比应该如何选择？

4-16　简述熔断器熔体安秒特性的含义，在选择熔体电流时应考虑哪些因素？

4-17　何谓微机保护？它与机电式继电保护装置相比较有哪些优点？

4-18　简述微机保护装置的组成结构与作用。

4-19　在变压器差动保护中，采用二次谐波制动判据与比率制动判据的作用与目的。

4-20　什么是自动重合闸装置（ARD）？供电系统对 ARD 有哪些基本要求？

4-21　简述自动重合闸前加速保护与自动重合闸后加速保护的特点与适用场合。

4-22　什么是备用电源自动投入装置（APD）？明备用与暗备用方式有何区别？供电系统对 APD 有哪些基本要求？

4-23　什么是自动转换开关电器（ATSE）？先离后接和先接后离方式各有何特点？多级 ATSE 串级使用时应当注意什么问题？

4-24　某供电系统如图 4-40 所示，1）若在 QF 处设置定时限过电流保护，电流互感器采用非全星形联结，电流比为 150/5，$t_Q=0.3s$，试求其保护整定值。2）若在 QF 处还设置电流速断保护，试进行整定计算，按其整定值，若变压器低压侧母线发生三相短路，其速断保护是否动作？为什么？3）画出过电流保护与速断保护配合原理接线示意图。

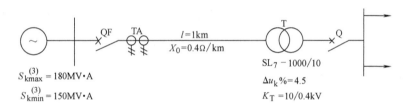

图 4-40　习题 4-24 图

4-25　某 10kV 配电所供电系统如图 4-41 所示，试问在 QF_1 处通常应设置什么保护，根据确定的保护方式做出整定计算。

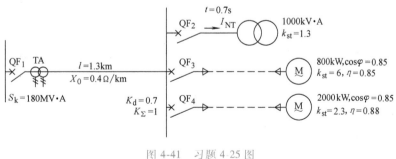

图 4-41　习题 4-25 图

4-26　一台容量为 3200kV·A，电压比为 35(1±5%)kV/6.6kV，Yd11（Y/△-11）联结的降压变压器 $I_{NT.1}=52.8A$，$I_{NT.2}=280A$，变压器高压侧引线最小三相短路电流 $I_{k1.min}^{(3)}=1482A$，变压器低压侧引出线最大、最小三相短路电流归算到高流侧平均电流分别为 $I_{k2.max}^{(3)}=604A$，$I_{k2.min}^{(3)}=515A$。6.6kV 侧最大负荷电流 275A。归算至 35kV 侧为 51.9A，试进行纵差动整定

计算。

4-27 某车间变压器容量 800kV·A，电压比 6kV/0.4kV，变压器一次侧三相短路电流 $I_{k.6kV}^{(3)} = 9160A$，二次侧三相短路归算到 6kV 的短路电流 $I_{k.0.4kV}^{(3)'} = 1250A$，干线末端单相短路归算到 6kV 侧的短路电流 $I_{k.0.4kV}^{(1)'} = 160A$，比该处两相短路电流 $I_k^{(2)}$ 要小，干线末端单相短路电流 $I_{k.0.4kV}^{(1)} = 2400A$，变压器一次侧最大计算负荷为 $I_{c.max} = 120A$。求该变压器的保护装置的整定值。

4-28 某 380V 电动机 $I_N = 20.2A$，$I_{st} = 141A$，试选择该电动机的 RTO 型熔断器及其熔体的额定电流。

4-29 某 380V 架空线路，$I_c = 280A$，最大短时工作电流达 600A，线路首端三相短路电流 $I_k^{(3)} = 1.7A$，末端单相短路电流 $I_{k2}^{(1)} = 1.4A < I_{k2}^{(2)}$，试选择首端装设 DW10 型断路器，整定其动作电流，校验其灵敏度。

第五章 供电系统的保护接地与防雷

在电力系统运行及电力设备使用过程中，必须加强安全意识，加强防范，否则会造成人身伤亡事故和国家财产的巨大损失。因此，安全用电的重要性日益突出。

在保证电气设备的正常运行、防止人身触电伤亡事故中，供电系统及电气设备的保护接地是目前保障人身安全、防止触电事故发生的最为广泛的电气安全措施之一。

供电设施遭受雷击或开关操作都会引起过电压和浪涌电流，严重危害供电设备的安全，过电压防护也是供电系统设计的一项重要内容。

第一节 供电系统的保护接地

一、电流对人体的危害

触电是指人体直接接触电气设备的带电部分或人体不同部位同时接触不同电位时发生的电流通过人体的现象。电流对人体的伤害程度与通过人体电流的强度、持续时间、频率、路径及人体健康状况等因素有关。电流大小不同，引起人体的生理、病理效应不同。电流通过人体的效应是研究触电安全技术，制定安全防护标准以及设计有关电气设备的基本依据之一。

一般情况下通过人体的工频电流超过 50mA 时，心脏就会停止跳动，发生昏迷，并出现致命的电烧伤。工频 100mA 电流通过人体时，很快使人致命。图 5-1 是国际电工委员会（IEC）提出的人体触电时间和通过人体电流（50Hz）对人身肌体反应的曲线。

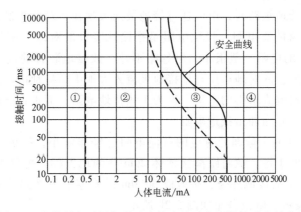

图 5-1 人体触电时间与通过人体电流对人身肌体反应的曲线

通过图 5-1 可以看出，图中的三条曲线将电流对于人体的不同效应分成了 4 个区。区①

为无反应区；区②为无有害的生理病变反应区；区③为对人体无危险，但可能出现病理生理反应区，如呼吸困难、肌肉收缩、血压升高、心脏电刺击等；区④除会发生区③的病理生理反应外，还可能出现心室纤维颤动。随着通过人体电流的增加和持续时间的延长将会出现心脏停搏、呼吸停止和严重烧伤等后果。

我国规定触电时间不超过 1s 的安全电流为 30mA（50Hz），并以此规范了我国国家标准 GB 3805—1983 安全电压等级，如表 5-1 所示。

表 5-1　安全电压

安全电压(50Hz 有效值)/V		选用举例
额定值	空负荷上限值	
42	50	在有触电危险场所使用的手持式电动工具
36	43	在矿井、多导电粉尘等场所使用的行灯
24	29	可供某些具有人体可能偶然触及的带电体设备选用
12	15	
6	8	

二、接地和接地装置

在供电系统中，为了保证电气设备的正常工作，保障人身安全、防止间接触电而将供电系统中电气设备的外露可导电部分与大地土壤间作良好的电气连接，即为接地。

具有接地装置的电气设备，当绝缘损坏，外壳带电时，人若触及电气设备，接地电流将同时沿着电气设备的接地装置和人体两条通路流过，流过每一条通路的电流值与其电阻的大小成反比，接地装置的电阻越小，流经人体的电流也越小，当接地装置的电阻足够小时，流经人体的电流几乎等于零，因而，人体就能避免触电的危险。

1. 接地装置的构成

接地装置是由接地极（埋入地中并与大地接触的金属导体）和接地线（电气装置、设施的接地端子与接地极连接用的金属导电部分）所组成。由若干接地极在大地中相互连接而组成的总体，称为接地网。

2. 接地装置的散流效应

当发生电气设备接地短路时，电流通过接地极向大地作半球状扩散，这一电流称为接地电流，所形成的电阻叫散流电阻。接地电阻是指接地装置的对地电压与接地电流之比，用 R_E 表示。由于接地线的电阻一般很小，可忽略不计，故接地装置的接地电阻主要是指接地极的散流电阻。即接地极的对地电压与经接地极流入大地中的接地电流之比。根据通过接地极流入大地中工频交流电流求得的电阻，称为工频接地电阻；而根据通过接地极流入大地中冲击电流求得的电阻，则为冲击接地电阻。

在离接地极 20m 处的半球面处对应的散流电阻已经非常小，故可忽略不计，因而接地电流产生的压降已近似于零，故将距离接地体 20m 处的地方称为电气上的"地"电位，如图 5-2a 所示。电气设备从接地外壳、接地极到 20m 以外零电位之间的电位差，称为接地时的对地电压，用 u_E 表示。电位分布如图 5-2b 所示。

根据上述电位分布，在接地回路里，人站在地面上触及绝缘损坏的电气装置时，人体所承受的电压称为接触电压，用 u_{tou} 表示；人的双脚站在不同电位的地面上时，两脚间（一般跨距为 0.8m）所呈现的电压称为跨步电压，用 u_{sp} 表示。根据接地装置周围大地表面形成的电位分布，距离接地极越近，跨步电压越大。当距接地极 20m 外时，跨步电压为零。

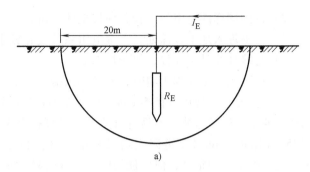

a)

3. 接地电阻的组成及电力系统对接地电阻的要求

接地电阻主要由以下几个因素所决定：

（1）土壤电阻 土壤电阻的大小用土壤电阻率表示。土壤电阻率就是 $1cm^3$ 的正立方体土壤的电阻值。影响土壤电阻的原因很多，如土质温度、湿度、化学成分、物理性质、季节等，因此，在设计接地装置前应进行测定。如果一时无法取得实测数据，可按表 5-2 所列数据进行初步设计计算，但在施工后必须进行测量核算。

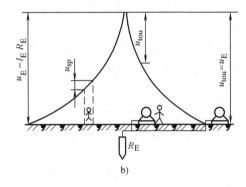

b)

图 5-2 对地电压、接触电压和跨步电压示意图

表 5-2 根据土壤性质决定的土壤电阻率

土壤性质	土壤电阻率 $\rho/(\Omega \cdot cm)$	土壤性质	土壤电阻率 $\rho/(\Omega \cdot cm)$
泥土	0.25×10^4	砂土	3×10^4
黑土	0.5×10^4	砂	5×10^4
黏土	0.6×10^4	多石土壤	10×10^4
砂质黏土	0.8×10^4		

（2）接地线 在设计时为了节约金属，减少施工费用，应尽量选择自然导体作接地线，只有当自然导体在运行中电气连接不可靠，以及阻抗较大，不能满足要求时，才考虑增设人工接地线或增设辅助接地线。

自然接地线包括建筑物的金属结构、生产用的金属构架如吊车轨道、配电装置外壳、布线的钢管、电缆外皮以及非可燃和爆炸危险的工业管道等。

（3）接地极 由于土壤的电阻率比较固定，接地线的电阻又往往忽略不计，因而选用接地极是决定接地电阻大小的关键因素。

应首先选用自然接地极。自然接地极主要有：地下水管道，非可燃、非爆炸性液（气）金属管道；建筑物和构筑物的金属结构和电缆外皮。近年来，国内外利用钢筋混凝土基础的钢筋作为自然接地极，也取得了较多的经验。

人工接地极可以用垂直埋入地下的钢管、角钢以及水平放置的扁钢、圆钢等，一般情况下采用管形接地体较好，其优点是：

1）机械强度高，可以用机械方法打入土壤中，施工较简单。

2）达到同样的电阻值，较其他接地体经济。

3）容易埋入地下较深处，土壤电阻系数变化较小。

4）与接地线易于连接，便于检查。

5）用人工方法处理土壤时，容易加入盐类溶液。

一般情况下可选用直径 50mm、长度 2.5m 的钢管作为人工接地极。因为直径小于该值，机械强度小，容易弯曲，不易打入地下，但直径大于 50mm，流散电阻降低作用不大。例如 $\phi125mm$ 比 $\phi50mm$ 流散电阻大约只减小 15%。长度与流散电阻也有关系，管长小于 2.5m 时，流散电阻增加很多，但增加长度，流散电阻值减小很少。

为了减少外界温度、湿度变化对流散电阻的影响，管的顶部距地面一般要求约为 500~700mm。

通常，电力系统在不同情况下对接地电阻的要求是不同的。表 5-3 给出了电力系统不同接地装置所要求的接地电阻值。

表 5-3　电力系统不同接地装置的接地电阻值

序号	项　　目		接地电阻 R_E/Ω	备　　注
1	1000V 以上大接地电流系统		$R_E \leqslant 0.5$	使用于系统接地
2	1000V 以上小接地电流系统	与低压电气设备共用	$R_E \leqslant \dfrac{120}{I}$	1）对接有消弧线圈的变电所或电气设备接地装置，I 为同一接地网消弧线圈总额定电流的 125%
3		仅用于高压电气设备	$R_E \leqslant \dfrac{250}{I}$	2）对不接消弧线圈者按切断最大一台消弧线圈，电网中残余接地电流计算，但不应小于 30A
4	1000V 以下低压电气设备接地装置	一般情况	$R_E \leqslant 4$	
5		100kV · A 及以下发电机和变压器中性点接地	$R_E \leqslant 10$	
6		发电机与变压器并联工作，但总容量不超过 100kV · A	$R_E \leqslant 10$	
7	重复接地	架空中性线	$R_E \leqslant 10$	
8		序号 5、6	$R_E \leqslant 30$	
9	架空电力线（无避雷线）[①]	小接地电流系统钢筋混凝土杆，金属杆	$R_E \leqslant 30$	
10		低压线路钢筋混凝土杆，金属杆	$R_E \leqslant 30$	
11		低压进户线绝缘子铁脚	$R_E \leqslant 30$	

① 有避雷线者未列入。

三、保护接地

为保证人体触及意外带电的电气设备时的人身安全，而将电气设备的金属外壳进行接地即为保护接地（又称安全接地）。在用户供电系统中，依据低压配电系统的对地关系、电气设备（或装置）的外露可导电部分的对地关系以及整个系统的中性线（Neutral wire，简写 N 线）与保护线（Protective wire，简写 PE 线）的组合情况，低压配电系统接地型式有 IT 系统、TT 系统和 TN 系统（包括 TN-C、TN-S、TN-C-S 系统）共 5 种。在这 5 种系统中：

第一个字母表示系统电源端与地的关系。T 表示电源端有一点直接接地。I 表示电源端所有带电部分不接地或经消弧线圈（或电阻）接地。

第二个字母表示系统中的电气设备（或装置）外露可导电部分与地的关系。T 表示电气设备（或装置）外露可导电部分与大地有直接的电气连接；N 表示电气设备（或装置）外露可导电部分与低压配电系统的中性点有直接的电气连接。

第二个字母后面的字母表示系统的中性线和保护线的组合关系。S 表示整个系统的中性线和保护线是分开的；C 表示整个系统的中性线和保护线是共用的；C-S 表示系统中有一部分中性线与保护线是共用的。

根据低压配电系统中，防止因电气设备绝缘损坏引起人体触电事故原理的不同，可将这 5 种接地型式分为两类。一类是当人们接触到绝缘损坏的电气设备外壳时，使通过人体的电流在安全容许范围之内。这类接地型式有电源中性点对地绝缘（或经高电阻接地）、电气设备外壳直接接地的 IT 系统和电源中性点直接接地、电气设备外壳也独立直接接地的 TT 系统。这两种系统都要求电气设备的接地电阻很小，从而使故障设备对地电压不超过 50V，在人体电阻比接地电阻大得很多的条件下，就可以满足上述电流值的要求，起到保护作用。另一类是将电气设备外壳用保护线与中性点直接接地的电源的接地装置相连。当设备绝缘损坏时，由电源相线→故障设备外壳→保护线→电源中性点形成回路，较大的短路电流使装设于电源侧的保护电器动作，从而将故障设备从系统中切除，以起到保护作用。TN 系统便属于这种类型。

1. IT 系统

IT 系统即在中性点不接地系统中将电气设备正常情况下不带电的金属部分与接地体之间作良好的金属连接。图 5-3 表示在中性点不接地系统中，电气设备的接地电阻为 R_E，当绝缘损坏，设备外壳带电时，接地电流将同时沿接地装置和人体两条道路流过，流经人体的电流与流经接地装置的电流比为

$$\frac{I_{tou}}{I_E} = \frac{R_E}{R_{tou}} \tag{5-1}$$

式中　I_E、R_E——沿接地极流过的电流及电阻；

I_{tou}、R_{tou}——沿人体流过的电流及人体电阻。

为了限制流过人体的电流，使其在安全电流以下，必须使 $R_E < R_{tou}$。安全电流值一般可取为：交流电流为 30mA；直流电流为 50mA。

在 IT 系统中，各用电设备应当采用共同接地，防止双碰壳条件下的危险电压。

图 5-4 表示在中性点不接地系统由同

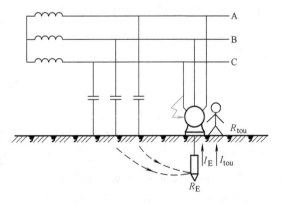

图 5-3　在 IT 系统中，绝缘损坏时故障电流通路

一变压器供电时，电气设备不合理的接地方式。

例如，当电动机 a 在 A 相上发生碰壳短路，电动机 b 在 B 相上发生碰壳短路，此时流经电动机的电流为

$$I_E = \frac{\sqrt{3}\,u_\varphi}{R_{E1}+R_{E2}}$$

作用于 a 电动机外壳上的电压为

$$u_a = \frac{\sqrt{3}\,R_{E1}\,u_\varphi}{R_{E1}+R_{E2}}$$

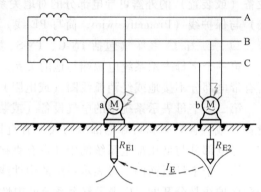

图 5-4 双碰壳条件下的分别接地

同理，作用于 b 电动机外壳上的电压为

$$u_b = \frac{\sqrt{3}\,R_{E2}\,u_\varphi}{R_{E1}+R_{E2}}$$

式中　u_φ——相电压。

当　　$R_{E1}=R_{E2}$ 时，$u_a=u_b=\dfrac{\sqrt{3}}{2}u_\varphi$

　　$R_{E1}>R_{E2}$ 时，$u_a>u_b$ 即 $u_a>\dfrac{\sqrt{3}}{2}u_\varphi$

　　$R_{E1}<R_{E2}$ 时，$u_a<u_b$ 即 $u_b>\dfrac{\sqrt{3}}{2}u_\varphi$

显然，$\sqrt{3}\,u_\varphi/2$ 是危险电压。因此，这种接法无论电阻如何变化，接触到电动机外壳上都是危险的。要想用简单可靠的方法保证安全，就应当采取图 5-5 所示的共同接地的方式。这样就可以将两相分别接地短路变成相间短路，迅速使保护装置动作。

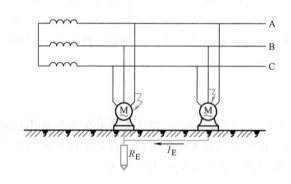

图 5-5 共同接地

2. TT 系统

这种保护系统是在中性点接地系统中，将电气设备外壳，通过与系统接地无关的接地体直接接地，如图 5-6 所示。

在 TT 系统中，若发生设备绝缘损坏，则设备外壳上的电压 $u_E = I_E R_E$，只要限制 R_E 的大小，就能保证 u_E 在安全电压范围内。而要使 u_E 在安全电压以下，如 $u_E =$

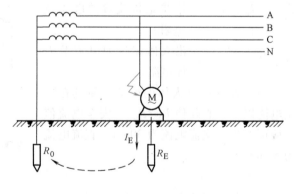

图 5-6 TT 系统

50V，则

$$\frac{220\text{V}}{R_0+R_E}R_E\leqslant 50\text{V}$$

$$R_E\leqslant\frac{50}{170}R_0$$

式中　R_0——系统中性点接地装置电阻；

　　　R_E——电气设备外壳的直接接地极电阻。

设 $R_0=4\Omega$，则 $R_E\leqslant 1.18\Omega$，要实现这样小的接地电阻是比较昂贵的。为了安全起见，要求接设备的电源处熔体熔断，但当设备容量较大时（如额定电流 $I_N=100\text{A}$），按照熔体额定电流 $I_{N.FE}$ 必须小于或等于 3 倍导线按发热允许通过电流 I_{al} 的原则，即

$$I_{N.FE}\leqslant 3I_{al}=3I_N=300\text{A}$$

为了保证人身安全，接地电阻应为

$$R_E\leqslant\frac{50}{300}\Omega=0.17\Omega$$

$$R_0=3.4R_E=0.58\Omega$$

接地电阻要做到这样小非常困难，特别是当土壤电阻率较高的地区，根本就无法达到。而且这时根据余弦定律，当 $u_E=50\text{V}$ 时，其他两相的对地电压为

$$u'_\varphi=\sqrt{(220-50)^2+220^2-2\times 220\times(220-50)\times\cos120°}\ \text{V}\approx 339\text{V}$$

同时变压器低压侧中性点的对地电压为 $u_0=(220-50)\text{V}=170\text{V}$。如果有人接触到与中性点连接的导线，显然是不安全的。因此在中性点直接接地的 1000V 以下供电系统中，一般很少采用 TT 系统。

3. TN 系统

TN 系统是指在中性点直接接地系统中电气设备在正常情况下不带电的金属部分用保护线或者中性线与系统中性点相连接。按照中性线 N 与保护线 PE 的组合情况，TN 系统分为以下三种形式：

（1）TN-C 系统　整个系统中的中性线 N 与保护线 PE 是合一的（过去曾称为保护接零）。如图 5-7 所示的 PEN 线，在这种系统中由于电气设备的外壳接到保护中性线 PEN 上，当一相绝缘损坏与外壳相连，则由该相线、设备外壳、保护中性线形成闭合回路。这时，电流一般来说是比较大的，从而引起保护电器动作使故障设备脱离电源。TN-C 系统由于是将保护线与中性线合一的，所以通常适用于三相负荷比较平衡且单相负荷容量较小的场所。

（2）TN-S 系统　这种保护系统是整个系统的中性线 N 与保护线 PE 是分开的。如图 5-8 所示。即将设备外壳接在保护线 PE 上，在正常情况下，保护线上没有电流流过，所以设备外壳不带电。

（3）TN-C-S 系统　该系统中有一部分是采用中性线与保护线合一的，局部采用专设的保护线，如图 5-9 所示。

在中性点直接接地的低压电网中，由同一台发电机、同一台变压器或同一段母线供电的线路，也不应采取两种不同的接地方式，如图 5-10 所示。如果 b 电动机上 B 相发生碰壳接地时，凡是与中性线连接的设备外壳都可能带上危险的电压。

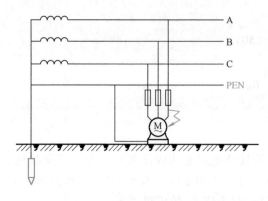

图 5-7 TN-C 系统

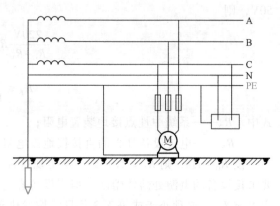

图 5-8 TN-S 系统

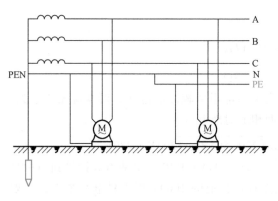

图 5-9 TN-C-S 系统

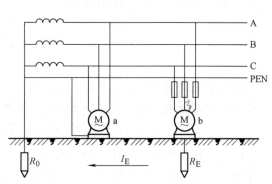

图 5-10 不合理的接地方式

此外，在 TN 系统中，还应当采用重复接地，以确保接地装置的可靠。

以 TN-C 系统为例，如图 5-11 所示，如果保护中性线断裂，则在断裂后的某一电气设备发生碰壳短路时，所有连于该段中性线上的电气设备外壳均承受接近于相电压 u_φ 的电压，而断裂点前的电气设备 a 外壳上电压 $u_a \approx 0$。

图 5-12 为有重复接地时中性线断裂的情况，如果发生 C 相碰壳，则断裂点前后的电压分别为

$$u_a = \frac{u_\varphi}{R_0 + R_n} R_0$$

$$u_a = u_c = \frac{u_\varphi}{R_0 + R_n} R_n$$

式中　R_n——重复接地电阻（Ω）。

如果　　　　　　　　　　　　$R_0 = R_n$

则　　　　　　　　　　　$u_a = u_b = u_c = \frac{u_\varphi}{2}$

一般来说，重复接地时的接地电阻 $R_n > R_0$，所以 $u_b = u_c > u_a$，即 u_c 大于 $u_\varphi / 2$。

重复接地电阻一般规定为不大于10Ω，用于低压 TN 系统中。应当看到重复接地只能起

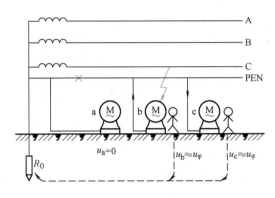

图 5-11 无重复接地时中性线断裂时的情况

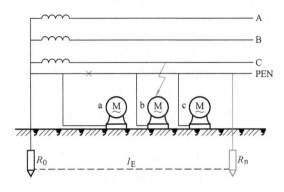

图 5-12 有重复接地时中性线断裂的情况

到平衡电位的作用,因此,中性线的断裂是应当尽量避免的,必须精心施工,注意维护。

四、漏电保护

漏电保护(又称剩余电流保护)是从泄漏电流、人体触电等非金属性单相接地故障考虑,用来保护人身及设备安全的一种保护方式。

1. 漏电保护原理

漏电保护器的类型按其工作原理可分为电压动作型、电流动作型、电压电流动作型、交流脉冲型和直流动作型等。由于电流动作型的检测特性较好,既可作全系统的总保护,也可作各干线、支线的分级保护,所以是目前应用较为普遍的一种。

电流动作型漏电保护器主要由零序电流互感器、脱扣机构及主开关组成。零序电流互感器是一个检测元件,可以安装在变压器中性点与接地板之间,构成全网总保护,也可安装在干线或分支线上,构成干线或分支线保护。如图 5-13 所示。

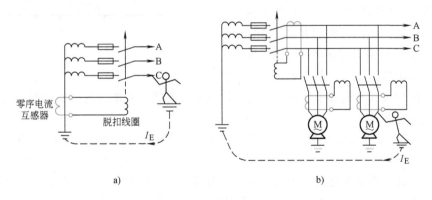

a)   b)

图 5-13 电流动作型漏电保护器工作原理图
a) 全网总保护 b) 支干线保护

干线或分支线回路的漏电保护工作原理可用图 5-14 来说明。

在正常情况下,当漏电保护装置所控制的电路中没有人体触电及漏电等接地故障时,无论负载对称与否,各相电流的相量和等于零,即

$$\dot{I}_a + \dot{I}_b + \dot{I}_c + \dot{I}_0 = 0 \tag{5-2}$$

同时，各相电流在电流互感器铁心中所产生的磁通的相量和也等于零，即

$$\dot\phi_a+\dot\phi_b+\dot\phi_c+\dot\phi_0=0 \qquad (5\text{-}3)$$

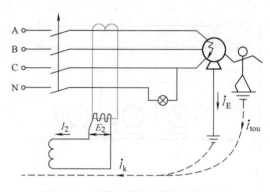

图 5-14 干线回路漏电保护工作原理

此时，零序电流互感器的二次线圈没有感应电压输出，漏电保护器不动作。

当被保护支路发生绝缘损坏或其他接地漏电故障时，三相电流的相量和不等于零。在零序电流互感器环形铁心中所感应的磁通相量和亦不为零。这时，在零序电流互感器的二次线圈上感应电压 E_2 加在漏电保护器的脱扣线圈上，产生感应电流 I_2 流过线圈，当故障电流达到漏电保护器的动作整定值时，推动脱扣器动作，使主开关迅速切断电源。

2. 漏电保护器的应用

由于漏电保护采用"差动"原理，当配电线路发生相—地故障或绝缘损坏时，漏电保护器能否可靠动作，主要取决于故障电流或漏电电流的路径。因此，漏电保护与接地系统的形式有很大关系。下面分别讨论漏电保护在不同形式接地系统中的应用。

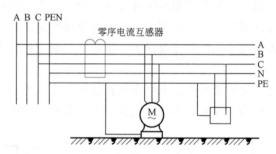

图 5-15 漏电保护装置在 TN 系统中的接线方式

1）漏电保护用于 TN 系统中，从使用漏电保护装置的地点起，TN-C 系统应改用 TN-S 系统，即保护线不再用作中性线，使整体成为 TN-C-S 系统。敷设时应注意将相线和中性线穿过漏电保护装置的零序电流互感器，但不可将保护线 PE 穿在零序电流互感器中（见图 5-15），以便当发生相—地绝缘损坏时，漏电电流流经设备外壳、保护线回到电源中性点。此时零序电流互感器中才能出现电流差值，使保护装置动作，切断主电源。

在 TN 系统中，通常在中性线上间隔一定的距离设置重复接地，以确保接地装置的可靠性。采用漏电保护装置后，应注意中性线不可重复接地。因为在系统正常运行时，三相负荷可能不平衡，这一不平衡电流经中性线返回，使保护装置内形成的闭合磁通为零，保护不能动作。如图 5-16 所示，如中性线上设置重复接地，则部分不平衡电流 ΔI_0 经重复接地点、大地、电源中性点形成闭合通路。从而使 $\dot I_a+\dot I_b+\dot I_c+\dot I_0'\neq0$，当 ΔI_0 的值达到保护器的额定动作电流时，漏电保护就会产生误动作。

2）漏电保护应用于 TT 系统中，可以降低对设备接地电阻值的要求。但是装设漏电保护和不装漏电保护的设备不能共用一个接地装置，如图 5-17 所示。

当未装设漏电保护器的电动机 M_1 绝缘损坏时，该设备外壳上出现对地电压 u_E，由于电动机 M_1 与 M_2 共用同一接地装置，电动机 M_2 的外壳上也出现对地电压。若操作人员接触

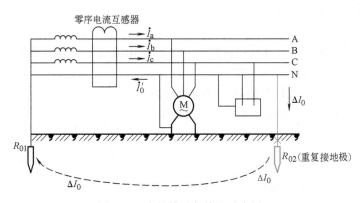

图 5-16　中性线重复接地示意图

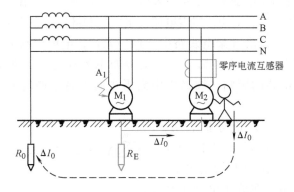

图 5-17　M_1、M_2 共同接地时 ΔI_0 路径示意图

到电动机 M_2 的外壳，漏电电流 ΔI_0 沿着 A_1、M_1 外壳、M_2 外壳、触电者、大地返回电源中性点，这样虽然电动机 M_2 装设了漏电保护，而漏电电流却未经过 M_2 所装设的漏电保护器，因此漏电保护装置不动作。

正确的接法是 M_1、M_2 各用各自的接地装置，并根据现场条件，尽可能使两接地体间相距远些。

第二节　供电系统的防雷保护

防雷设备与接地装置

在电力系统中，由于过电压使绝缘破坏是造成系统故障的主要原因之一。过电压包括内过电压和外过电压。系统中磁能和电能之间的转化，或能量通过电容的传递，以及线路参数选择不当，致使工频电压或高次谐波电压下发生谐振等产生的过电压，都称之为内过电压。操作切换网络故障就是能量激发的重要原因，其中，由于操作而引起的内过电压，也称为操作过电压。此外，由于电源设备运行情况的变化，如电网上的不对称短路等也会引起内过电压。内过电压的能量来自于电网本身，所以过电压的大小与电网电压成正比，过电压与工频相电压之比称为过电压倍数 k，k 值与电网结构、系统容量和参数、中性点接地方式、断路器性能以及操作方式等因素有关。

外过电压则是由雷击引起的，所以又叫雷电过电压或大气过电压。本节重点讨论雷电过电压的机理及雷电过电压的防护。

一、雷电冲击波的基本特性

当输电线路受到雷击时，在输电线路上产生的冲击波向导线两侧流动和传播。用快速电子示波器测得的雷电流波形如图 5-18 所示。

雷电流由零增长至最大幅值的这一部分称为波头，通常只有 $1 \sim 4\mu s$，电流值下降的部分称为波尾，长达数十微秒，这种波的形状称为半余弦波，用数学式表达为

$$i = \frac{I}{2}(1 - \cos\omega t) \qquad (5\text{-}4)$$

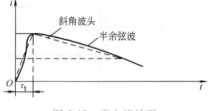

图 5-18　雷电流波形

在波头部分，电流对时间的变化率 $a = \mathrm{d}i/\mathrm{d}t$ 称为陡度，陡度的数值开始时增加很快，a 最大值对半余弦波来说应在 $i/2$ 处，以后逐渐变小，当雷电流的幅值达到最大时，$a = 0$，即雷电流的最大值与陡度的最大值并不是同时出现的。

雷电冲击波以一定的速度（架空线路中近似为光速，电缆中约为光速的 $1/3 \sim 1/2$）沿输电线路传播（形成行波），并对输电线路的分布电容充电，引起输电线路过电压，如图 5-19 所示。受分布电感的影响，线路中距离雷击起点越远的地方，冲击波到达的时刻越晚。

假设输电线路无损，理论分析表明，冲击波在传播时，沿导线单位长空间中储存的磁能恰好等于单位长空间储存的电能，即雷电波能量的一半用来在分布电感上建立磁场，另一半用来在分布电容上建立电场。当冲击波沿线路传播遇到结点（譬如，架空线转入电缆、电抗器、变压器或接地装置），由于分布参数的变化，冲击波会发

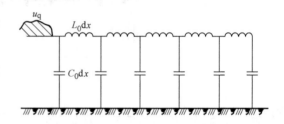

图 5-19　输电线路分布参数示意图

生折射和反射，导致雷电流和雷电压发生变化。下面讨论几种特殊条件：

1）雷电冲击波继续沿均匀线路传播，此时雷电冲击波仍按原来幅值前行。

2）雷电冲击波遇到无限大阻抗（譬如，架空线接入变压器），此时雷电压波会发生全反射，使该点电压增大到行波电压的 2 倍。正因为如此，当采用避雷器防护变压器时，避雷器的安装位置应该尽量靠近变压器。

3）雷电冲击波遇到零阻抗（譬如，架空线接入接地体），相当于导线在此点接地，此时雷电流波形成正的全反射，而电压波形成负的全反射，该点电压降低到零。

二、防雷装置

1. 避雷针（线）

避雷针（线）是拦截雷击将雷电引向自身并泻入大地，使被保护物免遭直接雷击的防雷装置，由接闪器、引下线和接地极三部分组成。

避雷针的接闪器用圆钢或钢管制成，固定于被保护物体或邻近支持物上，经接地引下线与埋设在地下的接地极连接。当被保护物附近上空雷云的放电先导发展到距地面和被保护物一定高度时，避雷针的接闪器会影响雷云电场发生畸变，引导雷云放电先导向其自身，由它

及与它相连的引下线和接地极将雷电流安全导入地中，从而避免了被保护物或临近的建筑物受到雷击。避雷针常被用作建筑物、构筑物、发电厂和变电所的屋外配电装置、烟囱、冷水塔和输煤系统的高建筑物，油、气等易燃物品的存放设施以及微波通信天线等的直击雷保护装置。

避雷线又称架空地线，它的接闪器是架设在被保护物上方水平方向的金属线或金属带，是架空输电线路最常用的防雷设施。其主要作用是对架空输电线路的导线进行屏蔽，将雷云对架空线路的放电引向自身并泄入大地，使线路导线免遭直接雷击。避雷线也可用以保护屋外配电装置和其他工业与民用建筑与构筑物。由于其保护区域可沿被保护物的顶部结构水平延伸，易于实现较大面积的遮蔽，且外形易于同周围景观协调，所以在建筑物的防雷措施中使用避雷线的做法也很普遍。

避雷针的保护范围是以它对直击雷所保护的空间来表示。

单支避雷针的保护范围如图 5-20 所示。从针的顶点向下作 45°的斜线，构成锥形保护空间的上部，从距针底各方向 $1.5h$ 处向避雷针 $0.75h$ 高处作连接线，与 45°斜线相交，交点以下的斜线构成保护空间的下半部。如果用公式表达在高度为 h_x 的空间其保护半径 r_x 为

当 $h_x \geqslant h/2$ 时 $\qquad r_x = (h-h_x)p$ (5-5)

当 $h_x < h/2$ 时 $\qquad r_x = (1.5h-2h_x)p$ (5-6)

p 为考虑当避雷针太高时，保护半径不成正比增大的系数。当 $h \leqslant 30$m 时，$p=1$；当 30m$<h<120$m 时，$p=5.5/\sqrt{h}$。

当需要保护的范围较大时，用一根高避雷针保护往往不如用两根比较低的避雷针保护有效，由于两针之间受到了良好的屏蔽作用，除受雷击的可能性极少外，而且便于施工和具有良好的经济效果，其保护范围及计算办法可参考有关设计手册。

单根避雷线的保护范围如图 5-21 所示，其保护空间可用下式确定：

当 $h_x \geqslant h/2$ 时

$$r_x = 0.47(h-h_x)p$$ (5-7)

当 $h_x < h/2$ 时

$$r_x = (h-1.53h_x)p$$ (5-8)

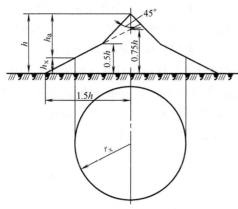

图 5-20 单支避雷针的保护范围
h—避雷针高度（m） h_x—被保护物高度（m）
h_a—避雷针有效高（m），$h_a=h-h_x$

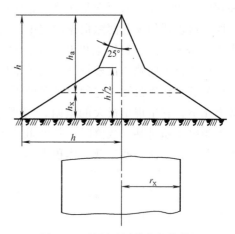

图 5-21 单根避雷线的保护范围

2. 避雷器

避雷器的作用是限制由线路侵入的雷电波对变电所内的电气设备造成的过电压。它一般装设在各段母线与架空线的进出口处。为了使避雷器达到预期的保护效果，必须满足下列基本要求：

1）由于电气设备的冲击绝缘强度都是由伏秒特性曲线表示的，所以避雷器与被保护电气设备的伏秒特性之间应有合理的配合。

图 5-22 表示了避雷器与被保护电气设备伏秒特性的配合关系。

2）避雷器的绝缘强度要有自恢复能力。避雷器在冲击电压的作用下放电，造成接地短路，此时过电压消失，但工频电压相继作用在避雷器上，开始流过工频短路接地电流，所以避雷器应具有自行切除工频续流、恢复绝缘强度的能力，使供电系统继续正常工作。

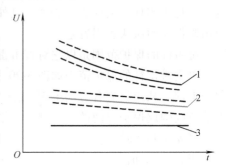

图 5-22 避雷器与被保护电气设备
伏秒特性的配合
1—被保护电气设备的伏秒特性
2—避雷器的伏秒特性
3—被保护电气设备上可能出现的最大工频电压

目前常用的避雷器有管式避雷器、阀式避雷器和氧化锌避雷器。

（1）管式避雷器　管式避雷器由产气管、内部间隙和外部间隙构成。具有简单经济、残压较小的特点，但它的伏秒特性较陡，不易与变压器的绝缘相配合，且在动作时有电弧和气体从管中喷出，因此，管式避雷器一般大都用于户外架空线路的防雷。

（2）阀式避雷器　阀式避雷器是由火花间隙和阀形电阻片（又称阀片）串联组成，装在密封的磁套管内。阀片由金刚砂（SiC）和结合剂在一定的温度下烧结而成。它具有非线性电阻特性。当雷电冲击波作用在避雷器上时，阀片的电阻值将呈现很大的电导率，在火花间隙被击穿后，呈低阻的阀片能使雷电流迅速地泻入大地；当雷电过电压消失后，阀片上承受工频电网电压时，它的电导率突然下降，电阻值快速上升，使火花间隙电弧熄灭、绝缘恢复而切断工频续流，从而恢复线路的正常运行。

阀式避雷器的火花间隙根据额定电压的不同通常由数个或数十个单个的火花间隙构成。每个火花间隙由两个黄铜电极和一个云母垫圈组成。由于电极间距离小，所以电场比较均匀，从而改善了间隙的伏秒特性。因此常用阀式避雷器来保护变电所的电气设备。

（3）氧化锌避雷器　这种避雷器的阀片以氧化锌为主要材料，具有良好的伏安特性。在工频电压下，它呈现出极大的电阻，阀片流过的电流小于 1mA，能迅速有效地抑制工频续流；而当电压超过某一数值时，其电阻又变得很小，能很好地泄放雷电流。氧化锌避雷器具有无间隙、无续流、残压低、体积小等优点，目前在工程中广泛应用。

3. 低压电涌保护器（SPD）

低压电涌保护器（SPD）是一种用于带电系统中限制瞬态过电压并泄放电涌能量的非线性保护元件，常装设在低压电源线路和电子设备与计算机系统中，用于对雷电过电压和其他过电压产生的电磁脉冲或电磁干扰的防护。当系统电压正常时，SPD 处于高阻抗状态，当电网因雷击或其他原因而产生过电压时，SPD 迅速导通，使浪涌电流迅速泄放到大地中。

用作电涌保护器的基本元件有放电间隙、充气放电管、压敏电阻、抑制二极管等，SPD

中至少含有一个非线性电压限制元件。其中，放电间隙和充气放电管属于电压开关型 SPD，无电涌时呈高阻抗，当电涌电压出现时突变为低阻抗；压敏电阻和抑制二极管属于限压型 SPD，无电涌时呈高阻抗，随着电涌增大，阻抗逐渐变小。

不同类型的电涌保护器适用于不同的防雷区。在国标 GB 50057 建筑防雷设计规范中，按由外及内的雷电能量大小分布，把防雷区划分为 LPZ0、LPZ1、LPZ2、LPZn 区。LPZ0 区为建筑的外围区域，处于这个区域中的电气设备最易遭受雷电波侵入，依次向内每增加一级屏蔽层划分一个区域，记为 LPZ1、LPZ2 等。不同区域对雷击电磁脉冲的防范要求不同，采取的防护措施也不同。开关型 SPD 适用于 LPZ0 与 LPZ1 区的防护，限压型 SPD 则适用于 LPZ1 和 LPZ2 区的防护。

选择电涌保护器时，关注的电气参数主要有：

（1）电压保护水平 U_p　表示在 SPD 上泄放标称放电电流时，SPD 两端的最大电压。U_p 也称标称放电电流的残压。

（2）最大持续运行电压 U_c　指可以持续加在 SPD 上而不导致 SPD 动作的最大交流电压有效值或直流电压。

（3）标称放电电流 I_n　指 SPD 能多次通过 8/20μs 电流波的峰值电流，表明了 SPD 能起正常保护作用次数下所允许的最大电流值。试验的次数一般为 20 次。

（4）最大放电电流 I_{max}　指 SPD 可单次通过 8μs/20μs 电流波的峰值电流，显然 $I_{max} > I_n$。

（5）冲击电流 I_{imp}　指 SPD 能单次通过 10μs/350μs 雷电冲击电流波的峰值电流，反映了 SPD 耐直击雷的能力。

三、供电系统的防雷

雷击在供电系统中所形成的雷电冲击电流可达几十万安、雷电冲击电压经常为几十万伏，破坏性极大，必须防护。

1. 架空线路的防雷

供电线路防雷的目的是尽量保护导线不受雷击，即使遭受雷击，也不致发展成为稳定电弧而中断供电。用户供电系统是电力系统的负荷末端，具有以下特点：

1）一般架空线路都在 35kV 以下，是中性点不接地系统，当雷击杆顶对一相导线放电时，工频接地电流很小，不会引起线路的跳闸。

2）配电网路一般不长，同时架空线路多受建筑物和树木的屏蔽，遭受雷击的机会比较少。

3）对于有重要负荷的供电系统，采用双电源供电或自动重合闸装置，可以减轻雷害事故的影响。

因此用户供电系统 35kV 架空线路的防雷一般可采用以下措施：

1）增加架空线绝缘子个数，采用较高等级的绝缘子，或顶相用针式而下面两相改用悬式绝缘子，提高反击电压水平。

2）部分架空线装设避雷线。

3）改进杆塔结构，譬如当应力允许时，可以采用瓷横担等。

4）减小接地电阻以及采用拉线减少杆塔电感。

5）采用电缆供电。

对于 6~10kV 架空线，一般比 35kV 线路高度低，不需装设避雷线，防雷方式可利用钢筋混凝土杆的自然接地，必要时也可采用双电源供电和自动重合闸。

2. 变电所的防雷

首先，变电所应设置避雷针或避雷线以防护直击雷，其次装设避雷器以防护线路侵入雷电冲击波。

（1）避雷针防护直击雷侵入　采取避雷针防护直击雷时，应考虑独立避雷针受雷击时的高电位对附近设施的反击和电磁感应。独立避雷针受到雷击时，在接闪器、引下线和接地体上都产生很高的电位，如果避雷针与附近设施的距离不够，它们之间便会产生放电现象，这种情况称之为反击。反击可能引起电气设备的绝缘被破坏，金属管道被击穿，对某些建筑物甚至会造成爆炸、火灾和人身伤亡。为了防止反击，务须使避雷针和附近金属导体间有一定的距离，从而使绝缘介质闪络电压大于反击电压，如图 5-23 所示。规程规定，距离 s_k 一般不应小于 5m。

值得注意的是，雷击避雷针还会产生感应过电压，如图 5-24 所示，当雷电流击中避雷针时，在避雷针周围产生强大突变的电磁场，处在这一电磁场中的金属导体会感应出电动势，从而使间隙 ab 产生火花放电，如金属管路即使未形成间隙，但如果接触不良，也会产生局部发热，这对于存放易燃，易爆物资的建筑物是比较危险的。消除这一现象的方法是将互相靠近的金属物体很好地连接起来。另外，在条件允许时，s_k 还可以适当增大。

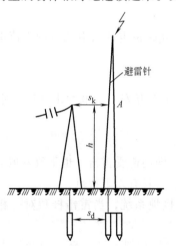

图 5-23　独立避雷针与附近设施的最小距离

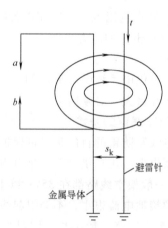

图 5-24　感应过电压原理图

（2）避雷器防护线路侵入雷电冲击波　当雷击于线路导线时，沿导线就有雷电冲击波流动，从而会传到变电所。变电所的电气设备中最重要、价值最昂贵、绝缘最薄弱的就是变压器，因此，避雷器的选择，必须使其伏秒特性的上限低于变压器的伏秒特性的下限，并且避雷器的残压必须小于变压器绝缘耐压所能允许的程度。但是它们的数值都必须小于冲击波的幅值，以保证侵入波能够受到避雷器放电的限制。

避雷器应尽量靠近变压器。这是因为雷电侵入波沿线路传播到变压器处，变压器对雷电波近似呈开路状态，发生雷电压波的全反射，使得变压器进线处的电压最高。如果避雷器离开变压器有一段电气距离，可能使作用在变压器上的过电压超过避雷器的放电电压或残压，距离越长，这一电压越高，保护无效的风险就越大。

（3）变电所的进线段防雷保护　对于全线无避雷线的 35kV 变电所进线，当雷击于附近的架空线时，冲击波的陡度必然会超过变电所电气设备绝缘所能允许的程度，流过避雷器的电流也会超过 5kA，当然这是不能允许的。所以，这种线路靠近变电所的一段进线 1~2km 上必须装设避雷装置。图 5-25 为这种保护的典型接线。

在进线保护段装设避雷保护装置后，只有保护段外发生雷击时才会有侵入波。由于进线段本身的阻抗作用，流过避雷器的电流幅值将受到限制，而沿线路的行波陡度也将由于冲击电晕作用而降低。另外行波在具有避雷线保护的 1~2km 线路中往返一次约 6.7~13.3μs，此时雷电波已通过避雷器 F_2，故不考虑反射波的作用。

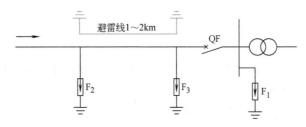

图 5-25　35~110kV 全线无避雷线线路变电所进线段标准防雷保护方式

对一般线路来说，可不装设管式避雷器 F_2。若线路进出线的断路器一般在闭路运行，不要求在入口处装设 F_3。当线路进出线的断路器或隔离开关在雷季可能经常断开而线路侧又带有电压时，为避免雷电波在开路末端的电压上升为行波幅值的 2 倍，以致使开关电器的绝缘支座对地放电，可装设管式避雷器 F_3。

母线上的阀式避雷器 F_1，主要用于保护变压器、电压互感器等高压电气设备。根据规程规定，变电所的每组母线都应装设阀式避雷器，变电所内所有避雷器均应以最短的接地线与配电装置的主接地网连接。

3. 低压配电系统的电涌保护

根据低压配电系统的实际情况，可自上（总配电箱）而下（设备前端配电箱）分级设置雷电保护。第一级保护应在电源进户总配电箱处装设大容量 SPD，架空进线选电压开关型 SPD，电缆进线可选限压型 SPD；第二级保护可在电源分配电箱处装设 SPD；第三级保护可在计算机和电子设备前端装设 SPD。各级 SPD 的电压保护水平 U_p 应小于被保护设备的冲击耐受电压 U_{sh}，但大于所在电网的最高运行电压 U_{max}。图 5-26 给出了 TN-C-S 低压配电系统的电涌保护设置示例，表 5-4 相应列出了各级 SPD 的技术参数。

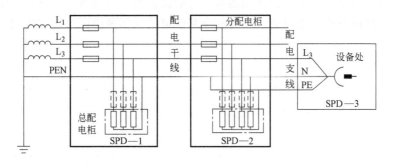

图 5-26　TN-C-S 低压配电系统的 SPD 典型配置

表 5-4　图 5-26 所示系统各级 SPD 的技术参数

序号	编号	名称	设计技术参数
1	SPD—1	电源浪涌保护器	高压侧为不接地系统,网络标称电压 380V,$U_p = 2.5\text{kV}$,$I_{max} = 60\text{kA}$（$10\mu s/350\mu s$）,或 $U_p = 2\text{kV}$,$I_{max} = 65\text{kA}$（$8\mu s/20\mu s$）
2	SPD—2	电源浪涌保护器	$U_p = 1.2/1.8\text{kV}$,$I_{max} = 40\text{kA}$（$8\mu s/20\mu s$）
3	SPD—3	电源浪涌保护器组合式插座	$U_{rm} < 1\text{kV}$,$I_{max} = 6.5\text{kA}$（$8\mu s/20\mu s$）

习题与思考题

5-1　解释下列名词术语的物理意义：接地、接地装置、自然接地极、人工接地极、接地电阻、电气上的"零电位"。

5-2　作图并简述 TT 系统、IT 系统和 TN 系统的概念。

5-3　简述 TT 系统、IT 系统和 TN 系统中电气设备的安全保护接地方式与特点。

5-4　什么是共同接地和重复接地？为什么要采用共同接地和重复接地？

5-5　为什么由同一变压器供电的供电系统中不允许有的设备采取接地保护而另一些设备又采取接零保护？

5-6　某车间供电系统为 380V/220V 的中性点接地系统，其接地电阻为 $R_0 = 4\,\Omega$。有一台单相用电设备，熔体电流为 60A，如果对该台设备作保护接地，在满足安全接触电压 $u_E \leqslant 50\text{V}$ 的条件下，问最大允许的接地电阻 R_E 是多少？若改为保护接零，已知导线和中性线的总电阻 0.5Ω，若碰壳短路故障瞬间人体触及该设备外壳，问通过人体的电流为多少？

5-7　为什么在 TN 系统中，采用漏电保护装置后，中性线不可再重复接地？

5-8　简述接触电压、跨步电压、对地电压的概念。

5-9　什么叫过电压？雷电过电压是如何产生的？

5-10　简述避雷针、避雷线和避雷带（网）的防雷原理与应用场所。

5-11　什么叫直击雷？什么叫入侵雷电波？

5-12　变配电所的户外和户内电气设备有哪些防雷措施？户外架空线路又如何防雷？

5-13　简述避雷器伏秒特性的含义。避雷器与被保护电器设备的伏秒特性应如何配合才能起到保护作用？

5-14　在防止线路侵入波保护变压器时，对避雷器的选择及安装位置有何要求？

5-15　对于低压户内用电设备，在其配电系统可采取何种措施防止雷电侵入波或内过电压的袭扰？

第六章 供电系统的电能质量

第一章绪论中业已提及，供电系统的电压质量包括电压偏差、电压波动和闪变、电压暂降、电力谐波及三相不平衡等方面。本章将分别对上述内容就其概念、危害、评价计算和治理措施作进一步阐述。

第一节 电能质量的基本概念

电能质量是指电气设备正常运行所需要的电气特性，任何导致用电设备故障或不能正常工作的电压、电流或频率的偏差都属于电能质量问题。在三相电力系统中，理想的电能质量是：系统频率恒为额定频率；三相电压波形是三相对称的、幅值恒为标称电压的正弦波形；三相电流波形是三相对称的正弦波形；供电不间断。任何与理想电能质量的偏差都属于电能质量扰动。

根据扰动的频谱特征、持续时间和幅值变化，通常将电能质量扰动划分为如下几个类型：

（1）暂态扰动 暂态扰动通常指持续时间不超过 3 个周波的扰动。并联电容器投切和雷击都会造成暂态扰动。暂态扰动又分为脉冲型和振荡型，脉冲型暂态扰动持续时间不超过 1ms，具有陡峭的上下沿；振荡型暂态扰动持续时间一般不超过 1 个周波，振荡频率在 5kHz 以上。

（2）短期电压变化 短期电压变化包括电压暂降、电压骤升和短时断电。此类扰动的持续时间通常为半个周波到 1min。

（3）长期电压变化 长期电压变化是指电压幅值长期偏离其额定值，包括电压偏差和持续断电。此类扰动通常持续 1min 以上。

（4）电压波动 电压波动指电压幅值周期性下降和上升，波动频率在 25Hz 以下。

（5）波形畸变 波形畸变包括电力谐波、电压缺口、直流偏置和宽带噪声。相控型电力电子装置是引起电力谐波和电压缺口的主要因素，谐波频谱在 0~9kHz。

（6）三相不平衡 三相不平衡是指供电电源的三相电压不对称或负荷三相电流不对称，即三相幅值不等或相角差不等于 120°。

（7）频率变化 频率变化是指基波频率偏离其额定频率，包括频率偏差和频率波动，典型的频率波动周期在 10s 之内。

由于电能质量的各种扰动相对独立，它们对电气设备的影响也不同，因此，分析评价电能质量整体上尚没有一个统一的标准，而是针对不同的扰动进行不同的处理。目前我国已经颁布的电能质量标准有：GB 12325—2008《电能质量 供电电压偏差》、GB 12326—2008《电能质量 电压波动和闪变》、GB/T 14549—1993《电能质量 公用电网谐波》、GB/T 15543—2008

《电能质量　三相电压不平衡》、GB/T 15945—2008《电能质量　电力系统频率偏差》、GB/T 18481—2001《电能质量　暂时过电压和瞬态过电压》、GB/T 24337—2009《电能质量　公用电网间谐波》、GB/T 30137—2013《电能质量　电压暂降与短时中断》。电能质量标准是保证电网安全经济运行、保护电气环境、保障电力用户正常使用电能的基本技术规范，是实施电能质量监督管理、推广电能质量控制技术、维护供用电双方合法权益的法律依据。

供电系统的频率偏差允许值为±0.2Hz。系统频率通常由电力系统决定和调整，用户供电系统一般不必采取稳频措施，因此，本章不讨论频率质量问题。

电能质量扰动是客观存在的，它严重干扰着用电设备尤其是信息处理设备的正常运行。因此，一方面应该规定电网的电能质量扰动允许值；另一方面，用电设备也应该具有一定的电能质量扰动耐受容限。

为了防止电压扰动造成计算机及其控制装置的误动和损坏，美国信息技术工业协会（ITIC）提出了电压容限曲线，如图 6-1 所示。ITIC 曲线按照供电电压幅值及其持续时间将电压扰动分为合格、不合格和禁止三个区域，电压落到不合格区将会导致用电设备工作异常，但若电压落到禁止区则可能损坏用电设备。ITIC 曲线主要规定了 4 种典型的电压扰动：尖峰脉冲、电压骤升、电压暂降和短时中断。譬如，按照该曲线，允许电压出现 20ms以内的短时中断、允许出现持续 1ms 但幅值不超过 200% 的电压尖峰脉冲、允许长期电压偏差为±10%等。

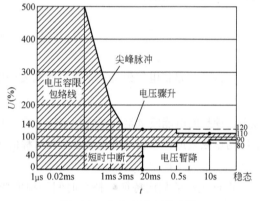

图 6-1　ITIC 电压容限曲线

电压质量是电能质量的核心。由于发电机发出的电压是比较理想的，所以，公用电网中的电压扰动主要是由负荷电流扰动在电网阻抗上的压降引起的。譬如，大容量整流设备是电力谐波的主要发生源，交流电弧炉等波动负荷是电压波动的发生源，电力机车等单相用电设备是导致三相系统不平衡的主要因素。

第三章给出了供电系统电压损失的计算公式

$$\Delta U\% = \frac{PR+QX}{U_N^2} \times 100\%$$

对于高压供电系统而言，系统等效电抗远大于等效电阻，若忽略电阻，上式可简化为

$$\Delta U\% \approx \frac{QX}{U_N^2} \times 100\% = \frac{Q}{U_N^2/X} \times 100\% = \frac{Q}{S_k} \times 100\% \tag{6-1}$$

式（6-1）表明，影响电压质量的主要因素有：①负荷无功功率或无功功率变化量；②电网短路容量或电网等效电抗。显然，负荷无功功率越大，电网的电压偏差就越大；负荷无功变化量越大，电网的电压波动就越大；电网短路容量越大，则负荷变化对电网电压质量的影响越小。

并联无功补偿可以减小负荷无功功率或负荷无功变化量，线路串联补偿则可以降低电网感抗，提高系统短路容量。因此，无功功率补偿既是电网节能降耗的措施，也是改善电网电压质量的主要措施之一。

第二节　电压偏差及其调节

一、电压偏差及其限值

电压偏差是指电网电压偏离电网标称电压的程度。系统运行方式的改变，或用户负荷的变化，都会使电网上某一点的实际电压偏离其标称电压。电压偏差定义为实际电压与标称电压之差对标称电压的百分数，即

$$\delta U\% = \frac{U-U_N}{U_N}\times 100\% \tag{6-2}$$

式中　$\delta U\%$——电网上某点的电压偏差百分数；

　　　U——该点的实际电压；

　　　U_N——电网的标称电压。

电压偏差是用户用电质量的重要指标之一，产品质量、产量、用电设备的寿命等都和电压偏差有一定关系。

系统供电电压的偏差直接影响到用户供电系统中各级配电电压的偏差。为了保证供电电压的质量，国标 GB 12325—2008《电能质量　供电电压偏差》中规定，供电部门与用户的产权分界处或供用电协议规定的电能计量点的最大允许电压偏差为

35kV 及以上供电电压：电压正、负偏差绝对值之和为 10%；

20kV 及以下三相供电电压：±7%；

220V 单相供电电压：+7%，−10%。

由于供电电压随着系统运行方式和负荷的变化而有所变动，对供电电压偏差的考核常采用电压合格率来衡量。通过电压监测装置，对供电点的电压进行监测，统计监测时间内的电压超限时间，按下式计算电压合格率：

$$电压合格率(\%) = \left(1-\frac{电压超限时间}{电压监测总时间}\right)\times 100\% \tag{6-3}$$

线路和变压器中的电压损失是产生电压偏差的主要原因，变压器的分接头调整也直接影响到下级电网的电压偏差。第二章已经讨论了线路中的电压损失的计算方法，此处不再赘述，下面主要讨论变压器对电压偏差的影响。

二、变压器引起的电压偏差

变压器对电压偏差的影响包括负载电流在变压器等值阻抗上的电压损失和变压器实际电压比（或分接头选择）两部分的影响。

变压器中的电压损失与线路一样，随负荷的大小而变化，其值可按下式计算

$$\Delta U_T\% = \frac{PR_T+QX_T}{U_N^2}\times 100\% \tag{6-4}$$

式中　P、Q——变压器有功功率和无功功率；

　　　R_T、X_T——变压器等效电阻和电抗，参见式（3-45）和式（3-47）。

调整变压器的分接头可以直接抬升或降低电压。配电变压器的一次侧都设有若干个分接头，小容量变压器一般设有 0% 和 ±5% 共 3 个分接头，大容量变压器则设有 0%、±2.5%、±5% 共 5 个分接头，如图 6-2 所示。普通变压器只能在不带电的情况下改换分接头，因此变

压器在投入运行前都应该选择一个合适的分接头。

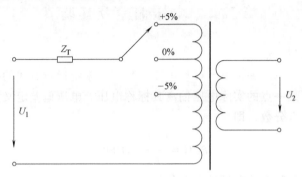

图 6-2　10kV/0.4kV 变压器的分接头示意图

首先，定义变压器参数的表示符号如下：

tap%——变压器的分接头位置，常有 0%、±2.5%、±5%；

U_f——变压器的分接头电压，即一次侧线路所连接分接头的标称电压；

U_{T1}——变压器的一次侧标称电压，即零分接头位置所对应的分接头电压；

U_{T2}——变压器的二次侧标称电压，即在零分接头、一次侧为额定电压、二次侧空载的条件下，变压器二次侧的电压；

按照上述定义，变压器的分接头电压和实际电压比可分别表示为

$$U_f = (1+\text{tap}\%) \times U_{T1} \tag{6-5}$$

$$N_T = \frac{U_f}{U_{T2}} = (1+\text{tap}\%) \frac{U_{T1}}{U_{T2}} \tag{6-6}$$

设变压器一次侧实际输入电压为 U_1，变压器中的电压损失为 $\Delta U_T\%$，则二次侧实际输出电压 U_2 为

$$U_2 = \frac{(U_1 - \Delta U_T\% \cdot U_{N1})}{N_T} = \left(\frac{U_1}{U_{N1}} - \Delta U_T\%\right) U_{N1} \frac{U_{T2}}{U_f} = (1+\delta U_1\% - \Delta U_T\%) U_{N1} \frac{U_{T2}}{U_f}$$

变压器二次侧的电压偏差为

$$\delta U_2\% = \frac{U_2 - U_{N2}}{U_{N2}} \times 100\% = \left[(1+\delta U_1\% - \Delta U_T\%)\frac{U_{N1} U_{T2}}{U_f U_{N2}} - 1\right] \times 100\%$$

简化整理后可得

$$\delta U_2\% \approx \delta U_1\% + \delta U_T\% \tag{6-7}$$

其中

$$\delta U_T\% = \left(\frac{U_{N1}}{U_f} \frac{U_{T2}}{U_{N2}} - 1\right) \times 100\% - \Delta U_T\% \tag{6-8}$$

式中　U_1——变压器一次侧实际输入电压；

U_2——变压器二次侧实际输出电压；

U_{N1}——变压器一次侧电网标称电压；

U_{N2}——变压器二次侧电网标称电压。

显然，式（6-8）为变压器本身引起的电压偏差，包括由变压器分接头所引起的电压升（第 1 项）和变压器中的电压损失（第 2 项）。

三、供电系统电压偏差的计算

如图 6-3 所示，设供电电源母线上的电压偏差量为 $\delta U_A\%$，高压线路 l_1 的电压损失为 $\Delta U_{l1}\%$，变压器引起的电压偏差量为 $\delta U_T\%$，低压线路 l_2 的电压损失为 $\Delta U_{l2}\%$，则 B、C、D 各点的电压偏差分别为

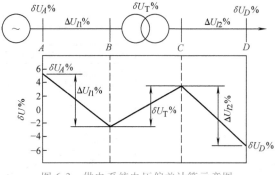

$$\delta U_B\% = \delta U_A\% - \Delta U_{l1}\%$$

$$\delta U_C\% = \delta U_A\% - \Delta U_{l1}\% + \delta U_T\%$$

$$\delta U_D\% = \delta U_A\% - \Delta U_{l1}\% + \delta U_T\% - \Delta U_{l2}\%$$

图 6-3　供电系统电压偏差计算示意图

将上述概念推广到任一供电系统，如果由供电电源到某指定地点有多级多压或装有调压设备，则指定地点的电压偏差可由下式计算：

$$\delta U_E\% = \sum \delta U\% - \sum \Delta U\% \tag{6-9}$$

式中　$\sum \delta U\%$——由电源到指定点所有电压偏差之和；

　　　$\sum \Delta U\%$——由电源到指定点所有电压损失之和。

四、电压偏差的调节

调节电压的目的是要在正常运行条件下，保持供电系统中各用电设备的端电压偏差不超过规定值。

1. 电压调节的方式

电力系统中，供电的负荷点很多，不可能也没必要对各点的电压都进行调节，通常选择地区内负荷较大的发电厂或区域变电所作为电压中枢点，也可以选择本用户总降压变电所作为电压中枢点，对其电压进行监视和调节。

中枢点调压方式有常调压和逆调压两种，如图 6-4 所示。所谓常调压，就是不管负荷怎样变动，都要保持中枢点的电压偏差为恒定值；所谓逆调压，就是在最大负荷时，升高母线电压，在最小负荷时，降低母线电压。逆调压方式下，借助选择合适的变压器分接头，就可达到改善电压偏差的目的，因此，逆调压是中枢点常用的调压方式。

讨论调压问题，在考虑正常运行方式的同时，还要考虑电网的故障运行方式，因为这时的电压偏差可能最大。因此，在故障条件下，对电网的电压偏差水平的要求也较低。

2. 电压调节的方法

对于用户供电系统，电压偏差调节主要从降低线路电压损失和调整变压器分接头两方面入手。

（1）减小线路电压损失

通过正确设计供电系统，并采取各种措施，努力达到降低线路和变压器的电压损失的目的，如高压深入负荷中心供电、配电变压器分散设置到用电中心、按允许电压损失选择导线截面积、设置无功补偿装置等。

（2）合理选择变压器的分接头

在用户降压变电所中，变压器一次电压及变压器中电压损失随负荷大小而变。

在最大负荷时，设变压器一次电压为 U_{1max}，变压器中电压损失为 $\Delta U_{Tmax}\%$，则此时变压器二次电压为

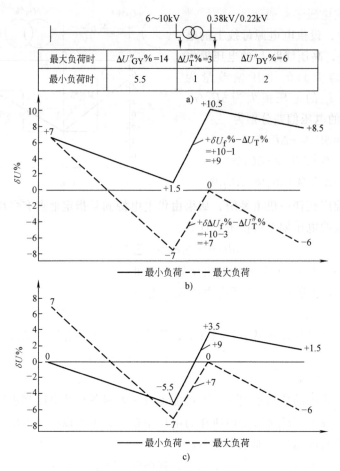

图 6-4 电压偏差调节示意图

a) 系统图　b) 常调压方式　c) 逆调压方式

$$U_{2max} = \left(U_{1max} - \Delta U_{Tmax}\% \times U_{N1} \right) \frac{U_{T2}}{U_f} \tag{6-10}$$

在最小负荷时，设变压器一次电压为 U_{1min}，变压器中电压损失为 $\Delta U_{Tmin}\%$，则此时变压器二次电压为

$$U_{2min} = \left(U_{1min} - \Delta U_{Tmin}\% \times U_{N1} \right) \frac{U_{T2}}{U_f} \tag{6-11}$$

若要求变压器二次电压在最大负荷时不低于 $U_{2max.\,al}$，在最小负荷时不高于 $U_{2min.\,al}$，由式（6-10）和式（6-11）可得

$$U_{f.\,max} = \left(U_{1max} - \Delta U_{Tmax}\% \times U_{N1} \right) \frac{U_{T2}}{U_{2max.\,al}} \tag{6-12}$$

$$U_{f.\,min} = \left(U_{1min} - \Delta U_{Tmin}\% \times U_{N1} \right) \frac{U_{T2}}{U_{2min.\,al}} \tag{6-13}$$

于是，变压器的分接头电压应满足下列条件：

$$U_{f.\,min} \leqslant U_f \leqslant U_{f.\,max} \tag{6-14}$$

变压器的分接头电压应以 $U_{f.max}$ 和 $U_{f.min}$ 的平均值为基准，就近选取标称的分接头。如果普通变压器不能满足调压要求，则必要时也可采用有载调压变压器，根据负荷变化情况适时调整分接头电压。

（3）合理设置电容器串并联补偿装置

从式（6-1）和式（6-2）可以看出，降低供电系统的电压损失有两个途径：一是减小线路和变压器的等值串联感抗，二是减小流过线路和变压器中的无功功率。在线路中串联电容器可以减小系统串联电抗，但是用户供电系统的线路一般较短，在用户供电系统内部极少采用电容器串联补偿的做法。在用电设备的配电母线上就地安装并联电容器或在用户供电系统的配电母线上集中安装并联电容器，都是减小系统无功功率、调节用户母线电压的有效做法。

线路和变压器中的电压损失都与流过其中的无功功率密切相关。无功补偿具有减小系统无功功率的作用，可以降低线路和变压器中的电压损失，间接达到调整电压偏差的目的。若以电压偏差调整为目的，设装设补偿电容器后欲将线路末端电压提高 $\Delta U\%$，根据线路电压降的近似计算公式（6-1），可按下式估算所需补偿容量：

$$Q_C \approx \Delta U\% S_k \qquad (6\text{-}15)$$

式中　S_k——补偿装置安装点的系统短路容量。

值得指出，此目的下的补偿装置必须采取分组自动投切的运行方式，以免轻负荷时引起线路过电压。

例 6-1　某变电所装设一台 10MV·A 变压器，其电压比为 110 ±2×2.5%/6.6kV。在最大负荷下，高压侧电压为 112kV，变压器中电压损失为 5.63%；在最小负荷下，高压侧电压为 115kV，变压器中电压损失为 2.81%。要求变电所低压母线的电压偏差为标称电压 6kV 的：最大负荷时 0%，最小负荷时+7.5%。试选择变压器的分接头。

解　依题意

$U_{1max} = 112\text{kV}$, $\quad \Delta U_{Tmax}\% = 5.63\%$, $\quad U_{2max.al} = (1+0\%) \times 6\text{kV} = 6.0\text{kV}$

$U_{1min} = 115\text{kV}$, $\quad \Delta U_{Tmin}\% = 2.81\%$, $\quad U_{2min.al} = (1+7.5\%) \times 6\text{kV} = 6.45\text{kV}$

由式（6-11）~式（6-13）可得

$$U_{f.max} = (112 - 5.63\% \times 110) \times \frac{6.6}{6.0}\text{kV} = 116.4\text{kV}$$

$$U_{f.min} = (115 - 2.81\% \times 110) \times \frac{6.6}{6.45}\text{kV} = 114.5\text{kV}$$

$$U_f = (U_{f.max} + U_{f.min})/2\text{kV} = 115.45\text{kV}$$

$$tap\% = \left(\frac{U_f}{U_{T1}} - 1\right) \times 100\% = \left(\frac{115.45}{110} - 1\right) \times 100\% = 4.95\%$$

结论：选取标称值+5%的分接头，分接头电压为 115.5kV。

第三节　电压波动和闪变

电网电压幅值（或半周波方均根值）的连续快速变化称为电压波动。照明用白炽灯对电压波动特别敏感，电压波动使灯光闪烁，刺激眼睛，干扰人们的正常工作，电压波动的这种效应称为电压闪变。

电压波动会使用电设备的性能恶化、自动装置及电子设备工作异常、产品质量变劣、照明灯光闪烁等。随着生产过程自动化和人民生活电气化水平的提高，电压波动与闪变已受到国内外的广泛关注与研究，我国业已颁布了相应的国家标准，对电网电压波动和闪变做出了明确的限制。

一、电压波动

1. 电压波动及其评价指标

电压波动指电压方均根值一系列的变动。将电网电压每半周波的方均根值按时间序列排列，其包络线即为电压波动波形，如图 6-5 所示。电压波动波形上相邻两个极值之间的变化过程称为一次电压变动，譬如 $t_1 \sim t_2$ 和 $t_2 \sim t_3$ 各为一次电压变动。国标规定，电压变动的电压变化速率应不低于每秒 0.2%，低于此速率时不认为是一次电压变动，而当作电压偏差来考虑，如 $t_6 \sim t_7$ 间的电压变化。此外，不同方向的若干次变动，如间隔时间小于 30ms，只算作一次变动。

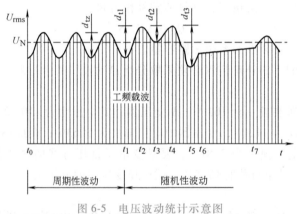

图 6-5 电压波动统计示意图

电压波动用电压变动值 d 和电压变动频度 r 来综合衡量。

电压变动值 d 用各次电压变化量与电网标称电压之比来表示，即

$$d = \frac{U_{\max} - U_{\min}}{U_N} \times 100\% \tag{6-16}$$

式中　　$U_{\max}$——本次电压变动的峰点电压；

　　　　$U_{\min}$——本次电压变动的谷点电压；

　　　　U_N——电网标称电压。

电压变动频度 r 是指单位时间（1h 或 1min）内电压变动的次数。电压从高到低的变化和从低回到高的变化，各算一次电压变动。因此，对于周期性的电压波动而言，电压变动频度是电压波动频率的 2 倍。

电压波动主要是由用户中的波动负荷从电网取用快速变动的功率而引起。典型的波动负荷有炼钢电弧炉、轧机、电弧焊机等。根据负荷的变化特征，电压波动可分为：①电压变动频繁且具有一定规律的周期性电压波动，如由电力电子装置供电的轧钢设备产生的电压波动；②电压变动频繁且无规律的随机性电压波动，如炼钢用交流电弧炉产生的电压波动；③偶发性的电压波动，如电动机起动产生的电压波动。

2. 电压波动的限值

表 6-1 列出了频繁波动负荷在电网公共连接点引起的电压波动的允许值。电压波动的评价指标应采用波动负荷工作在负荷变化最大的时期内的实测值，如炼钢电弧炉的溶化期等。表中标有" ＊ "的值为电弧炉类负荷引起的随机性不规则电压波动的限值。对于随机性电压波动，在一个工作周期内可以测得一系列不同的电压变动值：d_1、d_2、$\cdots$、d_n。国标规定，采用上述一系列实测值的 95% 概率大值（即将实测值按由大到小的次序排列，舍去前面 5% 的大值，取剩余的实测值中的最大值，要求实测值不少于 50 个）作为衡量随机性电压波动的评价指标。

表 6-1 电压波动限值

r/次·h⁻¹	d(%)	
	35kV 及以下	35kV 以上
$r \leqslant 1$	4	3
$1 < r \leqslant 10$	3 ＊	2.5 ＊
$10 < r \leqslant 100$	2	1.5
$100 < r \leqslant 1000$	1.25	1

3. 电压波动的估算

波动负荷引起的电压波动和闪变应以实测结果作为评价的依据。但在设计的初始阶段，往往需要根据经验初步估算电压波动和闪变水平，并做出是否需要采取措施来抑制电压波动的判断。常见的波动负荷有处于熔炼期的炼钢电弧炉、爬坡期间的电力机车、引弧期的电焊机和压延机等。

要估算电压波动，首先需要熟悉波动负荷的性质和工作特性，根据经验和相关资料，确定波动负荷的功率变化规律，譬如每次功率变动的大小、功率变动的波形特征以及功率变动的频度。估算出波动负荷的功率变化量后，按照式（6-17）即可估算出电压变动值。

$$d \approx \frac{\Delta Q}{S_k} \times 100\% \qquad (6\text{-}17)$$

式中 ΔQ——评价点处无功功率的变化量（Mvar）；

S_k——评价点的电网的三相短路容量（MV·A）。

由式（6-17）得出的重要结论是：在冲击性负荷下，电压变动值与负荷的无功功率变化量成正比，与电网的短路容量成反比，计算时宜采用负荷的最大无功变化量和电网的最小短路容量。这一结论对电压波动的估算和抑制都有重要的实际意义。

二、电压闪变

1. 电压闪变及其评价指标

如前所述，当波动负荷引起电网电压波动时，将使由该电网供电的照明灯光发生闪烁，进而引起人们视觉不适和情绪烦躁，影响正常生产和生活。因此，电压闪变的评价还要考虑电光源的光电响应特性、人眼的感光特性以及大脑的反应特性等因素。

白炽灯与荧光灯是两类常用电光源。比较而言，在同等电压变化量条件下，白炽灯的光通量变化比荧光灯显著得多；但是，白炽灯具有较大热惯性，对于高频度的电压波动，其光闪反应的灵敏程度较低。

由光闪引起的人眼和大脑的不适，与光源种类和闪烁频度有关，也包含生理和心理方面的因素，而后者的机理是比较复杂的，只能借助于调查统计。调查结果表明，对于等幅的正弦电压波动引起的灯光闪烁，在不同的波动频率下，人眼和大脑的感受程度是不同的。

图 6-6 所示曲线称作视感度曲线，它反映了不同频率正弦电压波动所引起的灯光闪烁在人眼—脑中产生的主观感觉的相对强弱。K_f 称为视感度系数，其含义是在同等程度电压闪变条件下，频率为 f 的正弦电压波动归算为 8.8Hz 的正弦电压波动时的幅值归算系数。

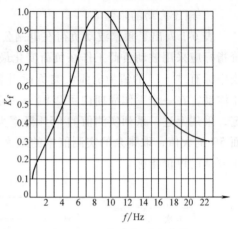

图 6-6 IEC 闪变视感度曲线

由于电压闪变问题涉及因素颇多，不同国家的供电环境也不同，因此，各国关于电压闪变的评价方法并不统一，我国采用国际电工委员会（IEC）的电压闪变评价标准。IEC 推荐的电压闪变测试仪的原理模型如图 6-7 所示。

图 6-7 IEC 闪变仪的原理模型

首先，对输入电压信号进行调理（框 1），经过平方解调器（框 2）得到电压波动信号；波动信号经过带通加权滤波器（框 3）和平方一阶低通滤波器（框 4）处理后，反映了人眼对由电压波动在白炽灯上引起的照度变化的敏感程度，并模拟了灯-眼-脑环节的暂态非线性响应和记忆效应，框 4 的输出信号 $S(t)$ 反映了电压闪变的瞬时水平，称作瞬时电压闪变；最后，通过在线统计评价环节（框 5）对瞬时电压闪变进行统计处理，得到衡量电压闪变大小的统计评价指标。

图 6-8 所示为瞬时电压闪变信号的统计处理示意图。$S(t)$ 为一个连续变化的信号，可将其划分为若干个等级（要求不低于 64 级，本节为说明简便仅分 10 级），取 10min 为一次统计处理周期（$T = 10\text{min}$），对 $S(t)$ 进行一次统计处理，计算 $S(t)$ 在第 k 等级下的概率 P_k，即 $S(t)$ 在第 k 等级下出现的时间 T_k（譬如第 7 级时间 $T_7 = t_1 + t_2 + t_3 + t_4 + t_5$）与统计周期之比，可得到不同等级下的概率分布及其累积概率（CPF）曲线，如图 6-9 所示。

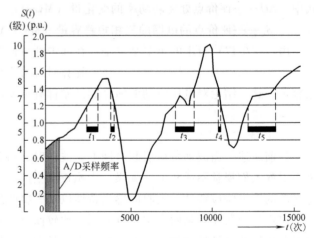

图 6-8 瞬时电压闪变曲线及其分级计时

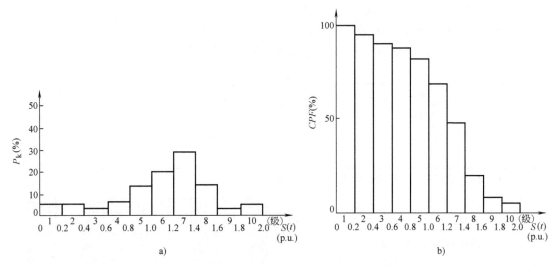

图 6-9　瞬时电压闪变的统计处理

a）$S(t)$ 的概率分布　b）$S(t)$ 的累积概率曲线

由累积概率曲线按照式（6-18）计算得到的值称为短时（10min）电压闪变值 P_{st}，由各次短时电压闪变值按照式（6-19）计算得到的值称为长时间电压闪变值 P_{lt}。

$$P_{\mathrm{st}} = \sqrt{0.0314P_{0.1} + 0.0525P_1 + 0.0657P_3 + 0.28P_{10} + 0.08P_{50}} \tag{6-18}$$

$$P_{\mathrm{lt}} = \sqrt[3]{\frac{1}{12}\sum_{j=1}^{12}\left(P_{\mathrm{st}.j}\right)^3} \tag{6-19}$$

式中　$P_{0.1}$、P_1、P_3、P_{10}、P_{50}——分别为累积概率等于 0.1%、1%、3%、10%、50% 时的瞬时闪变 $S(t)$ 值；

$P_{\mathrm{st}.j}$——2h 内第 j 个短时闪变值。P_{lt} 可以递归计算，每得到一个 P_{st}，就计算一个 P_{lt}。

2. 电压闪变的限值

在国标 GB 12326—2008 中规定，闪变限值分为电力系统公共连接点的总限值和某波动负荷用户在电网公共连接点单独引起的闪变限值。

（1）公共连接点的闪变总限值　在电力系统正常运行的较小方式下，对电力系统公共连接点的电压闪变连续测量一周，测得的所有长时间闪变值 P_{lt} 都应满足表 6-2 的要求。

表 6-2　各级电压下的电压闪变限值

系统标称电压等级	$U_{\mathrm{N}} \leqslant 110\mathrm{kV}$	$U_{\mathrm{N}} > 110\mathrm{kV}$
P_{lt}	1.0	0.8

（2）用户在公共连接点单独引起的闪变限值　闪变是由接入电网中的各个用户的波动负荷引起的。就单个波动负荷用户而言，波动负荷能否直接接入电网运行，需要根据用户负荷大小、协议用电容量占总供电容量的比例，以及电力系统公共连接点的状况进行综合核算，具体核算方法在国标中有具体说明。

但是，如果某用户满足下列条件之一，可以不经闪变核算允许接入电网：

1）满足 $P_{lt}<0.25$ 的单个波动负荷用户。

2）对于 35kV 以上的高压用户，满足 $(\Delta S/S_k)_{max}<0.1\%$。

3）对于 35kV 及以下的中低压用户，波动负荷满足表 6-3 的要求。

表 6-3　中低压用户波动负荷可直接接入电网的条件

$r/\min^{-1}$	$k=(\Delta S/S_k)_{max}\times100\%$
$r<10$	0.4%
$10\leqslant r\leqslant200$	0.2%
$r>200$	0.1%

注：ΔS 为波动负荷视在功率的变化，S_k 为公共连接点的短路容量。

3. 电压闪变的估算

（1）周期性矩形波（或阶跃波）电压波动的闪变估算　对于周期性等间隔的矩形（或阶跃）电压波动，当已知电压变动值 d 和电压变动频度 r 时，首先按照 r 在图 6-10 中查出与单位闪变曲线（$P_{st}=1$）相对应的电压变动 d_{lim}，或在表 6-4 中查出相对应的电压变动 d_{lim}，则相应的短时电压闪变 P_{st} 可按下式估算：

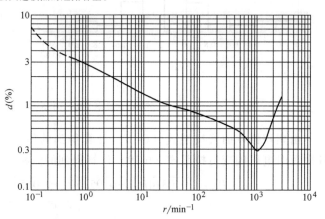

图 6-10　周期性矩形波（或阶跃波）电压波动的单位闪变曲线

$$P_{st}=\frac{d}{d_{lim}}\qquad(6\text{-}20)$$

表 6-4　周期性矩形波（或阶跃波）电压波动的单位闪变曲线对应数据

$d(\%)$	3.0	2.9	2.8	2.7	2.6	2.5	2.4	2.3	2.2	2.1	2.0	1.9	1.8
$r/(次/\min)$	0.76	0.84	0.95	1.06	1.20	1.36	1.55	1.78	2.05	2.39	2.79	3.29	3.92
$d(\%)$	1.7	1.6	1.5	1.4	1.3	1.2	1.1	1.0	0.95	0.90	0.85	0.80	0.75
$r/(次/\min)$	4.71	5.72	7.04	8.79	11.16	14.44	19.10	26.6	32.0	39.0	48.7	61.8	80.5
$d(\%)$	0.70	0.65	0.60	0.55	0.50	0.45	0.40	0.35	0.29	0.30	0.35	0.40	0.45
$r/(次/\min)$	110	175	275	380	475	580	690	795	1052	1180	1400	1620	1800

（2）非周期性阶跃电压波动的闪变估算　对于非周期性阶跃电压波动（要求相邻两次电压变动之间的时间间隔不小于 1s），首先按式（6-21）求出最严重的 10min 测评时段内每一次电压变动 d 所对应的闪变时间 t_f，然后计算该 10min 时段内各次闪变时间之和，则可按式（6-22）求出该时段内的短时电压闪变值。

$$t_f=2.3\times d^3\qquad(6\text{-}21)$$

$$P_{st}=\sqrt[3]{\frac{\sum t_f}{600}}\qquad(6\text{-}22)$$

例 6-2　某阶跃波动负荷在 10min 工作周期内，在公共连接点产生了 12 次 4.8% 的电压变动，30 次 1.7% 的变动和 100 次 0.9% 的变动，试估算该负荷引起的电压闪变水平。

解　依题意，该电压波动属于不规则的阶跃波形。每种电压变动的闪变时间为

对应于 $d=4.8\%$，得 $t_f=2.3\times4.8^3\,\text{s}=254.4\text{s}$

对应于 $d=1.7\%$，得 $t_f=2.3\times1.7^3\,\text{s}=11.3\text{s}$

对应于 $d=0.9\%$，得 $t_f=2.3\times0.9^3\,\text{s}=1.7\text{s}$

总闪变时间为：$\sum t_f=(12\times254.4+30\times11.3+100\times1.7)\text{s}=3562\text{s}$

短时电压闪变值为：$P_{st}=\sqrt[3]{\dfrac{\sum t_f}{600}}=\sqrt[3]{\dfrac{3562}{600}}=1.8$

如果电压变动波形不为矩形波或阶跃波，则需要查阅相关图表（参见国家标准），首先将其他波形的电压变动换算为等效阶跃电压变动，再按上述方法进行估算。

三、电弧炉引起的电压波动和闪变的估算

交流炼钢电弧炉是引起电网随机性电压波动和闪变的一个典型的波动负荷。图6-11为电弧炉供电系统简图，图6-12a为其等效电路图。R 为电弧炉供电系统的等效电阻，X 为系统的等效电抗（主要为电弧炉变压器本身电抗），r 为电弧等效电阻。由于 $X\gg R$，且电弧炉在熔化期电弧电阻 r 变化范围可达 $0\sim\infty$，因而电弧炉在熔化期无功功率变化量巨大，产生严重的电压波动和闪变。

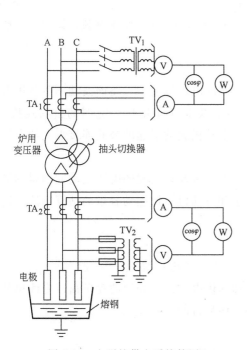

图6-11　电弧炉供电系统简图

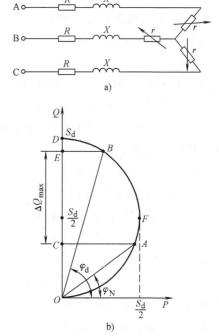

图6-12　电弧炉供电系统等效电路和功率圆图
a）电弧炉供电系统等效电路　b）电弧炉运行的功率圆图

图6-12b为电弧炉的运行功率圆图。在忽略电弧炉供电系统等效电阻 R 的情况下，随着电弧电阻 r 从0（电极短路）变化到 ∞（电极开路），电弧炉的视在功率沿着半圆轨迹从 D 点移动到 O 点。显然，半圆的直径 $\overline{OD}$ 就是电弧炉的短路功率。

电弧炉在三相电极短路时的功率 S_d 可按下式计算:

$$S_d = \frac{1}{\dfrac{1}{S_k} + \dfrac{\Delta U_F \%}{100} \dfrac{1}{S_{N.F}}} \tag{6-23}$$

式中　$S_{N.F}$——电弧炉变压器额定容量（MV·A）；

　　　S_k——电弧炉变压器一次侧系统三相短路容量（MV·A）；

$\Delta U_F \%$——电弧炉变压器阻抗电压百分数（含短网电抗器）。

设 A 点为电弧炉熔化期的额定工作点，相应的功率因数角为 φ_N，B 点为三相电极短路时（计及电弧炉供电系统等效电阻）的工作点，相应的阻抗角为 φ_d，则电弧炉在熔化期发生的最大无功功率变化量为

$$\Delta Q_{max} = \overline{OE} - \overline{OC} = S_d(\sin^2\varphi_d - \sin^2\varphi_N) \tag{6-24}$$

根据式（6-17），电弧炉在电弧炉变压器一次侧配电母线上产生的最大电压波动值为

$$d_F \approx \frac{\Delta Q_{max}}{S_k} \times 100\% \tag{6-25}$$

国家标准推荐，电弧炉引起的长时电压闪变可按下式估计：

$$P_{lt} = K_{lt} d_F \tag{6-26}$$

式中，K_{lt} 的取值与电弧炉的类型有关：交流电弧炉一般取 0.48，直流电弧炉取 0.3，精炼电弧炉取 0.2，康斯丁电弧炉取 0.25。

四、电动机起动引起的电压波动的估算

大容量电动机起动时，会在配电母线上引起短时的电压波动，只要该波动不危及供电安全并能保证电动机正常起动，可以允许电动机配电母线上（非用户与电网的公共连接点）有比较大的电压波动值。但当电动机频繁起动时，电动机起动引起的公共连接点上的电压波动和闪变应按国标要求进行校验。

由于软起动装置和变频调速装置的广泛应用，电动机起动引起的电压波动问题得到极大缓解，关于电动机起动引起的电压波动的估算方法和电动机直接起动容量的估算方法，这里不再赘述，可参阅《供电技术（第4版）》。

五、减小电压波动和闪变的措施

根据式（6-17），要减小电压波动和闪变，可从提高供电系统短路容量和减小波动负荷的无功功率变化量两个方面入手。此外，采用合理的供电方式，如给波动负荷以专线单独供电或提高波动负荷的供电电压等级，不失为一条简便易行的有效途径。

提高系统短路容量的方法有：

1）提高供电电压。通常，高一级供电电压的系统其短路容量也较大。

2）采用双回线路并联供电。

3）采用线路串联补偿，降低输电线路电抗或动态补偿线路压降。

减小负荷无功功率变化量的方法有：

1）改进操作过程和运行工艺，减小负荷波动。

2）改变波动负荷供电回路参数，如串联电抗器、根据运行工况调节设备端子电压等。

3）采用动态无功功率补偿装置，譬如静止无功补偿器（SVC）和静止无功发生器（SVG）等。

下面简要介绍一下静止无功补偿器（SVC）的结构与原理，关于静止无功发生器（SVG）请参阅第八章。

静止无功补偿器（Static Var Compensator，SVC）是一种基于电力电子技术的无功功率快速连续调节装置。SVC 分为电力系统用 SVC 和工业用 SVC，两者的电路结构是相同的，只是应用的目的和控制目标不同而已。电力系统用 SVC 主要用于稳定系统电压和阻尼系统振荡，而工业用 SVC 主要在于动态补偿负荷无功、抑制电压波动和闪变以及平衡三相不对称负荷。工业用 SVC 装置主要用于炼钢电弧炉、轧钢机等供电系统中。

对于抑制电压波动和闪变的 SVC，其补偿容量可按下式确定：

$$Q_{\text{SVC}} \geqslant \Delta Q_{\max} - d_{\lim} S_k \tag{6-27}$$

式中　$\Delta Q_{\max}$——负荷无功功率的最大变动量；

　　　$d_{\lim}$——允许补偿后的最大电压变动；

　　　S_k——SVC 配电母线处的供电系统三相短路容量。

SVC 的原理结构如图 6-13a 所示，其核心是晶闸管可控电抗器 TCR（Thyristor Controlled Reactor，TCR）。利用晶闸管相位控制，可以连续调节电抗器支路在一个工频周期中的接通时间，实现了补偿无功功率的动态连续调节。由于负荷通常是感性的，因而，TCR 常与固定电容器支路（Fixed Capacitor，FC）并联，一起构成双向无功补偿装置。

图 6-13b 为 TCR 无功电流调节原理图，可以看出，调节晶闸管的触发角 α 可以连续调节无功补偿电流的大小，而且晶闸管触发角 α 的控制范围为 $90° \sim 180°$。

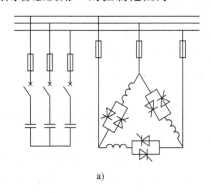

a)

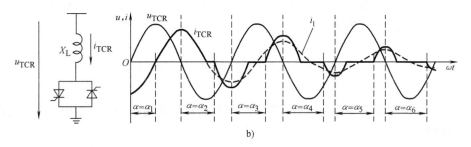

b)

图 6-13　TCR 型静止无功补偿装置的主电路结构和无功电流调节原理

a）主电路结构　b）TCR 无功电流调节原理示意图

　　TCR 支路电流是周期性的非正弦波，即 TCR 在系统中会产生一定的谐波干扰。从无功补偿的角度，通常主要关注基波无功功率，因此，对 TCR 电流波形进行傅里叶变换，可以得到 TCR 基波无功电流与触发角的关系，如下式所示：

$$I_1 = \frac{\sigma - \sin\sigma}{\pi X_{\mathrm{L}}} U = B_{\mathrm{TCR}} U \tag{6-28}$$

$$B_{\mathrm{TCR}} = \frac{\sigma - \sin\sigma}{\pi X_{\mathrm{L}}} \tag{6-29}$$

式中　σ——晶闸管在半个基波周期的导通角，$\sigma = 2(\pi - \alpha)$，α 为晶闸管的触发角；

　　　B_{TCR}—— TCR 的等效基波电纳。

　　上述公式表明，TCR 支路相当于一个连续可调的电抗器，控制晶闸管的触发角就可以调节 TCR 的等效基波电纳。由于三相 TCR 支路的每一相晶闸管的触发角都可以单独控制，因此，TCR 与 FC 混合而成的 SVC 还具有平衡三相不对称负荷的能力。

　　设 B_{FC} 表示 FC 的基波电纳，则 SVC 的等效基波电纳为

$$B_{\mathrm{SVC}} = B_{\mathrm{FC}} - B_{\mathrm{TCR}} \tag{6-30}$$

　　图 6-14 给出了 SVC 的伏安特性曲线，在 $\alpha \geq 180°$ 和 $\alpha \leq 90°$ 的不可控区间，TCR 呈现出固定电容器或固定电抗器的特性。晶闸管不导通（$\alpha \geq 180°$）时，SVC 只有电容器组工作，特性如 OA；当晶闸管全导通（$\alpha \leq 90°$）时，电抗器特性为 OD，合成特性如 OC。在可控区段，根据母线电压的高低，通过控制触发角自动调节补偿电纳或补偿电流的性质和大小，使 SVC 呈现出期望的补偿特性如 AB。当系统电压高于参考电压 U_{ref} 时，SVC 吸收感性无功，使系统电压下降；反之，SVC 发出容性无功，使系统电压上升。线段 AB 的斜率称作调差率，是 SVC 稳压特性的重要参数。

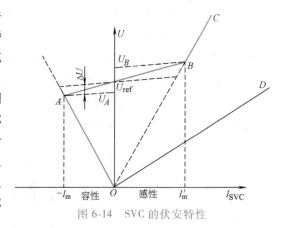

图 6-14　SVC 的伏安特性

　　除 TCR 与 FC 组合外，TCR 也可与 TSC 组合构成更加灵活的静止无功补偿装置。若采用多组 TSC 并联支路，还可以降低 TCR 装置的容量要求。

　　SVC 的主要缺点是：产生较大的谐波，而且补偿容量受到电源电压的影响，当电源电压较低时，补偿容量明显下降。通常，在 FC 支路串联电抗器，构成抑制谐波的调谐滤波器。理论上讲，三相平衡控制的 TCR 只产生（$6n \pm 1$）次特征谐波。若 SVC 用于补偿三相不平衡负荷，则还将产生三倍次谐波。

第四节　电压暂降与短时中断

　　供电系统的电压暂态变化包括电压骤升、电压暂降和短时中断，其起因都与系统故障或大容量负荷投切有关。

　　电压骤升是指工频条件下，电压方均根值上升到标称电压的（1.1～1.8）倍、持续时间为 0.5 周波到 1min 的电压变动现象。电压骤升通常是由单相接地故障引起的，大容量负荷

切除或大容量电容器组投入也会引起电压骤升。电压骤升的严重程度常用电压方均根值和持续时间来表征。

电压暂降是指供电电压方均根值突然下降至标称电压的 10%～90%，并在短暂持续 10ms～1min 后恢复正常的一种现象。电压低于 10% 时则称为短时中断。

由于电压暂降发生的频度更高、影响更大，近年来受到极大关注，国内外相继颁布了电压暂降的相关标准。本节主要论述电压暂降的概念、评价、影响及其防治措施。

一、电压暂降的特征参数

对于三相供电系统而言，当任一相电压低于电压暂降起点电压阈值时，认为电压暂降开始；当三相电压都高于电压暂降终点电压阈值时，才认为电压暂降结束。起点电压阈值取为标称值的 90%；终点电压阈值可取为标称值的 90%，或在标称值 90% 的基础上叠加一个迟滞电压，以免电压恢复时在阈值附近的振荡引起电压暂降的多次统计。迟滞电压一般取为标称值的 2%。

电压暂降波形往往是不规则的，在暂降期间电压的幅值通常是变化不定的，采用某些典型参数来描述或评价是一种惯用的做法。表征电压暂降严重程度的三个主要特征参数是持续时间、残余电压（或暂降深度）和发生频次。

1）持续时间 Δt。持续时间是指一次电压暂降从开始到结束所延续的时间。持续时间从时间尺度上反映了电压暂降的严重程度。

2）残余电压 U_{res}。残余电压是指一次电压暂降期间测到的电压方均根值的最小值（常用相对于标称电压的相对值或百分数表示）。残余电压从电压幅值上反映了电压暂降的最严重程度。与残余电压等价的一个替代参数是暂降深度，定义如下：

$$电压暂降深度 = \frac{标称电压-残余电压}{标称电压} \times 100\% \qquad (6-31)$$

图 6-15 给出了一次电压暂降的示意图。图中，U_N 为标称电压，$(1-10\%)$ U_N 为电压暂降阈值，Δt 为本次电压暂降的持续时间，ΔU 为本次电压暂降深度，$U_{res} = (U_N - \Delta U)$ 则为残余电压。

3）发生频次。发生频次是指电压暂降事件发生次数的平均值，称作 SARFI

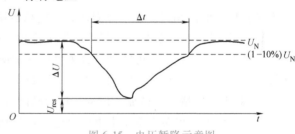

图 6-15　电压暂降示意图

指标，它反映了特定时间内某系统或某测点发生电压暂降的频度。$SARFI_{X-T}$ 是 $SARFI$ 指标之一，计算如下：

$$SARFI_{X-T} = \frac{D}{D_T} \times N_X \qquad X \in [90,80,70,60,50,40,30,20,10] \qquad (6-32)$$

式中　N_X——电压暂降监测时间段内残余电压小于 $X\%$ 的电压暂降的发生次数；

D_T——电压暂降监测时间段内的总天数；

D——指标计算周期天数，可取为 30 或 365，但要求 $D \leqslant D_T$。

$SARFI_{X-T}$ 指标表示该测点每月或每年残余电压小于 $X\%$ 的电压暂降的平均发生次数。譬如，$SARFI_{90-T}$ 就表示该测点每月或每年残余电压小于 90% 的电压暂降的平均发生次数。

除残余电压和持续时间外，相位跳变也是电压暂降的特征参数之一。当三相不对称系统发生暂降或三相对称系统发生不对称暂降时，在电压暂降开始前和开始后，电压的相位角可能会发生一定跳变。

二、电压暂降的来源及危害

1. 电压暂降的来源

引起电压暂降的因素很多，包括系统故障、绝缘子污秽闪络、线路放电、配电变压器通电、感应电动机起动、电容器投入电网等。感应电动机起动和电容器投入虽会引起电压暂降，但是在设计安装阶段通过采取适当措施是可以消除的。

电网故障是引起电压暂降的一个主要来源。短路故障必然造成故障线路及其相邻线路电压的突然大幅下降，虽然通过电流保护可以快速切除故障，但是电流保护通常带有时限，即使是无延时速断保护，从发出保护出口信号到断路器完成跳闸也需要 2~5 个工频周期的时间。若线路上装有重合闸装置时，由此引发的电压暂降次数将成倍增加。

雷击引起的绝缘子闪络和线路对地放电是造成系统电压暂降的另一个主要原因。高压电力系统的大多数设备是户外的，容易受雷击干扰，因雷击引发的电压暂降影响范围大，持续时间超过 5 个周期。

2. 电压暂降的危害

近十多年来，在电能质量问题的各种现象中，电压暂降是造成电压敏感设备不能正常工作的主要原因，通常可认为电压暂降引起 70%~90% 的电能质量问题。1995 年英国就电能质量问题对 100 家容量超过 1MW 的用户进行了为期 12 个月的监测调查，结果显示，69% 的用户受到过电能质量问题的侵扰，其中由电压暂降引起的事件占到 83%。目前，电压暂降已经上升为高新企业生产领域最为关注的电能质量问题之一。

电压暂降的危害是多方面的，包括但不限于：

1）电压暂降会引起交流接触器脱扣，导致用电设备失去电力。有研究表明，当电压低于 50% 且持续时间超过 1 个工频周期时，接触器就可能脱扣跳闸。

2）电压暂降会引起欠电压保护或失压脱扣器跳闸，导致供电线路失去电力。在配电系统中，出于可靠性要求，可能会设置欠电压保护或选用带有失压脱扣器的断路器，一旦电压降低到一定程度并持续一定时间，将导致断路器跳闸，线路失电。

3）对于某些精密机械加工设备，包括晶闸管调速电动机，为了保证产品加工质量或出于设备安全考虑，也会设置供电电压欠电压保护功能，当供电电压连续几个工频周期低于某设定阈值时，就会自动跳闸，退出工作。

4）对于计算机类信息设备，根据 ITIC 曲线，当供电电压低于 60% 且持续时间超过 4 个工频周期时，这些设备可能工作不稳定或操作异常。

电压暂降可能导致某些产品生产线（譬如塑料、玻璃、石化、纺织、造纸、半导体等）停顿，从而给企业造成严重的经济损失。据国外统计，一次电压暂降对不同行业可能造成的经济损失如图 6-16 所示。

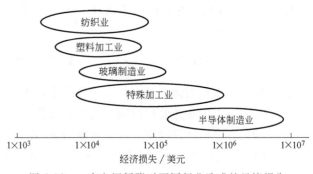

图 6-16　一次电压暂降对不同行业造成的经济损失

三、电压暂降的监测与评估

电压暂降的监测就是对供电系统中的某点或某些点的电压方均根值进行实时监测，测量每一次电压暂降的特征参数，按照电压暂降的残余电压和持续时间分档，统计一定时间内（一个月或一年）各种不同程度电压暂降的发生次数，记录如表6-5所示。此表是电压暂降统计评价的基础。需要指出，对于在1min内发生的多次暂降（譬如由二次重合闸引起的两次电压暂降），只计1次，且按残余电压最小的那次电压暂降特征参数进行记录。

表6-5　电压暂降事件发生次数统计表

残余电压 $U_{res}/(\%)$	持续时间$\Delta t/s$							
	0.01~0.1	0.1~0.25	0.25~0.5	0.5~1	1~3	3~10	10~20	20~60
80~90								
70~80								
60~70								
50~60								
40~50								
30~40								
20~30								
10~20								
0~10								

电压暂降的评估指标采用系统平均方均根值变动频率指标，简称 SARFI 指标。SARFI 反映了特定时间内某单一测点或某区域电网中电压暂降的发生频度。电压暂降的统计评估可分为单一测点评估和多测点区域电网评估。

（1）单一测点用户的评估　对于单一测点，主要用该测点在一定时间（典型值为一年）内发生残余电压小于 $X\%$ 的电压暂降的平均次数来表征，即式（6-32）计算得到的 $SARFI_{X-T}$ 指标。

不同的用户对电压暂降的幅值和持续时间的敏感程度是不同的。有些精密加工设备在90%残余电压下就会跳闸，而计算机可以承受持续时间不超过 4 个周波、残余电压低至 60% 的电压暂降。显然，基于单一电压阈值的电压暂降评估指标 $SARFI_{X-T}$ 是不全面的。

如果按照图 6-1 所示的 ITIC 电压容限曲线来统计，每当监测点电压超出电压容限范围一次算作一次电压暂降，则按照式（6-33）可以得到更为全面的电压暂降评估指标，记作 $SARFI_{ITIC}$。

$$SARFI_{ITIC} = \frac{D}{D_T} \times N_{ITIC} \tag{6-33}$$

式中　N_{ITIC}——统计时间内落到 ITIC 曲线允许区域之外的电压暂降的发生次数。

对于某些特殊设备，可以制定与之相适应的电压容限曲线，并按照上述思想得到定制的电压暂降评估指标。

单测点指标可用于敏感设备与供电电源之间的兼容性评估，不同测点的单测点指标可为敏感设备安装地点的选择提供帮助。

（2）多测点区域电网的评估　设某区域电网分布着多个电压暂降的监测点（或多用户

监测点），可将所有监测点的单测点指标累计后再求平均值来作为该区域电网电压暂降的系统评估指标。

多测点区域电网也可以采用该区域电网所辖用户的户均遭受电压暂降次数来评估，评估指标如下式所示：

$$SARFI_{X-C} = \frac{\sum N_{X.i}}{N_T} \qquad X \in [\,90,80,70,60,50,40,30,20,10\,] \tag{6-34}$$

式中 $N_{X.i}$——第 i 次电压暂降事件中遭受残余电压小于 $X\%$ 的用户数；

N_T——所有测点供电的用户总数。

四、抑制电压暂降的措施

与电能质量的其他问题相比，电压暂降的发生具有强烈的随机性，事故原因也不易觉察，解决起来成本高、难度大，仅仅依靠供电公司无法彻底解决供电电源的电压暂降问题。从技术上讲，电压暂降问题需要供电公司、用户和用电设备生产商从各自的角度联合解决。

1）强化管理，避免或减少故障的发生。配电系统短路故障是引起电压暂降的主要因素之一，因此，供电公司和用户都应加强对电力设施的安全运营、规范操作和定期维护，尽最大努力来减少故障的发生。

2）采用故障限流器，缩短故障清除时间。缩短故障清除时间虽然不能减少电压暂降发生的次数，但却能明显减少电压暂降的影响程度和持续时间。缩短故障清除时间最有效的措施是应用有限流作用的熔断器。这种熔断器能够在 0.5 个周波内清除故障，使得电压暂降的持续时间很少超过 1 个周波。由于熔体极少误动作，因此能够有效地缩短故障清除时间。另外采用快速故障限流器也能在一两个周波内明显减少故障电流的幅值，缓解电压暂降的持续时间。

3）改变供电方式，降低电压暂降的严重程度，具体措施有：

① 对敏感负荷采用多电源供电，并利用静止开关在允许时间之内实现快速切换。

② 利用母线分段限制同一段母线上的馈线数。

③ 将电压敏感设备与其他故障多发线路分开，必要时在故障多发线路上安装限流电抗器，增加敏感设备与故障点间的电气距离。但是，对装设了限流电抗器的馈线上的用户而言，电压暂降的严重程度可能会增大。

④ 对多个由变频器供电的拖动类敏感设备而言，可采用多变频器共直流母线的供电方式，并加大直流母线上的直流支撑电容或增设适量的直流储能装置。

4）提高供用电设备对电压暂降的耐受能力。根据敏感设备供电的需要，合理选择电压暂降耐受能力较强的供电设备（譬如在较低残余电压下仍可可靠工作的交流接触器），或合理设置欠电压保护的阈值。另外，对于用电设备的生产商而言，应努力提高用电设备对电压暂降的耐受能力，避免由于电压质量问题导致产品质量下降、生产停顿甚至设备或产品损坏。

5）加设电压暂降抑制设备。在敏感设备与供电系统的接口处安装附加设备，是解决电压暂降问题的有效途径。目前，电压暂降抑制设备主要有交直流不间断电源（UPS）和基于串联电压补偿技术的动态电压恢复器（DVR）。

第五节　电力谐波

一、谐波基础知识

1. 定义

对于一个周期为 T 的非正弦周期波形 $f(t)$，按照傅里叶级数可以将其分解为直流分量和许多不同频率的正弦交流分量之和，即

$$f(t) = A_0 + \sum_{h=1}^{\infty} a_h \sin(h\omega_1 t) + \sum_{h=1}^{\infty} b_h \cos(h\omega_1 t) = A_0 + \sum_{h=1}^{\infty} A_h \sin(h\omega_1 t + \varphi_h) \quad (6\text{-}35)$$

其中

$$\omega_1 = 2\pi/T$$

$$A_0 = \frac{1}{T} \int_0^T f(t)\,\mathrm{d}t$$

$$A_h = \sqrt{a_h^2 + b_h^2}$$

$$a_h = \frac{2}{T} \int_0^T f(t) \sin(h\omega_1 t)\,\mathrm{d}t$$

$$b_h = \frac{2}{T} \int_0^T f(t) \cos(h\omega_1 t)\,\mathrm{d}t$$

$$\varphi_h = \arctan\left(\frac{b_h}{a_h}\right)$$

A_0 为周期波形在一个周期中的平均值，称为直流分量；在正弦交流分量中，最低频率 $(h=1)$ 的正弦分量称基波分量，其频率为 ω_1，幅值为 A_1；除基波分量外的其余正弦交流分量称为谐波分量，简称谐波，其频率为基波频率的整数倍 $(h \geqslant 2)$，该整倍数 h 称为谐波次数。所以，h 次谐波的频率为 $(h\omega_1)$，幅值为 A_h。

在工程实践中，谐波的表示除式（6-35）频域数学表达式外，通常用波形的频谱结构图来表示，横坐标为谐波次数，纵坐标为谐波幅值或谐波幅值与基波幅值之比（此时常用分贝数表示）。图 6-17 所示为方波及其频谱结构图，每一谐波分量以谐波幅值对基波幅值的相对值的分贝数来表示，下式为其对应的频域数学表达式：

$$f(t) = \frac{4A}{\pi}\left[\sin(\omega_1 t) + \frac{1}{3}\sin(3\omega_1 t) + \frac{1}{5}\sin(5\omega_1 t) + \frac{1}{7}\sin(7\omega_1 t) + \cdots\right]$$

在三相系统中，三相谐波分量也有其相序。对于三相对称的非正弦电压或电流而言，$(3n-2)$ 次谐波为正序，$(3n-1)$ 次谐波为负序，$(3n)$ 次谐波为零序，其中 n 为正整数。由于零序谐波频率为 3 倍于基波频率的整数倍，故常称为 3 倍次谐波。三相零序谐波电流的相位相同，在三相三线制系统中无法流通，因而它仅存在于三相四线制系统中。

在供电系统中，直流分量对供电设备有严重危害，因而要求大容量谐波发生设备不向电网注入直流分量电流。在下面的谐波分析中，均假设电网电压和负荷电流中不含直流分量。

在供电系统中，除上述整数次谐波外，还存在有间谐波。间谐波是指那些频率不是基波频率整数倍的谐波分量，主要来自变频调速装置、交流电弧炉、点焊机等，间谐波将会产生闪变、导致滤波器谐振、干扰通信等，逐渐受到人们关注。

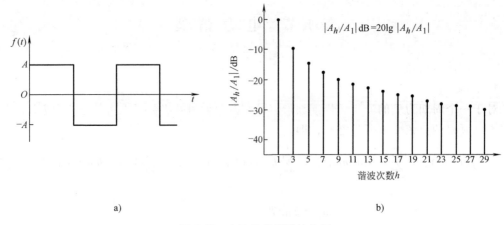

图 6-17 方波及其频谱结构图

a）方波波形 b）方波频谱结构图

2. 谐波发生源

在供电系统中，理想的电压和电流波形应为纯正弦波，实际上，电压和电流波形都含有谐波。使电力系统产生谐波的因素很多，可归纳为两大类：第一类为电力系统中的发电机和变压器，通常发电机产生的谐波很小，而变压器由于其铁心的非线性磁化特性，变压器励磁电流波形严重畸变。变压器励磁电流中的谐波成分主要为 3 次和 5 次，3 次谐波约为励磁电流的 5% ~ 10%，5 次谐波则可达励磁电流的 15% ~ 20%。与负荷电流相比，变压器的励磁电流很小，因而变压器引起的谐波并不严重。第二类谐波源主要为电力用户中的非线性用电设备，如冶炼电弧炉、电力机车、大容量变流设备、家用电器和办公自动化设备等。第二类谐波源是电力系统谐波的主要来源，现仅就用户谐波发生设备分述如下：

（1）整流装置　整流装置常用于电解电镀装置、轧机和直流电动机调速控制、蓄电池充电装置、直流电弧炉等。按照整流装置直流侧输出电压在一个基波周期内的波头数，整流装置分为 6 脉波、12 脉波、24 脉波或 48 脉波整流。整流装置产生的谐波电流次数及其幅值，与整流装置的脉波数 p、控制角 α、重叠角 γ 以及负荷特性等有关。假设：①电源电压波形是正弦波，无谐波分量存在；②三相系统参数和负荷对称；③整流装置各相控制角 α 都相等。则整流装置仅产生 $h = mp \pm 1$ 的各次特征谐波（m 为正整数）电流。若进一步假设重叠角为 0、整流器负载为感性，即整流变压器一次电流为理想阶梯波的条件下，则 h 次特征谐波电流幅值为基波电流的 $1/h$。

实际上，由于三相供电系统参数不对称或各相控制角 α 不相等，将导致非特征谐波电流的出现，特征谐波电流的幅值也有较大变化。在实际分析计算中，低次特征谐波电流的幅值可按式（6-36）近似计算，也可按表 6-6 取值。

$$I = \frac{I_1}{(h - 5/h)^{1.2}} \qquad (5 \leqslant h \leqslant 31) \qquad (6\text{-}36)$$

表 6-6 相控整流装置主要特征谐波电流值（相对值）

I_1	I_5	I_7	I_{11}	I_{13}	I_{17}	I_{19}	I_{23}	I_{25}
100	17.5	11.1	4.5	2.9	1.5	1.0	0.9	0.8

（2）交流电弧炉　电弧炉在熔化期将产生较大的谐波电流，主要为（2~7）次的低次谐波。据有关实测报道，电弧炉产生的各次谐波电流值的范围如表6-7所示。

表 6-7　交流电弧炉主要谐波电流值（相对值）

I_1	I_2	I_3	I_4	I_5	I_6	I_7
100	5~12	6~20	3~7	4~9	1~2	2~4

（3）家用电器及办公自动化设备　随着家电产品的电子化和自动化，许多家用电器和办公自动化设备的电流波形都有显著畸变。图6-18为某计算机房三相电流和零线电流实测波形，可以看出，相电流波形畸变严重，零线电流基本是频率为3倍工频的3次谐波电流，且零线电流幅值超过相线电流，这说明计算机的电流中以3次零序谐波为主。

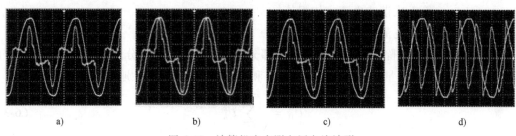

图 6-18　计算机房实测电压电流波形

a）A相电压与电流　b）B相电压与电流　c）C相电压与电流　d）A相电压与中线电流

虽然家用电器和办公自动化设备单台功率小，单台设备产生的谐波电流绝对值小，但在家用电器、办公自动化设备及电子仪器密集的区域，它们仍是不可忽视的重要谐波发生源。

3. 谐波危害

供电系统中的谐波源主要是谐波电流源，谐波电流通过电网将在电网阻抗上产生谐波压降，从而导致谐波电压的产生。谐波电压和电流的危害是广泛的，必须引起供用电科技工作者的重视。

谐波对发电机、变压器、电动机、电容器等几乎所有连接于电网的电气设备都有危害，主要表现为产生谐波附加损耗，使设备过热以及谐波过电压加速设备绝缘老化等。在三相四线制低压系统中，各相3次谐波电流在中性线中叠加，导致中性线过电流。

当配电系统存在并联电容器时，并联电容器与系统等效电抗可能在某次谐波附近发生并联谐振，导致谐波电压和谐波电流的严重放大，影响供电系统的安全运行。

谐波对变压器差动保护、线路距离保护及电容器过电流保护等保护和自动装置亦有影响，主要表现为引起继电保护和自动装置误动作。

谐波对电能计量精度有影响。当供电系统含有谐波时，谐波电压和谐波电流产生谐波功耗，使工频电度表计量存在误差；此外，谐波的存在会影响电能表的磁电特性，从而导致基波计量误差。

谐波对通信质量有影响。当含有谐波电流的电力线路与通信线路并行敷设时，由于高次谐波的辐射作用，将使通信信号产生杂音干扰。

二、谐波的评价计算及其限值

1. 谐波的评价计算

供电系统中谐波的严重程度通常用单次谐波含有率和总谐波畸变率来表示。

第 h 次谐波含有率定义为第 h 次谐波分量方均根值与基波分量方均根值之比，即

$$HRU_h = \frac{U_h}{U_1} \times 100\% \tag{6-37}$$

$$HRI_h = \frac{I_h}{I_1} \times 100\% \tag{6-38}$$

式中　HRU_h——第 h 次谐波电压含有率；

$\quad\quad U_h$——第 h 次谐波电压方均根值；

$\quad\quad U_1$——基波电压方均根值；

$\quad\quad HRI_h$——第 h 次谐波电流含有率；

$\quad\quad I_h$——第 h 次谐波电流方均根值；

$\quad\quad I_1$——基波电流方均根值。

从原畸变波形中去除基波分量后，剩余部分称谐波分量，谐波分量在一个工频周期中的方均根值定义为谐波含量。谐波电压含量 U_H 和谐波电流含量 I_H 分别计算如下：

$$U_H = \sqrt{\sum_{h=2}^{\infty} U_h^2} \tag{6-39}$$

$$I_H = \sqrt{\sum_{h=2}^{\infty} I_h^2} \tag{6-40}$$

总电压（电流）方均根值与基波分量方均根值和谐波含量之间有如下关系：

$$U = \sqrt{\sum_{h=1}^{\infty} U_h^2} = \sqrt{U_1^2 + U_H^2} \tag{6-41}$$

$$I = \sqrt{\sum_{h=1}^{\infty} I_h^2} = \sqrt{I_1^2 + I_H^2} \tag{6-42}$$

总谐波畸变率则定义为谐波含量与基波分量方均根值之比，即

$$THD_U = \frac{U_H}{U_1} \times 100\% = \sqrt{\left(\frac{U}{U_1}\right)^2 - 1} \times 100\% \tag{6-43}$$

$$THD_I = \frac{I_H}{I_1} \times 100\% = \sqrt{\left(\frac{I}{I_1}\right)^2 - 1} \times 100\% \tag{6-44}$$

上述定义表明，谐波含有率仅反映了单次谐波在总量中的比重，而总谐波畸变率则概括地反映了周期波形的非正弦畸变程度。

2. 谐波限值

我国国标 GB/T 14549—1993《电能质量　公用电网谐波》中对谐波电压限值及谐波电流允许值作了明确规定。表 6-8 列出了各级电网电压下的谐波电压限值，这主要是对供电公司的要求，在用户停运期间供电公司供给用户的电压背景谐波应满足此表要求；表 6-9 列出了各级电网电压下用户注入公共连接点的谐波电流允许值，这主要是对电力用户的要求。

注意，当电网公共连接点的实际最小短路容量 S_k 不同于表中基准短路容量 S_j 时，实际允许注入的谐波电流值 I_h 应根据表中数据 I_j 按下式修正：

$$I_h = \frac{S_k}{S_j} I_j \tag{6-45}$$

表 6-8 公用电网谐波电压（相电压）限值

电网标称电压/kV	电压总谐波畸变率（%）	各次谐波电压含有率(%)	
		奇次	偶次
0.38	5.0	4.0	2.0
6	4.0	3.2	1.6
10			
35	3.0	2.4	1.2
66			
110	2.0	1.6	0.8

表 6-9 注入公共连接点的谐波电流允许值

标准电压/kV	基准短路容量/(MV·A)	谐波次数及谐波电流允许值/A																							
		2	3	4	5	6	7	8	9	10	11	12	13	14	15	16	17	18	19	20	21	22	23	24	25
0.38	10	78	62	29	62	26	44	19	21	16	28	13	24	11	12	9.7	18	8.6	16	7.8	8.9	7.1	14	6.5	12
6	100	43	34	21	34	14	24	11	11	8.5	16	7.1	13	6.1	6.8	5.3	10	4.7	9.0	4.3	4.9	3.9	7.4	3.6	6.8
10	100	26	20	13	20	8.5	15	6.4	6.8	5.1	9.3	4.3	7.9	3.7	4.1	3.2	6.0	2.8	5.4	2.6	2.9	2.3	4.5	2.1	4.1
35	250	15	12	7.7	12	5.1	8.8	3.8	4.1	3.1	5.6	2.6	4.7	2.2	2.5	1.9	3.6	1.7	3.2	1.5	1.8	1.4	2.7	1.3	2.5
66	500	16	13	8.1	13	5.4	9.3	4.1	4.3	3.2	5.9	2.7	5.0	2.3	2.6	2.0	3.8	1.8	3.4	1.6	1.9	1.5	2.8	1.4	2.6
110	750	12	9.6	6.0	9.6	4.0	6.8	3.0	3.2	2.4	4.3	2.0	3.7	1.7	1.9	1.5	2.8	1.3	2.5	1.2	1.4	1.1	2.1	1.0	1.9

例如，某 10kV 系统，系统实际短路容量为 150MV·A，则实际允许注入的 5 次谐波电流为

$$I_5 = \frac{150}{100} \times 20A = 30A$$

三、供电系统谐波分析计算

供电系统的谐波分析，就是在给定系统结构和参数情况下，预测系统各点谐波电压和各条线路谐波电流的分布情况，同时分析采用谐波抑制装置和无功补偿电容器后对系统谐波分布改善的情况或影响的程度。

谐波分析计算的方法目前主要有谐波电路稳态分析法和谐波潮流分析法。谐波潮流分析法较为复杂，一般适用于具有多个谐波源的大型电力系统的谐波分布分析，对用户供电系统而言，宜采用稳态分析法。稳态分析法简便实用，适合于具有一个或几个较显著的谐波电流源的单端放射式供电网络的谐波分布分析。稳态分析法中，首先将供电系统进行简化处理，得出其等效电路，进而采用一般的电路稳态分析方法来逐次分析各次谐波的分布，其结果的准确性取决于等效电路逼近实际系统的程度。

1. 供电系统各元件谐波等效模型

供电系统各元件谐波等效模型是谐波分析的基础和关键。由于供电系统的复杂性和元件谐波阻抗与谐波频率的关系的非线性，要得到精确的等效模型是困难的。在分析计算中，通常近似认为

$$\begin{cases} X_h = hX \\ X_{Ch} = X_C/h \\ R_h = \sqrt{h}\,R \end{cases} \quad (6\text{-}46)$$

式中　X、X_h——分别为元件基波和 h 次谐波感抗；

　　　X_C、X_{Ch}——分别为元件基波和 h 次谐波容抗；

　　　R、R_h——分别为元件基波和 h 次谐波电阻。

此外，为简化计算，通常假设供电系统三相对称，并根据用户供电系统的实际特点对元件的等效模型作相应的简化处理。

（1）供电电源　通常认为供电电源为正弦波电压源。分析时，将该电源等效为一个基波电流源与电源内电抗的并联，如图 6-19a 所示。供电电源等效基波电抗和电流为

$$X_S = \frac{U_N^2}{S_k} \quad (6\text{-}47)$$

$$I_S = \frac{S_k}{\sqrt{3}\,U_N} \quad (6\text{-}48)$$

式中　U_N——供电电源标称电压（kV）；

　　　S_k——供电电源三相短路容量（MV·A）。

（2）供电线路　对用户供电系统而言，由于用户供电线路较短，可以忽略线路对地分布电容。线路等效模型如图 6-19b 所示，其等效基波电阻和电抗的计算如式（2-32）和式（2-35）。

（3）变压器　用户供电系统中的变压器容量相对较小，可略去变压器励磁电抗不计。变压器等效模型如图 6-19c 所示，其等效基波电阻和电抗的计算如式（3-45）和式（3-47）所示。

（4）并联电容器　并联电容器用理想电容器来表示，如图 6-19d 所示，其等效基波容抗为

$$X_C = \frac{U_N^2}{Q_C} \quad (6\text{-}49)$$

式中　Q_C——并联电容器的额定容量（Mvar）。

（5）电抗器　电抗器以理想电感来表示，如图 6-19e 所示，其等效基波电抗为

$$X_{LR} = \omega_1 L \quad (6\text{-}50)$$

式中　ω_1——基波角频率；

　　　L——电抗器电感量。

（6）电力负荷　电力负荷可按等效电阻和等效电抗的并联来考虑，如图 6-19f 所示。感性负荷等效基波阻抗计算如下：

$$R_L = \frac{U_N^2}{P_c} \quad (6\text{-}51)$$

$$X_L = \frac{U_N^2}{Q_c} \quad (6\text{-}52)$$

式中　P_c、Q_c——电力负荷的计算负荷。对于用户供电系统而言，用电负荷容量远小于系统短路容量，在谐波简化分析中，电力负荷可以不考虑。

（7）谐波源　谐波源设备通常用各次谐波电流源的并联来表示，如图 6-19g 所示。对于整流装置，首先可根据额定容量和额定电压求出基波电流，然后可按表 6-5 计算各次谐波电流值。

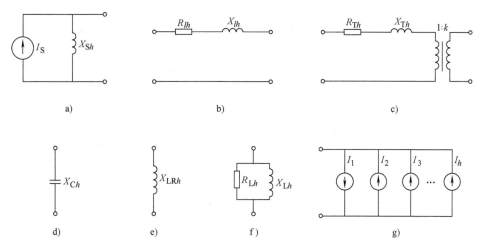

图 6-19　供电系统各元件谐波等效模型

a）供电电源　b）线路　c）变压器　d）并联电容器　e）电抗器　f）电力负荷　g）谐波源

2. 系统等效电路及其谐波分布分析

将供电系统各元件的等效模型按系统联结关系逐一替换，即可得系统等效电路。应当注意，各元件在各次谐波频率（含基波）下的等效结构或参数不一定相同，因而在分析 h 次谐波的分布时，各元件应以 h 次谐波频率下的电路结构和参数代入。计算中，应注意变压器一、二次侧不同电压等级下阻抗的变换关系。

供电系统在基波和 h 次谐波下的等效电路的一般结构如图 6-20 所示。

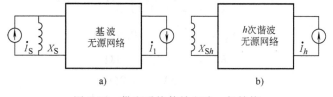

图 6-20　供电系统等效电路一般结构

a）基波等效电路　b）谐波等效电路

确定了谐波等效电路之后，采用经典的电路分析方法即可求出各支路 h 次谐波电流和各节点 h 次谐波电压，也可采用诸如 MATLAB 等仿真计算软件来分析计算。

如果该系统中含有多个独立谐波源，按照叠加原理，可以先逐个计算每一谐波源在各个节点产生的 h 次谐波电压及在各条支路产生的 h 次谐波电流，然后求各谐波源在同一节点产生的 h 次谐波电压的相量和，以及在同一支路上产生的 h 次谐波电流的相量和。当然，计算中必须已知各个谐波源之间的相位关系。

例 6-3　已知某供电系统结构和参数如图 6-21a 所示。试求 Q_{C2} 投入前后整流装置注入节点 C 的 5 次谐波电流 $I_{C(5)}$ 和节点 C 处 5 次谐波电压 $U_{C(5)}$。

解　根据供电系统简图作等效电路如图 6-21b 所示，所有元件的阻抗均折算到 10kV 侧。

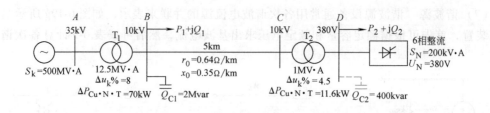

图 6-21 例 6-3 图

a) 系统原理接线图 b) 5 次谐波等效电路

其中，负荷（$P_1+\mathrm{j}Q_1$）和（$P_2+\mathrm{j}Q_2$）忽略不计。

（1）计算各元件 5 次谐波等效阻抗

1）供电电源

$$X_S = \frac{U_N^2}{S_k} = \frac{10^2}{500}\Omega = 0.2\,\Omega$$

$$X_{S(5)} = 5X_S = 1.0\,\Omega$$

2）1$^\#$变压器

$$R_{T1} = \Delta P_{Cu.N.T}\frac{U_{N2}^2}{S_{N.T}^2} = 70\times10^{-3}\times\frac{10^2}{12.5^2}\Omega = 0.0448\,\Omega$$

$$Z_{T1} = \frac{\Delta u_k\%}{100}\frac{U_{N2}^2}{S_{N.T}} = \frac{8}{100}\times\frac{10^2}{12.5}\Omega = 0.64\,\Omega$$

$$X_{T1} = \sqrt{Z_{T1}^2 - R_{T1}^2} = 0.638\,\Omega$$

$$R_{T1(5)} = \sqrt{5}\,R_{T1} = 0.1\,\Omega$$

$$X_{T1(5)} = 5X_{T1} = 3.2\,\Omega$$

3）线路

$$R_l = r_0l = 0.64\times5\,\Omega = 3.2\,\Omega$$

$$X_l = x_0l = 0.35\times5\,\Omega = 1.75\,\Omega$$

$$R_{l(5)} = \sqrt{5}\,R_l = 7.2\,\Omega$$

$$X_{l(5)} = 5X_l = 8.8\,\Omega$$

4）2$^\#$变压器

$$R_{T2} = 11.6\times10^{-3}\times\frac{10^2}{1^2}\Omega = 1.16\,\Omega$$

$$Z_{T2} = \frac{4.5}{100}\times\frac{10^2}{1}\Omega = 4.5\,\Omega$$

$$X_{T2} = \sqrt{4.5^2 - 1.16^2}\,\Omega = 4.35\,\Omega$$

$$R_{T2(5)} = \sqrt{5}\times1.16\,\Omega = 2.6\,\Omega$$

$$X_{T2(5)} = 5\times4.35\,\Omega = 21.8\,\Omega$$

5） 1# 电容器

$$X_{C1} = \frac{U_N^2}{Q_{C1}} = \frac{10^2}{2}\Omega = 50\Omega$$

$$X_{C1(5)} = X_{C1}/5 = 10\Omega$$

6） 2# 电容器

$$X_{C2} = \frac{U_N^2}{Q_{C2}} = \frac{10^2}{0.4}\Omega = 250\Omega$$

$$X_{C2(5)} = X_{C2}/5 = 50\Omega$$

7） 整流装置

$$I_1 = \frac{S}{\sqrt{3}\,U_N} = \frac{200}{\sqrt{3}\times 10}A = 11.4A$$

$$I_5 = 0.175 I_1 = 2A$$

（2） 2# 电容器投入前 $U_{C(5)}$ 和 $I_{C(5)}$ 根据等效电路和元件参数，可列写节点电压方程如下：

$$\begin{pmatrix} \dfrac{1}{2.6+j21.8} & \dfrac{-1}{2.6+j21.8} & 0 & 0 \\[2mm] \dfrac{-1}{2.6+j21.8} & \dfrac{1}{2.6+j21.8}+\dfrac{1}{7.2+j8.8} & \dfrac{-1}{7.2+j8.8} & 0 \\[2mm] 0 & \dfrac{-1}{7.2+j8.8} & \dfrac{1}{7.2+j8.8}+\dfrac{-1}{j10}+\dfrac{1}{0.1+j3.2} & \dfrac{-1}{0.1+j3.2} \\[2mm] 0 & 0 & \dfrac{-1}{0.1+j3.2} & \dfrac{1}{0.1+j3.2}+\dfrac{1}{j1} \end{pmatrix} \times \begin{pmatrix} \dot{U}_{D(5)} \\ \dot{U}_{C(5)} \\ \dot{U}_{B(5)} \\ \dot{U}_{A(5)} \end{pmatrix} = \begin{pmatrix} 2 \\ 0 \\ 0 \\ 0 \end{pmatrix}$$

解此方程，得 $\dot{U}_{C(5)} = (15.0+j32.1)V$

由等效电路显然可知：$I_{C(5)} = I_5$

即 $U_{C(5)} = 35.4V, I_{C(5)} = 2.0A$

（3） 2# 电容器投入后 $U_{C(5)}$ 和 $I_{C(5)}$ 当 2# 电容器投入后，在上述导纳矩阵中，节点 D 自导纳由 $1/(2.6+j21.8)$ 变为 $[1/(2.6+j21.8)+(-1)/(j50)]$，其余不变。解节点电压矩阵方程，可得

$$\dot{U}_{C(5)} = (101.3+j47.7)V$$

$$\dot{U}_{D(5)} = (202.1+j143.3)V$$

$$\dot{I}_{C(5)} = \frac{\dot{U}_{D(5)}-\dot{U}_{C(5)}}{R_{T2(5)}+jX_{T2(5)}} = \frac{(202.1+j143.3)-(101.3+j47.7)}{2.6+j21.8}A = (4.9-j4.0)A$$

即 $U_{C(5)} = 112.0V$，$I_{C(5)} = 6.3A$。

上述计算结果表明，当 0.4kV 母线上并联电容器投入后，使得由整流装置引起的 10kV 母线上的 5 次谐波电压和注入 10kV 系统的 5 次谐波电流值增大到原来的 3 倍多，这种现象称为电容器对谐波的放大作用。

四、并联电容器对谐波的放大作用

在用户供电系统中，并联电容器作为无功功率补偿设备得到广泛应用。供电系统中的电容器，一方面由于其谐波阻抗小，系统高次谐波电压会在其中产生显著的高次谐波电流，使电容器过热，严重影响其使用寿命；另一方面，电容器的投入可能引起系统谐波放大，例 6-3 已说明这一点。

1. 电容器对谐波的放大作用

图 6-22 所示为供电给整流装置的供电系统简图及其等效电路，L 为系统等效电感，R 为系统等效电阻，C 为无功补偿电容，I_h 为谐波源注入的 h 次谐波电流。

由等效电路可得

$$\dot{I}_{Sh} = \frac{1}{1-\omega^2 LC + jR\omega C} I_h$$

$$\dot{U}_{Sh} = (R+j\omega L)\dot{I}_{Sh}$$

令

$$K_h = \frac{I_{Sh}}{I_h} = \left| \frac{1}{1-\omega^2 LC + jR\omega C} \right| \tag{6-53}$$

式（6-53）表明，电容器对谐波是否具有放大作用，取决于系数 K_h 的大小，K_h 与 ω 的关系如图 6-23 所示。显然，电容器对落在 $0 \sim \omega_{cr}$ 区间内的所有谐波分量均有放大作用，尤其是对 ω_r 附近的谐波会有显著放大作用。

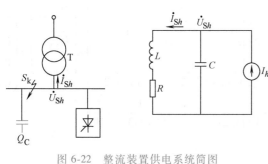

图 6-22　整流装置供电系统简图

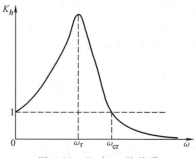

图 6-23　K_h 与 ω 的关系

通常，供电系统等效电阻较电抗小许多，为简化分析，略去电阻 R 不计。由式（6-53）可以看出，K_h 在 ω_r 处达到最大值的条件为

$$\omega_r = \frac{1}{\sqrt{LC}}$$

若将系统等效电感 L 用系统短路容量 S_k 来表示，将电容 C 用电容器的容量 Q_C 来表示，则上式可改写为

$$\omega_r = \sqrt{\frac{S_k}{Q_C}}\,\omega_1 \tag{6-54}$$

令 $K_h = 1$，并忽略系统等效电阻 R，由式（6-53）可以求出临界频率 ω_{cr} 为

$$\omega_{cr} = \sqrt{\frac{2}{LC}} = \sqrt{2}\,\omega_r = \sqrt{\frac{2S_k}{Q_C}}\,\omega_1 \tag{6-55}$$

若考虑到供电系统电阻 R 的实际存在，实际谐振频率 ω_r 和临界频率 ω_{cr} 比上述公式计算结果要小些。

2. 谐波放大的防止与消除

并联电容器之所以能够引起谐波放大，在于电容器回路阻抗在谐波频率范围内呈现出容性。若在电容器回路串接一个电抗器，如图 6-24 所示，通过选择电抗值使电容器回路在最低次谐波频率下呈现出感性，则

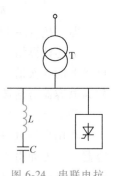

图 6-24　串联电抗器防止谐波放大

可消除谐波放大现象。

为避免谐波放大，串联电抗器的电感量 L 应满足下式关系：

$$h_{\min}\omega_1 L-\frac{1}{h_{\min}\omega_1 C}>0$$

于是

$$X_{LR}=\omega_1 L>\frac{1}{h_{\min}^2\omega_1 C}=\frac{X_C}{h_{\min}^2}$$

式中　X_{LR}——串联电抗器等效基波电抗；

　　　　X_C——并联电容器组等效基波容抗；

　　　　$h_{\min}$——谐波源最低次谐波的次数。

考虑到电抗器和电容器的制造误差，通常取

$$X_{LR}=(1.3\sim1.5)\frac{X_C}{h_{\min}^2} \tag{6-56}$$

或

$$k_{LR}=\frac{X_{LR}}{X_C}\times100\%=\frac{1.3\sim1.5}{h_{\min}^2}\times100\%$$

式中，k_{LR} 称为串联电抗器的电抗率。对于 6 脉波整流装置，$h_{\min}=5$，则可取 $k_{LR}=5\%\sim$ 6%，对于含有三次谐波的供电系统，可取 $k_{LR}=12\%\sim13\%$。电容器串接电抗器就形成了调谐滤波器电路，只不过这种调谐滤波器的谐振频率有意躲开了最低次谐波频率，因此，有人称这种滤波器为失谐滤波器。失谐滤波器对谐波有着一定的抑制作用，但其主要目的在于补偿负荷基波无功功率。

并联电容器回路串接电抗器后，电容器端电压、电容器回路电流以及电容器回路向负荷提供的无功功率均放大了约 $(1+k_{LR})$ 倍。因此，应适当提高电容器的额定电压，确保并联电容器能够长期安全运行。

综上所述，在含有谐波的供电系统中，装设并联电容器时应注意以下几点：

1）在含有谐波的供电系统中，无功补偿用并联电容器组的投入运行，会引起系统谐波电流和谐波电压的放大。因此，电容器支路应串联防谐电抗器，以防止发生谐波放大现象。

2）当供电系统存在谐波时，即使电容器组对谐波无放大作用，电容器也会因谐波的存在而出现过电流和过电压。因此，在选择电容器参数时，应根据实际情况核算电容器中电流和电压的方均根值，使其不超过电容器的允许值。我国电容器生产厂家通常规定，电容器可在 1.1 倍额定电压和 1.3 倍额定电流下长期运行。

五、谐波的抑制方法

工业企业供电系统中高次谐波的抑制，首先应考虑采用新技术或新装置，尽量减小谐波源设备的谐波发生量。减小谐波源设备谐波发生量的主要方法有：

1. 增加整流装置的相数

增加整流装置的相数是降低大容量整流设备谐波发生量的基本和常用方法之一。多相整流变压器二次绕组进行不同组合，可实现 6 脉波、12 脉波、24 脉波或 48 脉波整流。理论上讲，p 脉波整流装置仅产生 $h=mp\pm1$ 的各次特征谐波（m 为正整数）电流，且 h 次特征谐波电流值为基波电流值的 $1/h$。因此，增加整流装置的相数可消除较低次谐波电流，显著降低总谐波畸变率。

2. 采用 PWM 整流器

PWM 整流器既可以改善交流输入电流的波形，还可以提高装置的功率因数，使装置的总体功率因数为 1，因而也称为单位功率因数整流器。PWM 整流器的交流输入电流波形接近正弦波，其中存在的谐波次数高，谐波含量小，采用简单的并联型高通滤波器就可以达到良好的滤波效果。

3. 改变供电系统的运行方式

改变供电系统的运行方式，保持三相系统平衡，可以减小整流器的非特征谐波电流。此外，合理布局无功补偿装置，避免电容器对谐波的放大作用。

采取上述措施后，若谐波仍不能满足要求，应考虑设置谐波滤波器。

4. 设置电力滤波器

按照滤波器与谐波源的串并联关系，滤波器分为并联型滤波器和串联型滤波器。并联型滤波器与谐波源负荷并联运行，为负荷中的谐波电流提供一个并联旁路支路，从而减小注入电网中的谐波电流；串联型滤波器串联于电网和谐波源负荷之间，在电网与谐波源负荷之间对谐波电流起到一定的阻隔作用。电流型谐波源应采用并联型滤波器来抑制谐波，而电压型谐波源应采用串联型滤波器。

按照滤波器的滤波原理和电路结构，电力滤波器又分为无源滤波器和有源滤波器。无源滤波器仅由 RLC 无源元件组成，采用调谐原理来抑制谐波；有源滤波器主要由以电力电子技术为核心的电压源逆变器组成，采用谐波电流或谐波电压对消的原理来抑制谐波。在实际工程中，也可采用无源型与有源型滤波器的组合来提高滤波效果和降低滤波成本。

下面简要介绍一下无源滤波器的结构与原理，关于有源滤波器请参阅第八章第一节。

无源电力滤波器由电力电容器、电抗器和电阻器按一定方式连接而成，利用电抗器与电容器的串并联谐振来达到抑制谐波的目的，因此，无源滤波器也称调谐滤波器。**调谐滤波器分为单调谐滤波器、双调谐滤波器和高通滤波器。**一组单调谐滤波器只能滤除单次谐波，对于谐波含量较大的低次谐波，可采取多组单调谐滤波器的并联组合，对于剩余的谐波含量相对较小的高次谐波，可以统一采用一组高通滤波器来滤除。因此，一套无源电力谐波滤波装置通常包括多组单调谐滤波器和一组高通滤波器，图 6-25 为无源滤波装置在供电系统中的连接示意图。

图 6-25 中①②为单调谐滤波器，单调谐滤波器的滤波电抗器和电容器的理论参数应满足下式关系：

$$h\omega_1 L - \frac{1}{h\omega_1 C} = 0 \qquad (6\text{-}57)$$

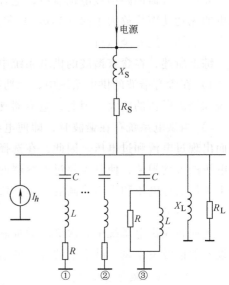

图 6-25 无源滤波装置在供电系统中的
连接示意图
①、②单调谐滤波器 ③高通滤波器

式中　h——单调谐滤波器期望滤除的谐波次数；

　　　ω_1——系统基波频率。

当电容和电抗值满足式（6-57）时，单调谐滤波器在 h 次谐波下呈现的总阻抗最小，滤波器对 h 次谐波呈现为一个微小的电阻性通道，使 h 次谐波源电流通过小电阻 R 分流，滤波器的滤波效果最好。单调谐滤波器通频带窄，滤波效果好，损耗小，调谐容易，是目前使用得最多的一种类型。但是，滤波器的失谐会严重影响其滤波效果，甚至引起谐波放大。因此，滤波器中 R、L、C 的选择应充分考虑这一因素。

引起滤波器失谐的原因有：①电网工频频率的偏差；②组成滤波装置的元件，如电容器和电抗器本身在制造和测量上的误差；③环境温度的变化对元件参数的影响等。

为了防止滤波器失谐引起谐波放大，单调谐滤波器通常采用偏调谐设计方法。在选择滤波器参数时，使滤波器的理论谐振频率低于谐波频率约6%，譬如，5次谐波滤波器按照4.7次设计，7次谐波滤波器按照6.6次设计等。

针对调谐滤波器的失谐问题，科技工作者提出了多种具有自动补偿失谐功能的改进方案，譬如基于电感电容自动调整的自动调谐滤波器、基于连续可调电抗器的交流连续可调滤波器、基于谐波磁通补偿原理的连续多调谐滤波器等。

图 6-25 中③所示为高通滤波器，由于 L 与 R 并联，其合成阻抗低于 R 值，当谐波频率低于截止频率时，滤波器因电容器容抗较大而呈高阻抗，阻止低次谐波电流通过；当谐波频率高于截止频率时，滤波器呈低阻抗，旁路高次谐波电流。

无源滤波器具有抑制电网谐波和补偿负荷无功功率的双重功能，同时具有投资少、效率高、结构简单、运行可靠及维护方便等优点，在高低压电力系统中均得到广泛应用，尤其在超高压系统应用中目前仍然是唯一的选择。由于滤波装置的参数选择涉及技术指标（谐波电压、谐波电流、无功补偿等）、安全指标（电容器的过电压、过电流）以及经济指标（投资、损耗），往往需要经过多个方案比较才能确定。

无源滤波器在基波频率下均呈容性，所以，滤波器除抑制谐波外，还可兼作基波无功功率的补偿装置，设计时应与该处无功补偿要求相配合。通常先按照无功补偿的需求确定滤波电容器的容量，然后按照谐振关系并考虑到失谐问题来确定滤波电抗器的电感参数，最后按照滤波性能要求和安全运行要求对滤波器参数进行校验。

第六节　供电系统的三相不平衡

一、三相不平衡的概念与危害

在三相正弦系统中，当三相相量间幅值不等或相位差不为120°时，称三相不对称或三相不平衡。供电系统在正常运行方式下出现的三相不平衡主要是由三相负荷不对称所引起的。

根据对称分量法，三相不对称电压或电流可以分解为正序分量、负序分量和零序分量等三个对称分量之和。由于负序分量的存在，三相不平衡对电气设备有如下不良影响：

1. 感应电动机

首先，负序电压在电动机中产生反向转矩从而降低了电动机的有用输出转矩。此外，由于电动机负序电抗只有其正序电抗的 $1/7 \sim 1/5$，故负序电压将产生显著的负序电流。负序电流的出现，不仅产生负序功耗，使电动机效率下降，而且还会使电动机总电流增大，电动机过热，绝缘老化加快。

2. 变压器

由于三相电流不对称，当最大相电流达到变压器额定电流时，其他两相电流低于额定值，变压器容量不能充分利用。譬如，三相变压器供电给接于线电压的单相负荷时，其利用率为58%；三相变压器供电给接于相电压的单相负荷时，其利用率仅为33%。

3. 整流装置

对于多相整流装置，三相电压不对称将严重影响多相触发脉冲的对称性，使整流装置产生较大的非特征谐波，进一步影响电能质量。

此外，三相不平衡也会增大线路中的功率损耗。由于三相不平衡的危害，电气设计人员在设计中应尽量使三相负荷保持平衡，必要时可采取补偿措施，将三相不平衡程度限制在允许范围之内。

二、三相不平衡度的计算及其限值

供电系统三相不平衡的程度用不平衡度 ε 来表征。三相不平衡度分为负序不平衡度和零序不平衡度，负序不平衡度 ε 定义如下：

$$\varepsilon_{U2}\% = \frac{U_2}{U_1} \times 100\% \tag{6-58}$$

$$\varepsilon_{I2}\% = \frac{I_2}{I_1} \times 100\% \tag{6-59}$$

式中　$\varepsilon_{U2}\%$、$\varepsilon_{I2}\%$——分别为三相电压和电流的负序不平衡度；

U_1、I_1——分别为电压和电流的正序分量方均根值；

U_2、I_2——分别为电压和电流的负序分量方均根值。

供电系统三相不平衡度宜用专用测量仪器测定。在三相电源及负荷对称的系统中，由于在相间增设了单相负荷而引起的负序电压不平衡度也可按下式进行估算：

$$\varepsilon_{U2}\% = \frac{S_L^{(1)}}{S_k^{(3)}} \times 100\% \tag{6-60}$$

式中　$S_L^{(1)}$——单相负荷的容量；

$S_k^{(3)}$——计算点系统三相短路容量。

在没有零序分量的三相系统中，当已知三相电压或电流的幅值 a、b、c 时，可用下式计算三相电压或电流的负序不平衡度：

$$\varepsilon_2\% = \sqrt{\frac{1-\sqrt{3-6L}}{1+\sqrt{3-6L}}} \times 100\% \tag{6-61}$$

式中　$L = (a^4+b^4+c^4)/(a^2+b^2+c^2)^2$。

三相负荷不平衡是三相电压电流不平衡的主要根源，三相不平衡度可由三相不平衡的负荷功率来计算。设三相负荷的相间功率分别为 P_{ab}、P_{bc}、P_{ca} 和 Q_{ab}、Q_{bc}、Q_{ca}，并定义三相负荷的正序功率（以下标1表示）和负序功率（以下标2表示）如下：

$$\begin{cases} P_{L.1} = P_{ab}+P_{bc}+P_{ca} \\ Q_{L.1} = Q_{ab}+Q_{bc}+Q_{ca} \\ S_{L.1} = \sqrt{P_{L.1}^2+Q_{L.1}^2} \end{cases} \tag{6-62}$$

$$
\begin{cases}
P_{L.2} = \dfrac{1}{2}\left(P_{ab} - 2P_{bc} + P_{ca} - \sqrt{3}\left(Q_{ca} - Q_{ab}\right)\right) \\[2mm]
Q_{L.2} = \dfrac{1}{2}\left(Q_{ab} - 2Q_{bc} + Q_{ca} + \sqrt{3}\left(P_{ca} - P_{ab}\right)\right) \\[2mm]
S_{L.2} = \sqrt{P_{L.2}^2 + Q_{L.2}^2}
\end{cases}
\tag{6-63}
$$

则三相负荷负序电流不平衡度及其在 PCC 点引起的负序电压不平衡度可分别计算如下:

$$
\varepsilon_{I2} = \frac{S_{L.2}}{S_{L.1}}
\tag{6-64}
$$

$$
\varepsilon_{U2} \approx \frac{S_{L.2}}{S_k}
\tag{6-65}
$$

式中　S_k——PCC 点的三相短路容量。

国标 GB/T 15543—2008《电能质量　三相电压不平衡》规定:电力系统公共连接点电压正常负序不平衡度允许值为 2%,短时不得超过 4%;接于公共连接点的每个用户,引起该点正常负序电压不平衡度允许值一般为 1.3%,短时不超过 2.6%。

零序不平衡度定义为电压或电流的零序分量与正序分量之比。零序不平衡度仅存在于三相四线制系统中,其限值未做明确规定。

三、三相不平衡的补偿

三相不平衡的解决途径有:合理分配和布局单相用电负荷;采取补偿装置,补偿系统中的不平衡负荷。

1. 合理分配和布局单相用电负荷

单相用电负荷在三相系统中容量和位置的不合理分布是造成三相不平衡的主要原因之一。在设计供电系统时,首先要将单相负荷平衡地分布于三相中,同时要考虑到用电设备功率因数的不同,尽量兼顾有功功率与无功功率的平衡分布。在低压系统中,各相安装的单相用电设备其各相之间容量最大值与最小值之差不应超过 15%。比较图 6-26 所示照明负荷在三相系统中的两种不同分布,图 6-26b 由于其三相负荷矩相等而优于图 6-26a。

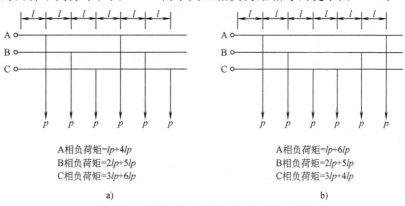

A相负荷矩=$lp+4lp$
B相负荷矩=$2lp+5lp$
C相负荷矩=$3lp+6lp$

a)

A相负荷矩=$lp+6lp$
B相负荷矩=$2lp+5lp$
C相负荷矩=$3lp+4lp$

b)

图 6-26　照明负荷在三相系统中的不同分布

例 6-4　有两台单相负荷,参数和接法如图 6-27 所示,试求图 6-27a 和图 6-27b 所示两种不同接法时的 $\varepsilon_I\%$。

解　由题可知,负荷 I、II 的阻抗分别为

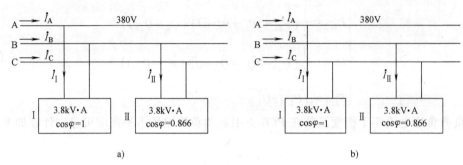

图 6-27　例 6-4 图

$$Z_{\mathrm{I}} = \frac{U_{\mathrm{N}}^2}{S_{\mathrm{I}}}(\cos\varphi + j\sin\varphi) = \frac{380^2}{3.8\times10^3}(1+j0)\ \Omega = 38\Omega$$

$$Z_{\mathrm{II}} = \frac{U_{\mathrm{N}}^2}{S_{\mathrm{II}}}(\cos\varphi + j\sin\varphi) = \frac{380^2}{3.8\times10^3}(0.866+j0.5)\ \Omega = (32.9+j19)\ \Omega$$

以 A 相电压为参考相量，首先求出各相电流相量，然后利用对称分量法可求出电流的正序和负序分量，进而求出三相不平衡度。

1）对于图 6-27a 连接方式

$$\dot{I}_{\mathrm{I}} = \frac{\dot{U}_{\mathrm{A}} - \dot{U}_{\mathrm{B}}}{Z_{\mathrm{I}}} = (8.66+j5)\,\mathrm{A}$$

$$\dot{I}_{\mathrm{II}} = \frac{\dot{U}_{\mathrm{B}} - \dot{U}_{\mathrm{C}}}{Z_{\mathrm{II}}} = (-5-j8.66)\,\mathrm{A}$$

$$\dot{I}_{\mathrm{A}} = \dot{I}_{\mathrm{I}} = (8.66+j5)\,\mathrm{A}$$

$$\dot{I}_{\mathrm{B}} = \dot{I}_{\mathrm{II}} - \dot{I}_{\mathrm{I}} = (-13.66-j13.66)\,\mathrm{A}$$

$$\dot{I}_{\mathrm{C}} = -\dot{I}_{\mathrm{II}} = (5+j8.66)\,\mathrm{A}$$

$$I_1 = \left| \frac{1}{3}(\dot{I}_{\mathrm{A}} + \alpha\dot{I}_{\mathrm{B}} + \alpha^2\dot{I}_{\mathrm{C}}) \right| = |10.8-j2.88|\,\mathrm{A} = 11.2\mathrm{A}$$

$$I_2 = \left| \frac{1}{3}(\dot{I}_{\mathrm{A}} + \alpha^2\dot{I}_{\mathrm{B}} + \alpha\dot{I}_{\mathrm{C}}) \right| = |-2.11+j7.88|\,\mathrm{A} = 8.2\mathrm{A}$$

$$\varepsilon_{\mathrm{I}}\% = \frac{I_2}{I_1}\times100\% = \frac{8.2}{11.2}\times100\% = 73\%$$

2）对于图 6-27b 连接方式

$$\dot{I}_{\mathrm{I}} = \frac{\dot{U}_{\mathrm{A}} - \dot{U}_{\mathrm{C}}}{Z_{\mathrm{I}}} = (8.66-j5)\,\mathrm{A}$$

$$\dot{I}_{\mathrm{II}} = \frac{\dot{U}_{\mathrm{B}} - \dot{U}_{\mathrm{C}}}{Z_{\mathrm{II}}} = (-5-j8.66)\,\mathrm{A}$$

$$\dot{I}_{\mathrm{A}} = \dot{I}_{\mathrm{I}} = (8.66-j5)\,\mathrm{A}$$

$$\dot{I}_{\mathrm{B}} = \dot{I}_{\mathrm{II}} = (-5-j8.66)\,\mathrm{A}$$

$$\dot{I}_{\mathrm{C}} = -(\dot{I}_{\mathrm{I}} + \dot{I}_{\mathrm{II}}) = (-3.66 + \mathrm{j}13.66)\,\mathrm{A}$$

$$I_1 = \left| \frac{1}{3}(\dot{I}_{\mathrm{A}} + \alpha\dot{I}_{\mathrm{B}} + \alpha^2\dot{I}_{\mathrm{C}}) \right| = |10.8 - \mathrm{j}2.88|\,\mathrm{A} = 11.2\mathrm{A}$$

$$I_2 = \left| \frac{1}{3}(\dot{I}_{\mathrm{A}} + \alpha^2\dot{I}_{\mathrm{B}} + \alpha\dot{I}_{\mathrm{C}}) \right| = |-2.12 + \mathrm{j}2.12|\,\mathrm{A} = 3.0\mathrm{A}$$

$$\varepsilon_1\% = \frac{I_2}{I_1} \times 100\% = \frac{3}{11.2} \times 100\% = 26.7\%$$

计算结果表明，图 6-27b 接法优于图 6-27a。

此外，如有可能，可将不平衡负荷连接在短路容量较大的系统中，或对不平衡负荷采用单独的变压器供电。

2. 三相不平衡补偿装置

对于三相不平衡负荷可以分解为三个独立的相间负荷，如图 6-28a 所示，设 ab 间接有单相用电设备。首先采用无功补偿使其功率因数 $\cos\varphi = 1$（即为纯阻性负荷），于是该负荷用纯阻性导纳 G_{ab} 表示。然后，如图 6-28b 所示，在 bc 间接入容性电纳 $B_{\mathrm{bc}} = +\mathrm{j}G_{\mathrm{ab}}/\sqrt{3}$，在 ca 间接入感性电纳 $B_{\mathrm{ca}} = -\mathrm{j}G_{\mathrm{ab}}/\sqrt{3}$，此时各相电流如下：

$$\dot{I}_{\mathrm{A}} = G_{\mathrm{ab}}\dot{U}_{\mathrm{AB}} - B_{\mathrm{ca}}\dot{U}_{\mathrm{CA}} = G_{\mathrm{ab}}(\dot{U}_{\mathrm{AB}} + \mathrm{j}\dot{U}_{\mathrm{CA}}/\sqrt{3}) = G_{\mathrm{ab}}\dot{U}_{\mathrm{A}}$$

$$\dot{I}_{\mathrm{B}} = -G_{\mathrm{ab}}\dot{U}_{\mathrm{AB}} + B_{\mathrm{bc}}\dot{U}_{\mathrm{BC}} = G_{\mathrm{ab}}(-\dot{U}_{\mathrm{AB}} + \mathrm{j}\dot{U}_{\mathrm{BC}}/\sqrt{3}) = \alpha^2 G_{\mathrm{ab}}\dot{U}_{\mathrm{A}}$$

$$\dot{I}_{\mathrm{C}} = -B_{\mathrm{bc}}\dot{U}_{\mathrm{BC}} + B_{\mathrm{ca}}\dot{U}_{\mathrm{CA}} = G_{\mathrm{ab}}(-\mathrm{j}\dot{U}_{\mathrm{BC}}/\sqrt{3} - \mathrm{j}\dot{U}_{\mathrm{CA}}/\sqrt{3}) = \alpha G_{\mathrm{ab}}\dot{U}_{\mathrm{A}}$$

可见，三相负荷达到平衡。

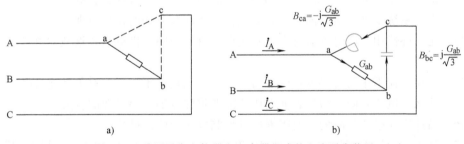

图 6-28　采用平衡电抗器和电容器组成的电流平衡装置

对 bc 相间负荷和 ca 相间负荷可以依次用同样的方法来加以平衡。即 G_{bc} 可以用接于 ca 相间的容性电纳 $B_{\mathrm{ca}} = G_{\mathrm{bc}}/\sqrt{3}$ 和接于 ab 相间的感性电纳 $B_{\mathrm{ab}} = -G_{\mathrm{bc}}/\sqrt{3}$ 来平衡；G_{ca} 可以用接于 ab 相间的容性电纳 $B_{\mathrm{ab}} = G_{\mathrm{ca}}/\sqrt{3}$ 和接于 bc 相间的感性电纳 $B_{\mathrm{bc}} = -G_{\mathrm{ca}}/\sqrt{3}$ 来平衡。因此，三相补偿支路中，每相都有两个并联的补偿电纳，这些电纳相加在一起，就构成了三相不平衡阻性负荷的理想平衡网络

$$\begin{cases} B_{\mathrm{ab}} = (G_{\mathrm{ca}} - G_{\mathrm{bc}})/\sqrt{3} \\ B_{\mathrm{bc}} = (G_{\mathrm{ab}} - G_{\mathrm{ca}})/\sqrt{3} \\ B_{\mathrm{ca}} = (G_{\mathrm{bc}} - G_{\mathrm{ab}})/\sqrt{3} \end{cases} \tag{6-66}$$

三相 SVC、SVG 或 STATCOM 可以工作于三相不平衡补偿状态，通过控制可以在 ABC

三相之间注入任意所需的无功电流或虚拟所期望的相间电纳，从而实现三相不平衡补偿的功能。

3. 采用特殊接线的变压器

为了解决大容量且较恒定的单相负荷，具有实际意义的有效措施是采用高电压大容量的平衡变压器，这是一种用于三相变两相并兼有降压及换相两种功能的特种变压器。平衡变压器可以提高电能质量，减少电能损耗，当前多用于电气化铁道和大型感应加热电炉供电。

习题与思考题

6-1 影响电压质量的主要因素有哪些？

6-2 什么叫电压偏差？产生电压偏差的主要原因是什么？

6-3 什么叫常调压？什么叫逆调压？

6-4 在用户供电系统中，减小电压偏差的主要措施有哪些？

6-5 什么是电压波动？什么是电压闪变？产生电压波动和闪变的主要原因是什么？

6-6 简述电压波动与电压变动的关系与区别。

6-7 视感度曲线的含义是什么？

6-8 为什么电压波动和闪变要采用统计评价的方法？

6-9 用户供电系统中抑制电压波动和闪变的措施有哪些？

6-10 试证明在波动负荷作用下，电压变动量与波动负荷的无功变化量成正比，与系统的短路容量成反比。

6-11 供电系统中的主要谐波源有哪些？谐波对供电系统有什么影响？

6-12 供电系统中抑制谐波的方法有哪些？简述这些方法的作用原理。

6-13 无功补偿用并联电容器对供电系统谐波有何影响？供电系统谐波对并联电容器又有何危害？

6-14 三相负荷不平衡对供电系统有何影响？三相负荷不平衡的改善措施有哪些？

6-15 什么是电压暂降？简述表征电压暂降严重程度的主要参数的含义。

6-16 简述引起电压暂降的主要因素以及抑制电压暂降的措施。

6-17 某 10kV 线路首端运行电压为 10.7kV，末端运行电压为 9.7kV，试计算其首、末端的电压偏差和线路电压损失。

6-18 求图 6-29 所示系统中 B、C 两点的电压偏差，已知 A 点的电压偏差为 +1%。

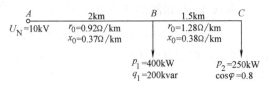

图 6-29 习题 6-18 图

6-19 10kV/0.4kV 变压器高压侧分接头接于 0% 处时，二次空载电压为 410V，若将分接头改接在 +5% 处，则二次空载电压为多少？

6-20 三相桥式晶闸管整流器带阻感负载，请问整流器产生的主要特征谐波次数有哪些？各次谐波电流与基波电流之间大约存在怎样的量值关系？

6-21　某用户变电所装设一台 6.3MV·A 变压器，变压器电压比为 35±2×2.5%/6.3kV。在最大负荷下，高压侧电压为 36kV，变压器中的电压损失为 5%；在最小负荷下，高压侧电压为 38kV，变压器中的电压损失为 3.2%。要求变电所低压母线的电压，在最大负荷时不低于标称电压的-4.5%，最小负荷时不高于标称电压的+7.5%，试选择变压器的分接头。

6-22　求图 6-30 所示系统中电动机起动时的母线电压。设起动前母线电压为额定值。

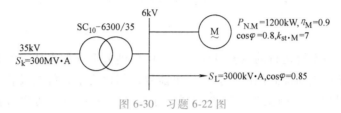

图 6-30　习题 6-22 图

6-23　某工厂供电系统及参数如图 6-31 所示。①试求工厂整流负荷在地区变电所 10kV 母线上引起的 5 次谐波电压；②问工厂无功补偿电容器对谐波有无放大作用？若有，试计算电容器支路应串联多大的电抗器？

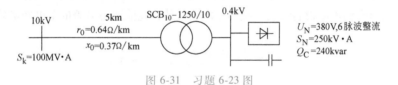

图 6-31　习题 6-23 图

6-24　试分析中性点不接地系统中发生一相对地短接时三相相电压的不平衡度，设电源电压三相平衡。

第七章 供电系统的经济运行

节能降耗是电力系统运行的主要目标之一。用户供电系统的电能节约包括降低电网的电能损耗和提高用电设备的用电能效，相比之下，终端设备用电能效的提高更具潜力。据报道，工业用风机水泵采用变频技术可以节能30%，LED照明相比白炽灯能效可提高 3~4 倍。本章主要讨论电网节能。

负荷优化与调整是电网电能节约的主要途径。用电负荷的功率特性（有功功率、无功功率及其时变特性）和电流质量（谐波、三相不平衡等）都是影响供电系统建设成本和电能损耗的主要因素。调整负荷用电规律，补偿无功功率，改善电能质量，除可节省输配电设备投资、提高用电质量外，还能取得显著的节电经济效益。

电能节约对
"双碳目标"
的贡献

第一节　供电系统的电能损耗与节约

电力用户是电能的主要消费者，电能消费的形式包括电能损耗和电能消耗。

电能损耗是指供电系统在电能传输和变换过程中所耗费的电能，主要包括变压器的电能损耗和线路的电能损耗。电能损耗越大，则供电效率越低。

电能消耗一般指用电设备在运行过程中由于能量转化所耗费的电能，这些电能大部分转化为生产设备所需的机械能、热能、光能等，另有一小部分电能由于设备转化效率不高而以发热等形式浪费掉了。设备转化效率越低，则电能利用率越低。

因此，从节电的角度出发，一方面要降低供电系统的电能损耗，提高供电效率；另一方面要降低生产中的电能消耗，提高电能的生产利用率。

一、变压器的电能损耗

变压器的电能损耗是供电系统电能损耗的主要组成部分，变压器经济运行是降低电能损耗的主要途径。

1. 变压器的功率损耗

变压器中的有功功率损耗 ΔP_{T} 和无功功率损耗 ΔQ_{T} 可按下式计算：

$$\Delta P_{\mathrm{T}} = \Delta P_{0.\mathrm{T}} + \Delta P_{\mathrm{Cu.N.T}}\left(\frac{S_{\mathrm{C}}}{S_{\mathrm{NT}}}\right)^2 \tag{7-1}$$

$$\Delta Q_{\mathrm{T}} = \Delta Q_{0.\mathrm{T}} + \Delta Q_{\mathrm{N.T}}\left(\frac{S_{\mathrm{C}}}{S_{\mathrm{NT}}}\right)^2 \tag{7-2}$$

式中　$\Delta P_{0.\mathrm{T}}$——变压器空载时的有功功率损耗（铁损）（kW），由变压器手册可查；

$\Delta P_{\mathrm{Cu.N.T}}$——变压器在额定负载下由负荷电流引起的有功功率损耗增量（铜损）（kW），

变压器手册可查；

S_C——变压器的计算负荷（kV·A）；

S_{NT}——变压器的额定容量（kV·A）；

$\Delta Q_{0.T}$——变压器在空载情况下的无功功率损耗（kvar）；

$\Delta Q_{N.T}$——变压器在额定负载下的无功功率损耗增量（kvar）。

其中，$\Delta Q_{0.T}$ 和 $\Delta Q_{N.T}$ 可由变压器的铭牌参数 $I_{0.T}\%$ 和 $\Delta U_k\%$ 分别按下式计算：

$$\Delta Q_{0.T} = \frac{I_{0.T}\%}{100} \times S_{N.T} \tag{7-3}$$

$$\Delta Q_{N.T} = \frac{\Delta U_k\%}{100} \times S_{N.T} \tag{7-4}$$

式中　$I_{0.T}\%$——变压器空载电流占额定电流百分数；

$\Delta U_k\%$——变压器短路电压占额定电压的百分数。

2. 变压器的电能损耗

变压器的功率损耗由空载损耗和负载损耗增量两部分组成，空载损耗与负荷无关，也称固定损耗，负载损耗增量与负荷有关，也称可变损耗。变压器本身的年电能损耗量为

$$\Delta W_T = \Delta P_{0.T} T_{gz} + \Delta P_{Cu.N.T} \left(\frac{S_C}{S_{NT}} \right)^2 \tau \tag{7-5}$$

式中　ΔW_T——变压器的年电能损耗（kW·h）；

T_{gz}——变压器全年投入运行的时数（h）；

τ——年最大负荷损耗小时数（h）。

年最大负荷损耗小时数 τ 是一个假想时间，其含义为：当输配电设备以最大负荷（S_c）输送时，在 τ 时间内产生的电能损耗，恰好等于设备中全年的实际电能损耗。它与年最大负荷利用小时数 T_{max} 及功率因数的关系如图 7-1 所示。

二、线路的电能损耗

在设计时，三相线路中的电能损耗可近似地按下式估算：

$$\Delta W_1 = 3I_c^2 R\tau = r_0 l \left(\frac{S_c}{U_N} \right)^2 \tau \tag{7-6}$$

式中　ΔW_1——线路中的电能损耗（kW·h）；

I_c——线路计算电流（A）；

S_c——线路计算负荷（kV·A）；

R——线路的电阻（Ω）；

r_0——线路的单位长度电阻（Ω/km）；

l——线路的长度（km）。

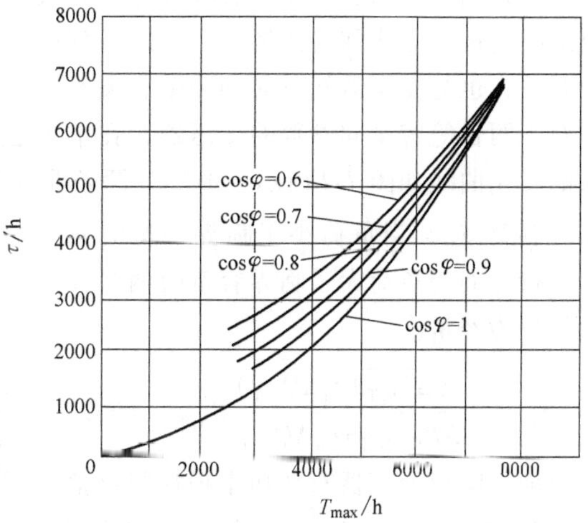

图 7-1　τ 与 T_{max} 和 $\cos\varphi$ 的关系

线路的电能损耗与导线的截面积、材质和长度直接相关。当采用多回载流导体并联供电时，还应注意三相载流导体的排列方法，由于近距效应，不合适的排列方式也会增大线路损耗。

三、电气设备的经济运行

电气设备的电能节约主要指变压器和各种用电设备的合理选择与经济运行。

1. 变压器

首先，应该选择低能耗高效变压器，然后再考虑到变压器的经济运行方式。

变压器的经济运行条件是：传输单位 kV·A 负荷所消耗的有功功率损耗归算值最小。变压器的有功功率损耗归算值包括变压器本身的有功损耗和变压器无功损耗在电网传输时所引起的附加有功损耗。对于单台变压器，其有功功率损耗归算值为

$$\Delta P_{\text{gs. T}} = \Delta P_{\text{T}} + k_q \Delta Q_{\text{T}} = \Delta P_{0.\text{T}} + K_{\text{L}}^2 \Delta P_{\text{Cu. N. T}} + k_q (\Delta Q_{0.\text{T}} + K_{\text{L}}^2 \Delta Q_{\text{N. T}}) \tag{7-7}$$

式中　K_{L}——变压器的负荷率，$K_{\text{L}} = S/S_{\text{N. T}}$；

　　　S——变压器的负荷；

　　　k_q——功率损耗归算系数，它表示从供电电源到该变压器的输配电系统中传输单位无功功率所产生的有功功率损耗，k_q 的取值一般为 0.05 ~ 0.1。

于是变压器的损耗率为

$$\frac{\Delta P_{\text{gs. T}}}{S} = \frac{1}{S_{\text{N. T}}} \left(\frac{\Delta P_{\text{gs. T}}}{K_{\text{L}}} \right)$$

令

$$\frac{\text{d} \left(\dfrac{\Delta P_{\text{gs. T}}}{S} \right)}{\text{d} K_{\text{L}}} = 0$$

则可得到满足经济运行条件的变压器经济负荷率 $K_{\text{L. e}}$ 为

$$K_{\text{L. e}} = \sqrt{\frac{\Delta P_{0.\text{T}} + k_q \Delta Q_{0.\text{T}}}{\Delta P_{\text{Cu. N. T}} + k_q \Delta Q_{\text{N. T}}}} \tag{7-8}$$

按计算负荷求得的经济负荷率可作为变压器容量选择的参考依据。通常，变压器的经济负荷率约在 70% 左右。

多台并列运行的变压器可有多种运行方式，在负荷相同的条件下，变压器总有功损耗归算值最小的运行方式称为经济运行方式。变压器并列运行的功率损耗不仅与各变压器的技术参数有关，也与变压器间负荷的分配有关。

对于两台等容量同参数的变压器，在单台运行和两台并列运行方式下，变压器的损耗随负荷的变化曲线如图 7-2 所示。显然，两条曲线的交点为单台与两台并列运行方式相互切换的临界容量 S_{cr}，当负荷小于临界容量时宜单台运行，而当负荷大于临界容量时两台并列运行较为经济。

$$S_{\text{cr}} = \sqrt{\frac{2(\Delta P_{0.\text{T}} + k_q \Delta Q_{0.\text{T}})}{\Delta P_{\text{Cu. N. T}} + k_q \Delta Q_{\text{N. T}}}} S_{\text{N. T}} \tag{7-9}$$

目前，除以变压器有功功率损耗归算值最小作为变压器经济运行条件外，也有采用变压器运行效率最高或变压器运行时年有功和无功电能综合效率最高作为变压器经济运行条件的做法。

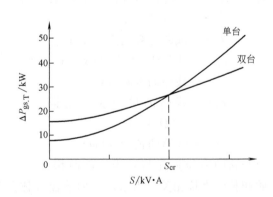

图 7-2　变压器运行方式与损耗的关系曲线

近年来，市场上出现了一种调容变压器，即一台变压器有两种不同额定容量的运行方式，根据负荷的大小在两种额定容量方式下进行切换，达到降低小负荷时变压器自身损耗的目的。

2. 电动机

电动机是工业企业的主要用电设备，其用电量约占总用电量的一半以上，因此，正确选用电动机对节电意义重大。

（1）采用高效电动机，合理选择电动机额定功率　不同类型的电动机有不同的特点，其电—机能量转化的效率也不同。在选用电动机时，要充分考虑不同类型电动机的特性，认真研究被拖动机械的特性，选择适合负载特性的电动机，使它达到经济运行的目标。同时，合理选择电动机容量，使设备需要的容量与电机容量相匹配。一般而言，电动机在75% ~ 100%额定负载时的效率最佳。

（2）推广交流电动机变频调速技术　在工业企业，由于生产的需要，使用着大量的调速电动机，如轧机、提升机、风机、水泵等。电动机的调速方法很多，但以交流异步电动机变频调速较为经济。据报道，采用变频调速单机平均节电率可达30% ~ 60%。

（3）提高电动机负载率　采用自动装置，在不同负载下自动调整电动机电压，限制电动机的空载运行。例如，对于轻载电动机，可将定子绕组由△联结改接成Y联结，实行降压运行，这样既提高了电动机效率，又提高了电动机的自然功率因数。但应注意，减压运行会相应降低电动机的起动转矩和增大电动机的转子电流。根据运行经验，当电动机的负载率不足45%时，定子绕组△-Y变换是合理的。

3. 电气照明

电气照明是仅次于电力拖动的第二用电大户，而且大多数照明设备的电光转化效率低下，照明的节电潜力巨大。发展和推广效率高、寿命长、性能稳定的节能照明灯具，节约照明用电，改善人们的工作、学习和生活条件，建立一个优质、高效、经济、舒适、安全、文明的照明环境。

照明节电应从如下方面综合考虑：①充分利用天然采光节电；②推广使用高效节能灯具；③使用智能照明控制系统，实施自动调光和开关控制。

四、供电网络的电能节约

供电网络的电能损耗，除与变压器、线路等电力设备的具体选型有关外，还与用电负荷的变化情况、负荷功率因数、三相负荷的平衡程度和负荷电流中的谐波大小有关。

本章第二节将详细分析上述因素对供电网络电能损耗的影响，第三节介绍用于平滑用电负荷变化的优化调整方法，第四节将介绍提高负荷功率因数的具体措施。关于三相负荷不平衡和谐波的补偿，可参见本书第六章和第八章的有关内容。

第二节　用电负荷特性对电网电能损耗的影响

电能从发电机输送到用户需经过输电、变电、配电等各级元件，这些元件都存在一定的电阻和电抗，电流通过这些元件时就会造成一定的电能损耗，简称线损。

电网的线损分为可变线损和不变线损。可变线损是指输电、变电和配电设备中的铜损，这部分损耗一般与流过的负荷电流平方成正比；不变线损是指变压器的铁损、高压电气设备的电晕损耗、电容器的介质损耗以及仪表和保护装置中的损耗，这部分损耗主要与电网结构、电网电压和气候条件有关，与负荷大小基本无关。

用户的负荷特性主要影响电网的可变线损。下面主要分析负荷的各种特性对可变线损的影响。

一、负荷变化对线损的影响

在以下分析中，假设三相负荷无功功率已经得到了完全补偿，电网中只传输有功功率。

设三相负荷是随时间变化的，则在统计期间 T 内，电网损失电量为

$$\Delta W = \int_0^T (3I_{(t)}^2 R)\,\mathrm{d}t = \frac{R}{U^2}\int_0^T P_{(t)}^2\,\mathrm{d}t$$

令

$$P_{(t)} = P_{av} + \Delta P_{(t)}$$

则

$$\Delta W = \frac{R}{U^2}\int_0^T (P_{av}+\Delta P_{(t)})^2\,\mathrm{d}t = \left(\frac{P_{av}}{U}\right)^2 RT + \frac{R}{U^2}\int_0^T \Delta P_{(t)}^2\,\mathrm{d}t \tag{7-10}$$

式中，第一项为理想平稳负荷引起的线损，第二项为负荷变化引起的线损增量，即

$$\Delta W_+ = \frac{R}{U^2}\int_0^T \Delta P_{(t)}^2\,\mathrm{d}t \tag{7-11}$$

若定义负荷曲线的形状系数如下：

$$k = \frac{\sqrt{\frac{1}{T}\int_0^T P_{(t)}^2\,\mathrm{d}t}}{\sqrt{\frac{1}{T}\int_0^T P_{av}^2\,\mathrm{d}t}} = \sqrt{1 + \frac{1}{T}\int_0^T \left(\frac{\Delta P_{(t)}}{P_{av}}\right)^2\,\mathrm{d}t} \tag{7-12}$$

则单纯由负荷变化引起的线损增量与形状系数的关系为

$$\Delta W_+ = \left(\frac{P_{av}}{U}\right)^2 RT(k^2-1) \tag{7-13}$$

与理想平稳负荷相比，负荷变化引起的线损增长率为

$$\Delta W_+\% = (k^2-1)\times 100\% \tag{7-14}$$

对于图 7-3a 所示的特殊负荷曲线，计算可得

$$|\Delta P_{(t)}| = P_{av}$$

$$k = \sqrt{2}$$

$$\Delta W_+\% = 100\%$$

结果表明，与图 7-3b 所示的理想平稳负荷相比，图 7-3a 所示的变化负荷在电网中引起的电能损耗增大了一倍。

二、负荷功率因数对线损的影响

设三相负荷的有功功率为 P，无功功率为 Q，负荷功率因数角为 φ，电网电压为 U，电

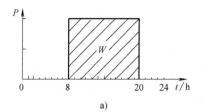 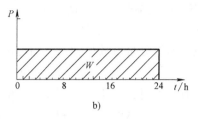

图 7-3 负荷曲线示例

a）特殊用电模式 b）理想用电模式

网等值电阻为 R，运行时间为 T，负荷电流在电网中产生的电能损耗为

$$\Delta W = 3\left(\frac{S}{\sqrt{3}\,U}\right)^2 RT = \left(\frac{P}{U\cos\varphi}\right)^2 RT \tag{7-15}$$

为了减少无功功率传输引起的电能损耗，通常需要在用户端进行无功功率补偿。设补偿前负荷的自然功率因数为 $\cos\varphi_0$，补偿后功率因数提高到 $\cos\varphi_1$，则无功补偿带来的效益或节约的电能为

$$\Delta W_+ = \Delta W_0 - \Delta W_1 = \left(\frac{P}{U}\right)^2 RT\left(\frac{1}{\cos^2\varphi_0} - \frac{1}{\cos^2\varphi_1}\right) = \Delta W_0\left(1 - \frac{\cos^2\varphi_0}{\cos^2\varphi_1}\right) \tag{7-16}$$

在有功负荷不变的条件下，若将负荷功率因数由 0.7 提高到 0.9，则线损将下降 40%，节能效果显著。

为了取得更好的节能效果，应根据负荷变化情况确定适宜的无功补偿方式。如果负荷无功变化剧烈，则宜采取动态无功补偿；若三相负荷不平衡严重，则宜采取分相补偿方式。

三、负荷三相电流不平衡对线损的影响

三相电流不平衡度是指电流的负序分量方均根值与正序分量方均根值之比。三相负荷不平衡时，各相的负荷电流不相等，就在相间产生不平衡电流。三相电流不平衡增大了电网的可变损耗。

当三相负荷平衡时，各相电流相同，即 $I_A = I_B = I_C = I_{av}$，则三相电流在电网中引起的电能损耗为

$$\Delta W_{ph} = 3I_{av}^2 RT$$

当三相负荷不平衡时，三相电流不相等，此时三相电流在电网中引起的电能损耗为

$$\Delta W_{bp} = (I_A^2 + I_B^2 + I_C^2)RT$$

故由三相电流不平衡额外引起的线损增量为

$$\Delta W_+ = \Delta W_{bp} - \Delta W_{ph} = \frac{1}{3}\left[(I_A - I_B)^2 + (I_B - I_C)^2 + (I_C - I_A)^2\right]RT \tag{7-17}$$

显然，三相不平衡电流增大了电网的线损。在三相总功率相同的情况下，与三相电流平衡相比，三相电流不平衡额外引起的线损增长率为

$$\Delta W_+\% = \frac{\Delta W_{bp} - \Delta W_{ph}}{\Delta W_{ph}} \times 100\% = \frac{\left[(I_A - I_B)^2 + (I_B - I_C)^2 + (I_C - I_A)^2\right]}{9I_{av}^2} \times 100\% \tag{7-18}$$

举一个特例，设某用户的负荷均为单相负荷，方案一为这些负荷完全平均地分配到三相中去；方案二为这些负荷全部集中接入某一相。计算可知，方案二的线损要比方案一高出

200%，即方案二的线损是方案一的3倍！

四、负荷谐波电流对线损的影响

设电网电流基波分量有效值为I_1。当电网不含谐波时，电网线损为

$$\Delta W_1 = 3I_1^2 RT$$

当电网含有谐波时，若不考虑不同频率电流的集肤效应，电网线损为

$$\Delta W_H = 3(I_1^2 + I_2^2 + I_3^2 + \cdots + I_n^2)RT = (1 + THD_i^2)\Delta W_1$$

由谐波引起的线损增量为

$$\Delta W_+ = \Delta W_H - \Delta W_1 = THD_i^2 \times \Delta W_1 \qquad (7\text{-}19)$$

与无谐波相比，由谐波引起的线损增长率为

$$\Delta W_+\% = \frac{\Delta W_H - \Delta W_1}{\Delta W_1} \times 100\% = THD_i^2 \times 100\% \qquad (7\text{-}20)$$

譬如：设三相系统谐波电流总畸变率为30%，与无谐波电流的情况（或基波电流引起的线损）相比，有谐波时的线损将高出9%，或单独由谐波电流引起的线损是基波线损的9%。在考虑集肤效应的情况下，谐波损耗将更高。

仅从节电的角度讲，上述分析表明了负荷调整、无功补偿和改善电能质量的必要性。

第三节　用电负荷的优化调整

由于电能有发电—供电—用电瞬间同时完成、不能大量存储的特点，而各类用电负荷又有其本身固有的用电时间特性，因而形成电力系统的用电高峰和低谷，使发供电设备不能充分利用或产生供电不足，亦增大了电网的电能损失。为了取得最大综合经济效益，在电力系统合理调度的同时，加强电力需求侧管理，压低电力系统高峰时段的用电，增加电力系统低谷时段的用电，使用电负荷曲线趋于平稳。

电力需求侧管理是指在政府法规和政策支持下，采取经济激励和行政引导措施，通过电网企业、能源服务企业、电力用户等共同协力，改变用电方式，调整用电负荷，提高用电效率，减少电能损失，达到提高用户生产能效和电网节能降耗的双赢目的。

一、负荷时变特性及其影响因素

1. 负荷时变特性

负荷时变特性是指负荷功率随时间的变化规律，负荷曲线综合性地反映了用电负荷的变化规律，成为负荷用电特性分析及电力需求侧管理的重要依据。用户负荷的时变特性与用户的行业特征密切相关。

工业是电力消耗最大的行业，其电力消耗约占到全社会用电量的70%。重工业负荷比较集中，生产连续性强，一天中负荷波动不大，负荷曲线比较平稳，基本不受季节性影响，因此最大负荷年利用小时数较大；轻工业生产活动主要集中在白天，晚上负荷很小，日峰谷差较大，最大负荷年利用小时数较小。

农业负荷主要包括农业生产用电、农村工业生产用电和居民生活用电，具有较强的季节性，年内变化很大，但日内变化相对平稳。

商业负荷主要包括商厦、写字楼、宾馆、餐饮等用电负荷。行业特性决定了商业负荷较强的时间性和季节性，10点左右负荷急升，21点左右负荷骤降，峰谷差极大。商业运行方

式较为统一，各用户间的负荷曲线差别不大。

市政及居民生活用电的负荷特性与城市规模、人口密度、居民收入以及气候条件等因素有关。城市越发达，负荷率越高，负荷曲线也相对平稳。由于气候的影响，市政及居民生活用电具有较强的季节规律性。

2. 反映负荷时变特性的指标

负荷时变特性应该包括负荷的有功特性和无功特性。由于无功功率可通过就地补偿装置予以改善，因而负荷时变特性常指负荷的有功变化特性。

反映负荷时变特性的指标通常是一段时期内的统计分析结果，以统计时段内的负荷曲线或报表数据为依据，统计时段通常取为典型日、月、季和年。典型日一般选最大负荷日或最大峰谷差日或不同季节的某个代表日。

在第二章中，结合负荷曲线，已经介绍了一些反映负荷时变特性的指标，譬如最大负荷、最小负荷、平均负荷、最大负荷利用时数等。除此之外，负荷率、峰谷差率和同时率也是衡量负荷变化特征的主要指标。

（1）负荷率：负荷率通常指典型日的平均负荷与最大负荷之比，它反映了负荷在一天中随时间的均匀分布程度。

$$负荷率(\%) = \frac{典型日平均负荷(kW)}{典型日最大负荷(kW)} \times 100\% \tag{7-21}$$

（2）峰谷差率：峰谷差通常指典型日的最大负荷（峰值）与最小负荷（谷值）之差，峰谷差率定义为峰谷差与最大负荷之比，它反映了负荷在一天中的最大差异。

$$峰谷差率(\%) = \frac{典型日最大负荷(kW) - 典型日最小负荷(kW)}{典型日最大负荷(kW)} \times 100\% \tag{7-22}$$

（3）同时率：一个电力用户通常包括多个生产车间（或下属组成单位），同时率定义为该用户最大负荷与各下属单位最大负荷之和的比率。

$$同时率(\%) = \frac{用户最大负荷(kW)}{\sum 各下属单位最大负荷(kW)} \times 100\% \tag{7-23}$$

不同的指标反映了负荷的不同用电特征。年最大负荷利用时数反映了用户生产的连续性和平稳程度，利用时数越接近年小时数，生产连续性越高，负荷也越平稳；负荷率和峰谷差率分别从不同角度反映了用户在工作日内用电的平稳程度，负荷率越高则负荷越平稳，峰谷差率越小则负荷也越平稳；同时率反映了用户各下属单位同时用电的关联程度，如果同时率较高，可适当考虑各下属单位错峰生产的可行性。上述指标在某种程度上都反映了负荷曲线的变化情况。

3. 影响负荷时变特性的因素

影响用户负荷时变特性的因素较多，主要有：用户生产活动规律、气候变化、节假日、电价机制等。

用户生产活动规律：用户生产规律是影响负荷特性的主要因素。工业用户的负荷率较高、峰谷差相对较小，而农业、服务业和居民用电的负荷率较低、峰谷差相对较大。

气候变化：随着一年四季气候的变化，多数地区都存在着季节性负荷，譬如夏季制冷负荷、冬季制热负荷。此外，某些产业的生产规律也受到季节和昼夜时差的影响。

节假日：节假日对工业和交通服务业的日负荷特性影响很大，尤其是春节、国庆节、劳动节等，许多工业生产活动停止，但是交通服务业和居民生活用电剧增。

电价机制：实行峰谷电价的目的在于日内负荷的削峰填谷，提高电网的负荷率，降低电网的损耗和投资成本。峰谷电价对那些电费占生产成本比重较大的行业或企业的用电负荷特性影响较大，通过合理安排生产时段可以显著节约生产成本。但是，峰谷电价对三班连续性生产企业、交通服务业和居民用电的影响较小。

二、用电负荷优化调整的意义

负荷曲线是负荷时变特性的全面描述，反映了社会生产活动和人民生活用电随时间变化的差异。理想的负荷曲线应该是一条不随时间变化的直线，即负荷率为100%、峰谷差率为0%。然而实际负荷曲线都是变化的，有些变化还是剧烈的，但是通过调整生产和生活活动，使得负荷曲线向理想的方向迈进，即负荷时变特性得到优化。

负荷优化调整会带来如下经济利益：

1）降低发供电设备投资：发供电设备是按照最大负荷要求来投资建设的，在用电量相同的情况下，优化负荷特性可以降低电网的最大负荷，从而减少或延缓发供电设备的建设投资，提高现有电力系统发供电设备的利用率。

2）降低火力发电机组的燃煤消耗：火力发电机组的发电效率随着出力的下降而降低，或单位发电量的燃煤量随着出力的下降而上升。有文献报道，电网负荷率每下降1%，发电煤耗上升约0.7%~1%。

3）降低电网损耗：电网（主要是变压器和线路）的电能损耗与负荷电流的平方成正比，可以证明，在相同用电量的情况下，一个变化的负荷比一个恒定的负荷在电网中产生的电能损耗要大。下面以某工厂负荷调整为例，说明负荷优化调整的巨大节电潜力。

例7-1 某起重机厂总降变电所有一台5600kV·A变压器，$\Delta P_{0.T} = 12kW$，$\Delta P_{Cu.N.T} = 50kW$。调整前，每日6时至22时平均负荷为3100kV·A（不含电炉），10时至18时投入2500kV·A电炉使负荷达到5600kV·A高峰，22时至次日6时进入低谷，负荷为400kV·A。为降低供电系统的电能损耗，将电炉投入时间改为22时至次日6时，试计算负荷调整后仅变压器的一年的节电效果。

解 设工厂采用无功功率自动补偿装置，任何情况下功率因数都基本保持在$\cos\varphi = 0.9$，年运行360天，调整前后的日负荷曲线如图7-4所示。

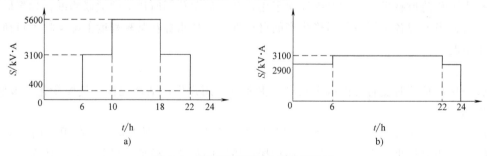

图7-4 负荷调整前后的日负荷曲线

a）负荷调整前 b）负荷调整后

调整前，变压器的年电能损耗量为

$$\Delta W_{T1} = \left(12 \times 24 + 50 \times \left(\frac{5600}{5600} \right)^2 \times 8 + 50 \times \left(\frac{3100}{5600} \right)^2 \times 8 + 50 \times \left(\frac{400}{5600} \right)^2 \times 8 \right) \times 360 \mathrm{kW \cdot h} = 292680 \mathrm{kW \cdot h}$$

调整后，变压器的年电能损耗量为

$$\Delta W_{T2} = \left(12 \times 24 + 50 \times \left(\frac{3100}{5600} \right)^2 \times 16 + 50 \times \left(\frac{2900}{5600} \right)^2 \times 8 \right) \times 360 \mathrm{kW \cdot h} = 230400 \mathrm{kW \cdot h}$$

因此，负荷调整后变压器一年的节电量为

$$\Delta (\Delta W_T)_n = (292680 - 230400) \mathrm{kW \cdot h} = 62280 \mathrm{kW \cdot h}$$

三、用电负荷优化调整的措施

负荷优化是一项节能降耗的措施，最终有利于人民生存环境和气候的改善。但是，负荷优化在一定程度上可能会影响生产人员的生活规律，因而存在着一定的阻力。因此，负荷优化需要从政策约束与激励、技术措施等多方面入手。目前需求侧管理的主要措施和方法有：

1) 行政措施：通过节能政策或行政手段，促使负荷关停平移。譬如，通过行政安排促使企业调整生产时段或休息日达到错峰生产的目的；行政命令机关事业单位在夏季用电高峰时段控制办公场所的空调温度、关停景观照明等可中断负荷。

2) 经济措施：经济措施具有较强的激励作用，可以更好地引导电力用户移峰填谷、合理用电。依据不同的终端用户，譬如工业用户、商业用户、居民用户等，供电公司可以执行不同的电价政策，利用电价的杠杆作用，引导和规范电力用户的用电方式，优化负荷用电特性。

分时电价是各方都能接受的一种经济导向措施，包括峰谷电价、季节电价和丰枯电价。分时电价的基本思想是，根据电网的负荷特性，将一天（或一年）划分为峰谷平等时段（或季节），在低谷时段（或季节）适当调低电价、高峰时段（或季节）适当调高电价，利用这种价格信号引导用户合理用电，将高峰时段（或季节）部分负荷转移到低谷时段（或季节），达到削峰填谷和平衡季节负荷的目标。

分时电价实施的手段是，对各个用户装设电能的分时计量仪表。

3) 技术改造：通过运用先进的技术和方法，达到优化负荷特性的目的。

首先，应提升终端用电设备的用电效能。譬如，空压机、水泵、风机的变频改造；用LED 节能灯替代传统白炽灯和日光灯；用基于 IGBT 的 PWM 整流器替代基于晶闸管的相控整流器；采用新型高效变压器和高效能家电办公设备；利用可再生能源发电等。

其次，采用各种技术措施改善终端负荷的用电特性。譬如，装设动态无功补偿装置、谐波滤波装置、三相负荷不平衡补偿装置；利用储能装置实现负荷的削峰填谷；优化管理电动汽车的充放电行为；分布式电源的风光储互补运行等。

4) 标准建设与评估认证　制定节能政策和行业标准，推行能效认证，便于消费者识别产品的能耗水平，也便于终端用户认识自身的能效水平，降低单位 GDP 的能耗。

当前普遍应用的电力用户需求侧管理系统软件可以实时收集负荷的运行数据，统计得到描述负荷特性的各项参数，包括绘制负荷曲线，为负荷特性的优化、调整和评价提供了科学的决策依据。

第四节 用户供电系统的无功功率补偿

一、无功功率与功率因数

在用户供电系统中，广泛使用着电力变压器、交流电动机及交流电抗器等感性设备，它们从电网吸收大量无功功率，不仅在输电线路和配电变压器中引起额外的附加电能损耗，而且影响电压质量。因此，无功补偿是降低电网电能损耗和改善电压质量的有效措施。

在供电系统中，常用功率因数来反映一个用户或一条馈线上无功功率的大小。任意三相系统的总功率因数（Power Factor，PF）定义为

$$PF = \frac{P}{\sqrt{P^2+Q^2}} \approx \frac{I_1}{I}\cos\varphi \tag{7-24}$$

式中　　P——三相有功功率；

　　　Q——三相无功功率；

　　　I_1——基波电流有效值；

　　　I——包括基波和谐波在内的总电流有效值；

　　$\cos\varphi$——基波功率因数或位移因数。

对于三相对称的正弦系统而言，总功率因数就是位移因数，但对于谐波源用户而言，总功率因数始终小于位移因数。以下分析只针对三相对称正弦系统，无功功率均指基波正序无功功率，功率因数均指三相基波正序位移因数。

二、无功补偿的方式

按照无功补偿容量的调节方式，无功补偿方式分为动态补偿和静态补偿。动态补偿是指补偿容量能够快速连续地自动跟踪负荷无功功率的变化，静态补偿是指补偿容量在相对比较长的一段时期内是固定不变的。根据开关的动作特性，一般而言，静止补偿器属于动态补偿方式，而采用机械开关的分组投切电容器属于静态补偿方式。

按照无功补偿装置的安装地点，无功补偿方式分为就地补偿和集中补偿。就地补偿适用于个别设备容量较大且负荷较平稳的场所，补偿装置与用电设备同时投入运行和断开。就地补偿可以最大限度地降低供电系统中的电能损耗，补偿效果最好，但从用户整体来看，补偿效率低，管理维护不便。集中补偿时电容器的利用率较高，但其补偿效果稍差。在工业企业供电系统中，多采用集中补偿与就地补偿相结合的混合方式，而在商业与民用供电系统中，则多为集中补偿方式。

根据经验，对于采用100kV·A以上配电变压器供电的配电系统，宜采用变压器低压侧集中自动补偿方式，总补偿容量可按变压器容量的20%~30%配置；对100kV·A以下配电变压器可采用低压侧就地固定补偿方式，补偿容量按变压器容量的10%~15%确定。对于10kV配电线路而言，补偿装置建议安装在距线路电源侧2/3位置处，或线路较长时分两台分别安装在线路2/5处和4/5处，可根据线路电压的高低自动进行投切。

三、无功补偿容量的确定

无功补偿装置容量的确定与补偿装置的功能要求和补偿目的密切相关，有的补偿装置用于补偿用户中较为稳定的基本无功功率以期提高功率因数和降低系统能耗，有的补偿装置用来补偿变动的负荷无功功率以期抑制电压波动和闪变，还有的补偿装置用于改善线路末端的

电压水平等。下面给出补偿容量的估算方法。

（1）**按提高功率因数确定补偿容量**　设补偿装置安装点负荷的平均有功功率为 P_{av}，最大有功功率为 P_{max}，补偿前的平均功率因数为 $\cos\varphi_1$，希望补偿后的平均功率因数达到 $\cos\varphi_2$，则采用一组固定补偿电容器时，补偿容量按下式计算，但在负荷较轻时不应发生过补偿。

$$Q_C = P_{av}(\tan\varphi_1 - \tan\varphi_2) \tag{7-25}$$

若希望短时（譬如半小时）平均功率因数都达到 $\cos\varphi_2$，则应采用分组自动投切的电容器组，此时总补偿容量按下式计算，至于组数、每组容量和投切时段需要根据负荷无功的变化特性来确定。

$$Q_C = P_{max}(\tan\varphi_1 - \tan\varphi_2) \tag{7-26}$$

值得指出的是，将功率因数从 0.9 提高到 1.0 所需要的补偿容量，与将功率因数从 0.72 提高到 0.9 所需要的补偿容量相当，即高功率因数下的无功补偿效益会显著下降。因此，补偿后的总功率因数不必都要达到或接近单位功率因数。

（2）**按抑制电压波动和闪变确定补偿容量**　电压波动和闪变是由负荷的变动，尤其是无功负荷的变动所引起的。设负荷无功功率的最大变动量为 ΔQ_{max}，允许补偿后的最大电压变动为 d_{lim}，由式（6-17）可得

$$Q_C \geq \Delta Q_{max} - d_{lim}S_k \tag{7-27}$$

（3）**按调整运行电压来确定补偿容量**　在配电线路的末端，加装补偿电容器可以提高末端设备的运行电压。设装设补偿电容器后欲将线路末端电压提高 $\Delta U\%$，根据线路电压降的近似计算公式（6-1），可按下式估算补偿容量：

$$Q_C \approx \Delta U\% S_k \tag{7-28}$$

式中　S_k——补偿装置安装点的系统短路容量。

值得指出的是，调整运行电压的无功补偿装置必须采取自动投切的运行方式，以免轻负荷时引起线路过电压。

四、无功补偿装置及其类型

1. 无功补偿装置的类型

无功补偿装置有着多种不同的分类方法。

按照补偿装置与被补偿设备的连接关系，补偿装置分为并联型和串联型。并联型无功补偿装置与被补偿设备并联连接于配电母线上，而串联型无功补偿装置则与被补偿设备串联连接于配电母线上。并联补偿在高低压系统中普遍采用，而串联补偿多用于高压系统。

按照补偿装置中调节机构的类型，补偿装置分为静止开关型和机械开关型。静止开关型补偿装置采用晶闸管等电力电子器件作为补偿容量调节的机构，而机械开关型补偿装置则采用机械式开关（譬如交流接触器、断路器等）作为补偿容量调节的机构。

无功补偿装置按其补偿原理可划分为无源型和有源型。无源补偿装置采用交流电容器或电抗器实现负荷无功功率的补偿，而有源补偿装置采用电力电子变流器向电网注入无功电流来达到无功补偿的目的。无源补偿装置等效为一个固定或可调的电容器或电抗器，有源补偿装置则等效为一个可控的无功电流发生器。

并联无源型补偿装置的补偿原理是，在控制系统作用下，使补偿装置的等效电抗与负荷电抗大小相等而性质相反。并联有源型补偿装置的补偿原理是，在控制系统作用下，使无功电流发生器发出的无功电流与负荷无功电流大小相等而相位相反，如图 7-5 所示。

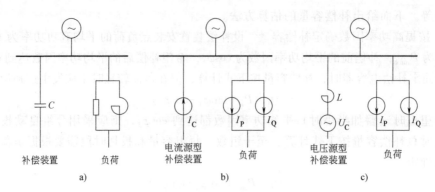

图 7-5 并联无功补偿装置的类型

a）并联无源型补偿装置 b）并联电流源型补偿装置 c）并联电压源型补偿装置

2. 传统无功补偿装置

传统无功补偿装置是指采用机械开关实现电容器分组自动投切的无功补偿装置，这是目前低压系统中应用最广的一种无功补偿装置，其目的在于补偿负荷无功，提高功率因数，降低供电系统的电能损耗。

传统无功补偿装置的系统结构如图 7-6 所示，补偿装置由电容器组、电容器支路保护和投切开关、自动补偿控制器等组成。图中，断路器作为过电流保护和检修隔离开关，接触器作为电容器的投切开关，由无功补偿自动控制器控制，电容器作为感性无功功率的补偿设备，自动控制器根据控制目标实现各组电容器的投切控制。在有谐波的场合，电容器支路必须串联电抗器，防止电容器对谐波的放大现象发生，对于大多数以 5 次谐波为主的工业用户，串联电抗器的电抗率约为 6%。

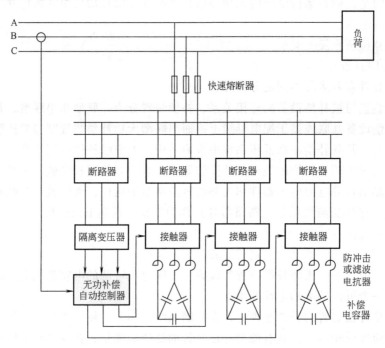

图 7-6 分组自动投切补偿电容器装置原理接线图

目前，无功补偿自动控制器基本上全部采用单片机系统来实现。首先采集系统电压和负荷电流，计算负荷有功功率、无功功率、功率因数、母线电压、负荷电流和电压的总畸变率等，根据控制判据发出电容器组的投切指令，同时完成用电负荷的监控。

低压无功补偿控制器通常采用以无功功率为主、以电压和谐波为约束条件的复合投切判据。以无功功率为判据，可以避免以功率因数作为判据时容易发生的电容器投切振荡现象。当补偿后电源侧感性无功功率大于一组电容器容量时投入一组电容器，当补偿后出现过补偿时切除一组电容器。当母线电压高于限值时，无条件切除一组电容器，当母线电压低于限值时，则无条件投入一组电容器。当补偿电容器发生谐波过电流时，逐组切除电容器，以免发生电容器对谐波的放大现象。

为了使各组电容器和开关的运行均衡化，避免个别电容器支路因频繁投切而过早损坏，各组电容器之间宜采取循环投切的控制策略，即按照组别遵循"先投先切"的原则。

由于传统无功补偿装置采用机械式开关作为无功控制器件，因而存在如下缺点：

1）投入时刻不能精确确定，导致投入时在电容器中产生很大涌流。

2）切除时刻不能精确确定，导致切除时在开关器件触头处产生电弧。

3）投切速度慢，动态跟踪补偿性能差。

4）机械开关投切次数有限，寿命短。

3. TSC 型静止无功补偿装置

针对传统无功补偿装置的缺点，随着电力电子技术的发展，出现了以晶闸管开关为代表的静止无功补偿器，实现了电容器投切时刻的准确控制，解决了投入涌流和切除电弧问题。

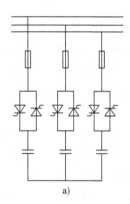

晶闸管投切电容器（Thyristor Switched Capacitor，TSC）的基本结构如图 7-7a 所示。利用晶闸管无触点开关替代常规补偿装置中的机械式接触器，实现并联电容器的适时投切，跟踪补偿感性负荷的无功功率。

由于晶闸管在电流过零时自然关断，TSC 自然实现了"切除无电弧"的目标。但要实现"投入无涌流"的目标，需要选择晶闸管的初始开通时刻。图 7-7b 列出了电容器初始电压不同的情况下使电容器投入电流最小的几种可能时刻，由图可以看出，使电容器投入涌流最小的条件是：电容器在电源电压瞬时值与电容器当前初始电压相等的时刻投入电网。

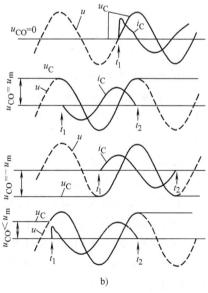

尽管通过投入时刻控制已经降低了投入涌流，但在实际系统中仍然在每个电容

图 7-7 晶闸管投切电容器（TSC）及其投切时刻
a）TSC 主电路原理示意图 b）电容器涌流最小投入时刻

器支路串入阻尼电抗器，以降低可能产生的电流冲击，也避免电容器与系统阻抗发生谐振。

TSC 型静止无功补偿装置通常由多组 TSC 支路并联而成。

TSC 型无功补偿装置的主要缺点是晶闸管开关上的通态电能损耗，为此在低压系统出现了一种机械开关与晶闸管开关并联协调控制的复合开关。当要投入电容器时，先开通晶闸管开关以实现电容器无涌流投入，稍后闭合机械开关以消除晶闸管通态损耗；当要切除电容器时，则先断开机械开关，稍后在电流过零时刻断开晶闸管开关以消除电弧。当然，这种复合结构在一定程度上降低了开关的投切速度。

除上述两种装置之外，还有基于晶闸管开关的可连续补偿无功功率的晶闸管控制电抗器型静止无功补偿器（TCR）、基于晶闸管开关的可连续补偿无功功率的磁控电抗器型静止无功补偿器（Magnetic Controlled Reactor，MCR）、基于 IGBT 开关的静止无功发生器（SVG）。MCR 主要用于高压系统中，成本低，相比 TCR 和 SVG 而言，动态响应速度较慢。

五、无功补偿的经济效益

在本章第一节虽已分析了无功补偿的经济效益，但是由于缺乏具体数据，实际计算较为困难。下面介绍一种简易估算方法。

为了简化无功补偿效益的计算，人们提出了无功经济当量的概念，即每补偿 1kvar 无功功率所节约的电量相当于有功负荷（kW）的减少量。根据统计，10kV 配电系统的无功经济当量可达 0.05，而低压配电系统无功经济当量可达 0.1，即在低压系统补偿 1kvar 无功功率所节约的电量相当于一个 0.1kW 负荷的电能消耗。

值得指出的是，无功补偿的节电效益不仅仅是降低了供电系统的线损。由于无功补偿具有稳定供电电压的作用，对于某些用电设备（譬如有色金属加工用的真空自耗电弧炉），还明显降低了其有功功率，提高了设备的用电效能和生产率。

习题与思考题

7-1　试述年最大负荷利用小时数 T_{max} 与年最大负荷损耗小时数 τ 的联系与区别。

7-2　试举例说明负荷调整、无功补偿和改善电能质量的必要性。

7-3　衡量负荷时变特性的主要指标：负荷率、峰谷差率和同时率各反映了负荷的哪些用电特性？

7-4　简述用电负荷优化调整的意义，并简要说明怎样进行用电负荷优化调整。

7-5　总功率因数与位移因数有何区别？

7-6　简述开关投切电容器、SVC 和 SVG 的无功补偿原理和特点。

7-7　试述无功补偿装置的发展趋势。

7-8　某架空线路为 8.2km，输电电压为 35kV，导线型号为 LJ-95，供电给某用户，年耗电量 $W = 14980 \times 10^{3} kW \cdot h$，线路上的最大负荷电流 $I_{max} = 128A$，$\cos\varphi = 0.85$，试求该线路上的功率损耗及年电能损耗。

7-9　某 10kV/0.4kV 变电所低压侧负荷为 $P_c = 650kW$，$Q_c = 520kvar$，变压器型号为 SCB$_{10}$-1000/10，若该变电所年最大负荷利用小时数 $T_{max} = 5000h$，试求该变压器中的功率损

耗及年电能损耗。

7-10　某用户变电所变压器型号为 SCB_{10}-1000/10，负荷为 $P_{av} = 700kW$，$\cos\varphi = 0.75$。试求：

（1）该变压器中的功率损耗。

（2）欲将变压器二次侧负荷功率因数提高到 0.95，问通常应采用什么措施进行功率因数补偿，并求出其补偿容量应为多少？

（3）如果变压器全年投入运行 350 天，年最大负荷利用时数 $T_{max} = 4500h$，问补偿后该变压器中的电能损耗减少了多少？

第八章

用户电力新技术

本着"谁污染谁治理"的原则和"电能质量扰动宜在源头解决"的方针，采取合理措施在用户侧就地解决电能质量相关问题，往往是用户供电系统运行管理人员的职责。无功补偿和电能质量的传统解决方案已为大家所熟悉，但是随着新型电力电子技术的发展，尤其是基于电压源变流器技术的各种动态补偿装置的涌现，为在用户侧改善功率因数和电能质量提供了性能更加优良的新兴解决方案。

新型电力系统
与供电系统
新形态

随着分布式电源和微电网的出现，用户供电系统中将会包含可再生能源发电和储能电源，进而形成一个由负荷、分布式小电源和储能装置组成的微电网，甚至这个微电网可以脱离主电网而孤岛自主运行。充分利用可再生能源发电和储能的微电网将是用户供用电系统未来的发展方向。

第一节　基于电压源变流器的电能质量控制技术

在用户供电系统中，随着越来越多的整流电源、变压变频电源、充电电源、通信电源、节能灯、电子信息设备等非线性、波动性和不对称负荷接入电力系统，导致电压波动、跌落、波形畸变等电能质量问题，严重影响用户供电系统的安全运行，甚至造成大面积停电。随着经济发展和电子信息技术的进步，尤其是计算机、现代控制装置、精密测量设备的应用，对用户供电系统的供电质量提出了更高的要求。

基于电压源变流器，通过不同的补偿目标设定和控制，可以得到各种电能质量控制设备。表8-1列出了几种已经得到应用的基于电压源变流器的电能质量控制设备及其功能。

表 8-1　电压源变流器的电能质量控制设备及其功能

设 备 名 称	基 本 功 能	伴 随 功 能
静止无功发生器（SVG）	动态补偿无功	（1）补偿电压偏差 （2）抑制电压波动与闪变 （3）平衡三相负荷
有源电力滤波器（APF）	抑制谐波	（1）动态补偿无功 （2）补偿电压偏差 （3）平衡三相负荷
动态电压恢复器（DVR）	补偿电压暂降和骤升	（1）补偿电压偏差 （2）抑制电压波动与闪变

一、电压源变流器

电压源变流器（VSC）是一种基于全控电力电子器件和脉冲宽度调制（PWM）技术的交直流变换装置。从电力系统中所用的电压源变流器的交流端口特性而言，电压源变流器可以看作一种可输出任意波形的可控同步电压或同步电流发生器。所谓同步是指逆变输出电压或电流与电网电压的基波分量同频率，同步功能一般由电压源变流器控制系统中的锁相环来实现。

电压源变流器具有各种不同的电路拓扑。图 8-1 列出常用的三种电路拓扑，分别称为二电平结构、三电平结构和级联多电平结构，二电平和三电平电路一般用于低压变流器，级联多电平电路用于高压变流器。图 8-2 给出相应的单相原理示意图，在控制系统作用下，通过各个电力电子开关器件（典型器件 IGBT）的高频有序通断控制，在变流器的交流侧产生一个具有规律性和工频周期性的阶梯电平式电压 u_{vsc}，若对此电压进行低通滤波，可得我们所期望的、较为平滑的、工频周期性的交流电压。逆变电压 u_{vsc} 与供电电源电压 u_{s} 共同作用于滤波电抗器 L 上，将会产生我们所期望的电流 i_{vsc}，如图 8-2d 所示。

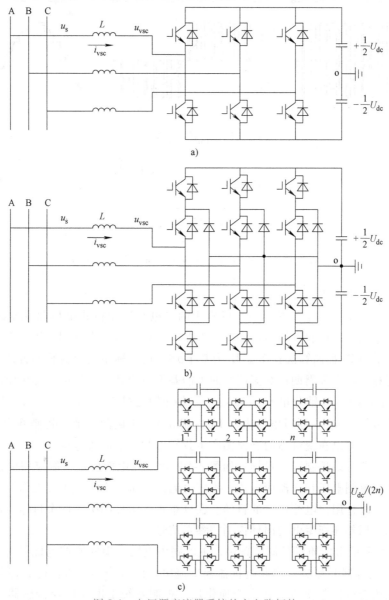

图 8-1 电压源变流器系统的主电路拓扑

a）二电平 b）三电平 c）级联多电平

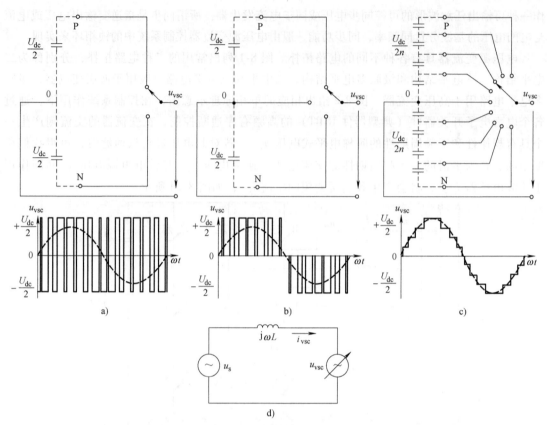

图 8-2　电压源变流器的单相原理示意图及工频等效电路

a) 二电平　b) 三电平　c) 多电平　d) 工频等效电路

　　电压源变流器通常采用双闭环结构的直接电流控制策略，外环为目标环，内环为直接电流控制环，电流环具有限流保护功能。以常用的二电平三相桥式电压源变流器拓扑电路为例，其典型的电流内环控制系统结构如图 8-3 所示。图 8-3a 为基于 dq 旋转坐标系的电流解耦控制方法，采用 PI 控制算法；图 8-3b 为基于 αβ 静止坐标系的电流控制方法，采用 PR 控制或重复控制算法，实现周期性交流信号的无静差跟踪控制。如果给定三相变流器电流的参考信号 i_{ref}（对应图中 dq 轴分量 $i_{d.ref}$ 和 $i_{q.ref}$，或 αβ 轴分量 $i_{\alpha.ref}$ 和 $i_{\beta.ref}$）或直接给定三相变流器电压的参考信号 u_{ref}，通过电流内环 PI 控制和 PWM 调制环节，控制 6 个 IGBT 开关器件的高频通断，就可以在变流器的交流侧产生我们想要的电流或电压。

　　电压源变流器可以控制两个目标，如图 8-4 所示。在电能质量控制应用中，这两个目标通常是变流器直流侧电压和交流侧电流，稳定直流侧电压是变流器正常工作的前提，控制交流侧电流以达到改善用户电能质量的目的。在分布式电源控制中，两个目标通常是有功功率和无功功率。目标外环产生电流内环控制的参考信号。

　　在图 8-5 所示的电能质量控制装置中，主电路由电网、串联滤波电抗器 L、电压源变流器 VSC 和直流电容器 C 组成。串联电抗器起交流电流滤波作用，直流电容器起直流电压支撑作用，电压源变流器起交直流双向变换作用。控制系统由电压电流传感器、检测变换单元、目标设定、控制单元、PWM 调制和 PWM 驱动等组成。检测变换单元对电网电压、电

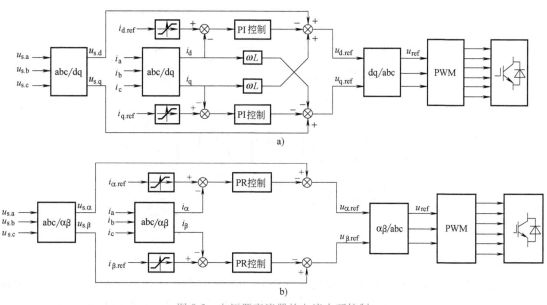

图 8-3　电压源变流器的电流内环控制

a）基于 dq 坐标系的电流控制　b）基于 αβ 坐标系的电流控制

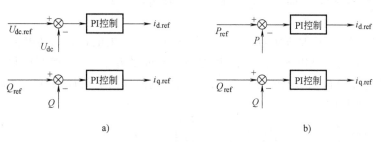

图 8-4　电压源变流器的目标外环控制

a）U-Q 控制　b）P-Q 控制

网电流、变流器交流侧电流和直流侧电压等进行检测和处理，得到控制所需的目标反馈信号；控制单元根据补偿目标设定值和反馈值进行调节计算，得到变流器的输出电压或电流参考信号；PWM 调制则根据变流器电压参考信号按照 PWM 调制策略生成 PWM 信号；PWM 驱动对 PWM 信号进行隔离和变换，产生直接驱动 IGBT 器件的门极信号，通过 IGBT 实现电子信号对电力的控制。

目标设定、检测变换和控制单元共同决定了电压源变流器的具体功用。如果补偿目标设定为负荷无功电流分量，同时检测和控制变流器输出的电流，则该电压源变流器就作为静止无功发生器（SVG）；如果补偿目标设定为负荷谐波电流分量，同时检测和控制变流器发出的电流，则该电压源变流器就作为有源电力滤波器（APF）；如果补偿目标设定为负荷无功电流分量与谐波电流分量之和，同时检测和控制变流器输出的电流，则该电压源变流器就具有 SVG 和 APF 的双重功能。

基于电压源变流器的电能质量控制设备，不再需要大容量的电容、电感等储能元件，与传统基于 LC 无源元件的补偿装置相比，具有补偿效果好、响应速度快、电网适应性强、体积小等优点。

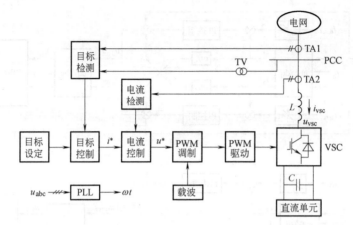

图 8-5 基于电压源变流器的电能质量控制装置原理框图

二、静止无功发生器

静止无功发生器（SVG）是一种先进的静止有源型动态无功功率补偿设备。SVG 中的变流器工作于可控基波电流发生器方式，其发出的基波无功电流就是此时检测得到的负荷无功电流。SVG 输出的无功电流值不受系统电压的影响，可在低电压条件下提供额定无功电流支持，快速补偿无功，从而有效抑制电网电压波动和闪变。

1. SVG 的无功补偿原理

图 8-6 为典型的 SVG 原理示意图，它由电压源变流器主电路和无功电流控制系统组成。将负荷电流 i_L 分解为有功电流分量 $i_{L.p}$ 和无功电流分量 $i_{L.q}$，通过控制使得 SVG 的输出补偿电流 i_C 始终等于负荷无功电流分量 $i_{L.q}$，则供电电源仅向负荷提供有功电流分量 $i_{L.p}$，达到完全无功补偿的目的。

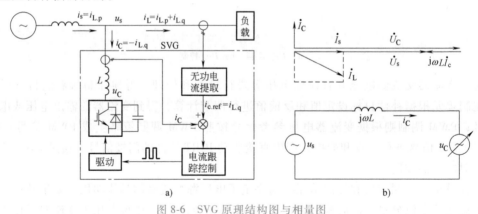

图 8-6 SVG 原理结构图与相量图

a）原理结构图 b）相量图

在 SVG 中，电压源变流器可视为一个与电源电压同步的交流电压源，它输出一个与电网电压 u_s 同频同相幅值可调的三相正弦电压 u_C，与电网电压一起作用于滤波电抗器 L，进而产生纯无功补偿电流 i_C。以电源电压相位为参考，SVG 输出的补偿电流为

$$\dot{I}_C = \frac{U_s - U_C}{\mathrm{j}\omega L} = \mathrm{j}\frac{U_C - U_s}{\omega L}$$

调节变流器逆变输出电压 u_C 的幅值大小，可以调节无功补偿电流 i_C 的大小和性质，达到双向连续调节无功功率的目的。值得指出的是，SVG 输出的无功功率是双向的，既可产生额定容量的容性无功，也可产生额定容量的感性无功，故在书写时常采用±100kvar 的表示形式。图 8-7 示出了直接电流控制方式下 SVG 输出电流从容性突变到感性的过渡过程，动态响应全过程约为 5ms。

SVG 装置的滤波电感和直流电容对补偿装置的性能有着全面影响。滤波电感小，则电力电子器件的电压应力小、装置体积小、成本低、动态响应速度快，但是输出电流谐波含量稍大、装置抵抗电网电压扰动的能力较差。因此，滤波电感的选择应从技术经济两方面权衡而定，通常滤波电感的电抗率（即滤波电感的基波电抗与 SVG 额定阻抗之比）取为 0.1 ~ 0.2。直流电容器最小值则根据装置容量和直流电压纹波要求按照经验公式选择，在体积和成本许可的情况下取值可大一些。

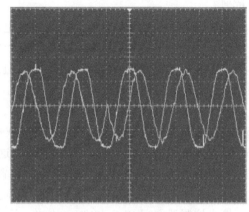

图 8-7　SVG 输出电流从容性到感性的突变过程

2. SVG 的测量与控制

SVG 装置采用图 8-1 所示的主电路拓扑，低压 SVG 常用二电平或三电平结构，高压 SVG 采用级联 H 桥结构。SVG 的电流内环控制常采用图 8-3 所示的基于 dq 或αβ坐标系的直接电流控制策略，目标控制采用图 8-4a 所示的直流侧电压和无功功率控制。

无功补偿电流的参考值来自于负荷无功的检测，常采用基于瞬时无功理论的检测方法。首先利用三相电压锁相环产生一对与 A 相电压正序分量同相位的单位正交同步信号（$\sin\omega t$/ $\cos\omega t$），对三相负荷电流进行 dq 坐标变换，即可得到三相负荷电流的有功分量 i_p（即 d 轴分量 i_d）和无功分量 i_q。瞬时无功功率和无功电流分量的检测所用的变换方程如下：

$$\begin{pmatrix} i_\alpha \\ i_\beta \end{pmatrix} = \sqrt{\frac{2}{3}} \begin{pmatrix} 1 & -\dfrac{1}{2} & -\dfrac{1}{2} \\ 0 & \dfrac{\sqrt{3}}{2} & -\dfrac{\sqrt{3}}{2} \end{pmatrix} \begin{pmatrix} i_a \\ i_b \\ i_c \end{pmatrix} \tag{8-1}$$

$$\begin{pmatrix} i_d \\ i_q \end{pmatrix} = \begin{pmatrix} \sin\omega t & -\cos\omega t \\ \cos\omega t & \sin\omega t \end{pmatrix} \begin{pmatrix} i_\alpha \\ i_\beta \end{pmatrix} \tag{8-2}$$

$$\begin{pmatrix} i_p \\ q \end{pmatrix} = \begin{pmatrix} 1 & 0 \\ 0 & u_d \end{pmatrix} \begin{pmatrix} i_d \\ i_q \end{pmatrix} \tag{8-3}$$

值得指出的是，SVG 也可具有三相不平衡补偿功能。三相三线结构的 SVG 可以补偿三相正负序无功，将三相负荷无功电流进一步分解为正序和负序分量，按照正序无功和负序无功分别进行调整，即可实现三相不平衡补偿。三相四线结构的 SVG 还可以实现无功功率的分相补偿，对正序、负序和零序无功一并解决。此外，如果在 SVG 直流侧加入超级电容器或蓄电池等储能元件，采取适当控制策略，SVG 还可以实现负荷有功功率的削峰填谷和平滑，进一步优化负荷特性。

3. SVG 的混合应用

相对传统机械开关式无功补偿装置而言，SVG 的成本较高。此外，普通电力用户的负荷无功仅为感性，SVG 的双向补偿功能未能得到充分利用。为此，可将 SVG 与传统补偿装置混合使用，提高补偿装置的性价比。混合使用时，并联电容器宜串联防谐电抗器。

图 8-8 为静止无功发生器 SVG 与固定电容器 FC 的混合使用，SVG 和 FC 的容量均取为负荷最大无功功率的一半。这种方式使得 SVG 的容量降低一半，且不影响整体补偿装置的动态响应性能。

图 8-9 为 SVG 与 N 组 TSC 的混合使用，SVG 和每组 TSC 的容量均取为负荷最大无功功率的 （$N+1$）分之一，TSC 实现分级粗补，SVG 实现级内精补。这种方式可以进一步降低 SVG 的容量需求，整体补偿装置的动态响应

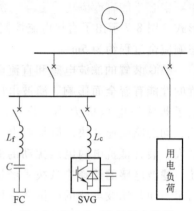

图 8-8　SVG 与 FC 的混合使用

性能取决于 TSC。对于负荷无功变化并不剧烈的用户，还可将 TSC 更换为传统的机械式开关。综合控制器实现 SVG 与 TSC 的统一协调控制，根据补偿误差和 SVG 状态，适时发出 SVG 调整指令和 TSC 投切信号。

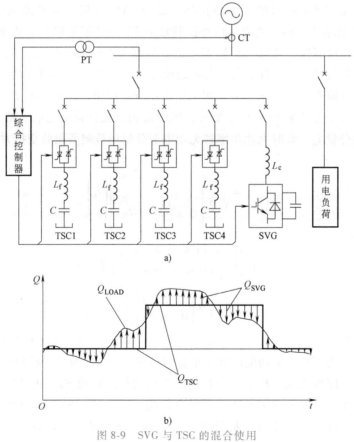

图 8-9　SVG 与 TSC 的混合使用

a）主电路　b）协同补偿原理

4. SVG 的电压闪变改善效果

SVG 用于电压闪变抑制时，其效果显著优于 SVC，这主要得益于 SVG 的快速响应特性。一般而言，SVC 的响应时间约为 10~20ms，而 SVG 的响应时间可达 5ms。如果定义无功功率补偿率 $C\%$ 和电压闪变改善率 $\eta\%$ 为

$$C\% = \frac{Q_C}{\Delta Q_{max}} \times 100\% \qquad (8-4)$$

$$\eta\% = \frac{P_{st.0} - P_{st.1}}{P_{st.0}} \times 100\% \qquad (8-5)$$

式中 ΔQ_{max}——波动负荷的无功功率最大变动量；

$\quad Q_C$——动态无功补偿装置（SVC、SVG）的可控额定容量；

$\quad P_{st.0}$——补偿前的电压短时闪变值；

$\quad P_{st.1}$——补偿后的电压短时闪变值。

则补偿装置的响应时间和无功功率补偿率对电压闪变改善率的影响关系如图 8-10 所示。可见，SVC 对电压闪变的最大改善率为 50%，而 SVG 对电压闪变的改善率接近 80%。

5. 无功补偿装置的发展与比较

随着计算机控制技术和电力电子技术的发展，无功功率补偿技术和装置不断得到改进，以适应供电系统不断发展的需要。无功补偿装置的发展分为主电路和控制器两个方面。主电路的发展在于：①提高无功连续调节的程度；②提高无功调节的响应速度；③具有分相补偿或平衡三相不对称负荷的能力；④不受谐波的干扰或具有抑制谐波的功能；⑤补偿容量不受电网电压变化的影响。控制器的发展主要在于：①应用计算机控制技术；②采取更为复杂的控制策略和完善的监控措施；③提高控制的精度；④实现复合控制功能。

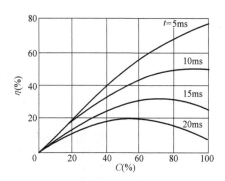

图 8-10 动态无功补偿装置对电压闪变的改善率

表 8-2 对当前几种典型的无功补偿装置的性能进行了比较。

表 8-2 无功补偿装置的性能比较

项目	机械开关投切电容器（MSC）	晶闸管投切电容器（TSC）	静止无功补偿器（SVC）	静止无功发生器（SVG）
开关器件	接触器或断路器	晶闸管	晶闸管	GTO、IGBT 等
无功补偿范围	$Q_{LOAD} \sim 0$	$Q_{LOAD} \sim 0$	$+Q_{LOAD} \sim -Q_{LOAD}$	$+Q_{LOAD} \sim -Q_{LOAD}$
响应特性	慢	快	较快	快
无功补偿方式	有级投切	有级投切	连续调节	连续调节
谐波发生量	无	无	大	很小
作用	补偿负荷无功调整母线电压	快速补偿无功调整母线电压	动态补偿无功，调节母线电压，抑制电压波动，平衡三相负荷	动态补偿无功，调节母线电压，抑制电压波动，平衡三相负荷
附加功能	在电容器支路串联电抗器，可构成调谐滤波器，具有谐波抑制功能			仅改变控制策略可附加有源滤波功能

三、有源电力滤波器

有源电力滤波器（APF）是一种先进的静止有源型电力谐波抑制设备。APF 工作于可控谐波电流发生器方式，其发出的谐波电流就是此时检测得到的负荷谐波电流。APF 输出的谐波电流补偿值不受系统阻抗的影响，可在弱电网条件下提供额定谐波电流支持，快速补偿谐波，有效降低电网电流的总谐波畸变率。

1. APF 的谐波抑制原理

APF 直接与谐波源负荷并联，在交流侧输出一个与负荷谐波电流瞬时值大小相等、极性相反的谐波电流，如图 8-11 所示。APF 首先从负荷电流中提取出谐波分量，然后利用电压源变流器的可控电流源特性产生相应的谐波补偿电流。从电源侧看去，APF 输出的谐波补偿电流与负荷谐波电流相互抵消，从而使电源侧电流逼近正弦波形。

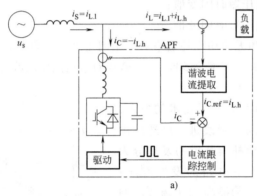

a)

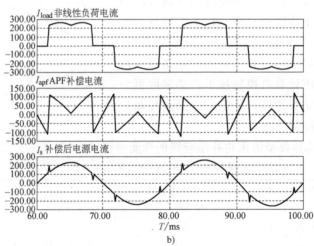

b)

图 8-11　APF 原理示意图

a）原理结构　b）电流波形

图 8-11b 中，非线性负荷电流波形畸变严重，经过 APF 输出电流补偿之后，电源侧电流波形正弦度良好。可以看出，补偿后的电源电流波形上还存在某些小缺口，这些缺口时刻正好对应负荷电流的突变点，表明 APF 的响应速度还未能完全跟上负荷电流的跳变。

APF 的参数有交流额定电压和额定电流。为方便生产和维护，APF 常采用模块化结构，单个模块的规格有 25A、50A、75A 和 100A，通过多模块组合可以灵活实现更多规格和更大容量的 APF 装置。

2. APF 的测量与控制

图 8-12 为 APF 的原理线路和控制框图。APF 主电路采用 L 滤波型三相二电平电压源变流器拓扑；谐波指令电流或负荷谐波电流分量的获取采用瞬时无功理论检测法；变流器的控制采用 abc 静止坐标系下的直接电流控制方法，电流环调节规律采用比例谐振控制（PR）或比例重复复合控制，PWM 调制策略采用三角载波比较法；变流器直流侧电压采用基于有功电流分量调整的自励控制方法。

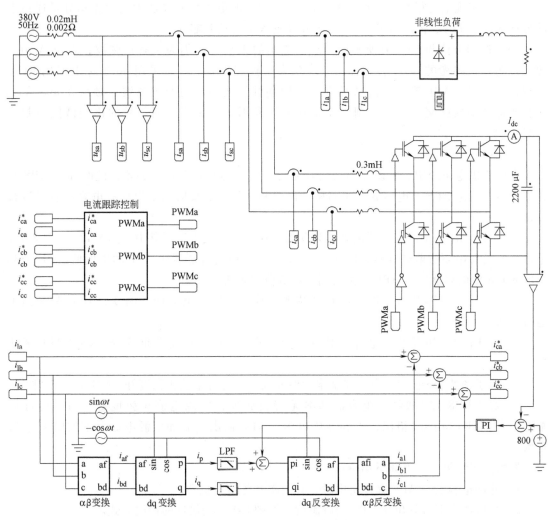

图 8-12 APF 原理线路与控制框图

谐波补偿指令电流就是从负荷电流中检测得到的谐波电流分量。首先利用三相电压锁相环产生一对单位正交同步信号（$\sin\omega t/\cos\omega t$），通过坐标变换将三相负荷电流瞬时值转换为有功分量 i_p 和无功分量 i_q，再通过低通滤波器 LPF 提取出仅与基波电流有关的直流分量，最后通过坐标反变换得到负荷电流的瞬时基波分量，总电流减去基波电流即为补偿所需的总谐波电流。这种瞬时无功理论检测法具有简明、快速、易于实现数字化的特点。谐波检测所用变换方程为

$$T_{abc\to\alpha\beta} = \sqrt{\frac{2}{3}}\begin{pmatrix} 1 & -\dfrac{1}{2} & -\dfrac{1}{2} \\ 0 & \dfrac{\sqrt{3}}{2} & -\dfrac{\sqrt{3}}{2} \end{pmatrix} \tag{8-6}$$

$$T_{\alpha\beta\to pq} = \begin{pmatrix} \sin\omega t & -\cos\omega t \\ \cos\omega t & \sin\omega t \end{pmatrix} \tag{8-7}$$

在 APF 中附加无功补偿功能是很容易的，只需要在补偿电流指令中加入基波无功电流分量即可。实现上也很简单，只需要在图 8-12 的谐波电流检测算法中去掉无功分量通道上的低通滤波器 LPF，同时将 pq 反变换的 q 端输入量直接赋零即可。

APF 控制方法与 SVG 有所不同。SVG 输出的无功电流仍为工频正弦波，在以 A 相电源电压为相位参考的 dq 旋转坐标系下表现为一种直流量，可以采用 dq 坐标下通用 PI 控制规律。但是，APF 输出电流虽具有工频周期性，波形却为非正弦波，必须在 abc 或 αβ 静止坐标系下实施交流量的控制，控制规律常采用适于交流周期信号的比例谐振控制或重复控制。

3. APF 与并联电容器的混合应用

在用户供电系统中，常设计和安装有无功补偿用的并联电容器装置，此时加装 APF 装置需要格外注意 APF 与电容器之间的相互位置和作用，必要时需要对原有电容器装置进行改造。

图 8-13 给出了 APF 与并联电容器装置的四种可能接线方案。其中，图 8-13a 和图 8-13b 中电容器没有串联防谐电抗器；图 8-13a 和图 8-13c 中电容器置于 APF 的电网侧；图 8-13b 和图 8-13d 中电容器置于 APF 的负荷侧。仿真研究表明：

1）对于图 8-13a 接线，电容器对谐波严重放大，电源电流严重畸变，但是 APF 尚可运行。

2）对于图 8-13b 接线，电容器对谐波严重放大，电源电流严重畸变，导致 APF 无法运行。

3）对于图 8-13c 接线，电容器基本无谐波放大，电源电流正弦度好，APF 运行正常。

4）对于图 8-13d 接线，电容器基本无谐波放大，电源电流正弦度好，APF 运行正常。但与图 8-13c 接线相比，电容器中电流、APF 输出电流和电源电流总谐波畸变率均稍大。

根据上述结果，可有如下结论：

1）并联电容器与 APF 混合使用时，必须串联防谐电抗器。

2）并联电容器最好位于 APF 的电源侧，即图 8-13c 是最佳的接线方式。

四、动态电压恢复器

动态电压恢复器（DVR）是一种先进的静止有源型电压暂降补偿设备。DVR 工作于可控基波电压发生器方式，其发出的基波电压就是补偿此时检测得到的电压暂降所需的电压。DVR 是一种串联补偿设备，串联于负荷的供电线路中，相当于一个辅助的串联同步电压源，随着供电电源电压的升降而降升，始终保持负荷端电压在合理范围内。

1. 电压暂降补偿原理

DVR 的典型主电路结构如图 8-14 所示。将 DVR 串联在电网与负载之间，如果供电电源

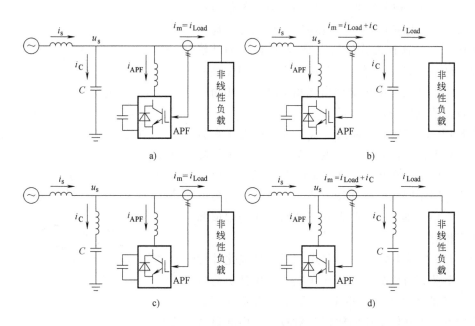

图 8-13　APF 与并联电容器的混合接线方案

发生电压暂降，DVR 变流器将逆变输出一个补偿电压并通过串联耦合升压变压器施加于供电线路中，使得敏感负荷的电压保持在允许范围内，负荷运行状态免受暂降的影响。由于变流器的逆变输出电压包含丰富的高频谐波成分，故在变压器前引入滤波器。

　　DVR 与供电线路的耦合方式有串联变压器和串联电容器两种。变压器耦合型可降低DVR 对 VSC 直流侧电压的要求，并起到隔离作用，适用于较高电压等级的配电网。在电压较低的应用场合，可以省去串联变压器，直接用串联电容器耦合。

　　DVR 在输出补偿电压的同时需要与系统进行一定的有功交换，这就需要 DVR 直流侧配备储能元件或外接电源。直流储能元件常选蓄电池、超级电容或大容量电容器，

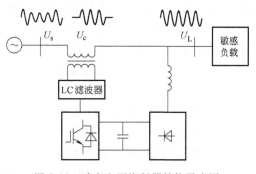

图 8-14　动态电压恢复器结构示意图

图 8-14 所示为直流侧外接三相二极管整流电源，在电压暂降期间仍由电网提供逆变功率。如果将二极管整流器改换为电压源变流器，则此装置就具有串联和并联补偿的双重功能，称作统一电能质量调节器，可以补偿电压暂降、无功功率、谐波和三相不平衡等。

　　DVR 作为一种串联补偿装置，可在供电线路中串联注入任意大小和相位的补偿电压，实现对敏感负荷电压质量的控制。DVR 有三种典型的补偿方式，分别是同相电压补偿、完全电压补偿和最小能量补偿，如图 8-15 所示。图中，$U_{s.N}$ 为暂降前的电源电压，$U_{s.sag}$ 为暂降后的电源电压；$U_{L.pre}$ 为暂降前的负荷电压，U_L 为暂降补偿后的负荷电压；$I_{L.pre}$ 为暂降前的负荷电流，I_L 为暂降补偿后的负荷电流；λ 为暂降前后电源电压的相位跳变，δ 为暂降前后负荷电压的相位跳变，U_c 为补偿电压。

图 8-15a 为同相电压补偿方式，即 DVR 补偿电压始终与电源电压保持同相，通过补偿使得敏感负荷的电压幅值不变。这种方式的特点是 DVR 输出的补偿电压幅值最小。如果暂降前后电源电压发生相位跳变（相角差 λ），则负荷电压也会出现相位跳变（相角差 δ），导致负荷电压波形不连续。

图 8-15b 为完全电压补偿方式，即负荷电压在暂降前后始终保持幅值和相位不变（$\delta = 0°$）。如果暂降前后电源电压不存在相位跳变（$\lambda = 0°$），则完全电压补偿方式等同于同相电压补偿方式；如果暂降前后电源电压发生相位跳变，则此方式下补偿电压的幅值和所需功率相对较大。

图 8-15c 为最小能量补偿方式，即通过优化补偿电压的幅值及其与负荷电流的相角差，在保证负荷电压幅值不变的条件下，使得 DVR 输出的有功功率最小。这种方式下补偿电压的幅值相对较大，引起负荷电压的相位跳变也较大。

2. DVR 的控制策略

DVR 控制系统原理框图如图 8-16 所示。首先检测三相电网电压 $u_{S.abc}$ 和负荷端电压 $u_{L.abc}$，利用锁相环技术从电网电压得到其同步相位 θ；对电源电压和负荷电压作 dq 变换，得到它们在 dq 同步旋转坐标系下的直流分量 $u_{S.dq}$ 和 $u_{L.dq}$；利用电源电压 dq 轴分量 $u_{S.dq}$ 可以实时检测电压暂降的发生时刻和暂降深度，及时起动 DVR 投入运行。

根据电压暂降监测结果和补偿方式生成负荷端电压的 dq 坐标参考值 $u_{L.ref}$，此值与电网电压实际值 $u_{S.dq}$ 之差就是需要 DVR 输出的补偿电压 $u_{C.ref}$，即 DVR 补偿电压参考值。DVR 输出的实际补偿电压 $u_{C.dq}$ 由负荷电压 $u_{L.dq}$ 与电网电压 $u_{S.dq}$ 之差间接得到。

根据补偿电压参考值和实际反馈值可以对 DVR 逆变器实施反馈控制，提高 DVR 补偿的精度和稳定性。控制输出经过 dq 反变换得到 DVR 三相调制波电压，经 PWM 调制输出 IGBT 的高频开关信号，控制 DVR 完成暂降的补偿。

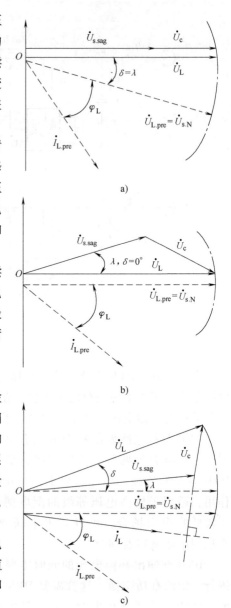

图 8-15　DVR 不同补偿方式下的矢量图
a）同相电压补偿方式　b）完全电压补偿方式　c）最小能量补偿方式

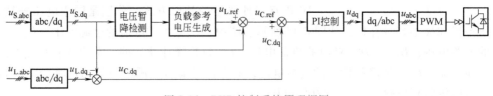

图 8-16　DVR 控制系统原理框图

图 8-17 给出了一组 DVR 补偿电压暂降的实验结果，采取同相电压补偿的方式。电网电压突然发生 30% 的电压暂降，DVR 及时予以补偿，图 8-17a 为补偿后的电网电压和负荷电压波形，通道 1 为网侧电压 u_S，通道 2 为负荷电压 u_L。图 8-17b 为暂降开始时刻的补偿效果放大图，图 8-17c 为暂降结束时刻的补偿效果放大图，可以看出，电压暂降补偿的动态性能和稳态性能良好。

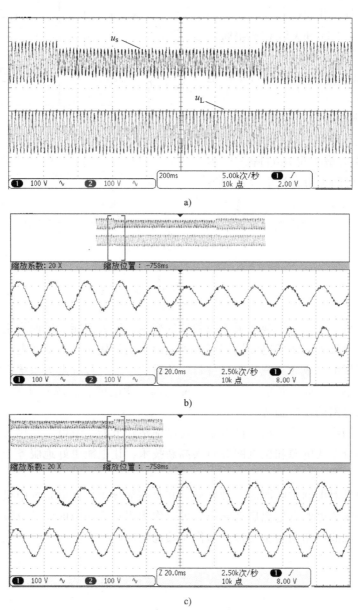

图 8-17　电压暂降 30% 的补偿结果

a）补偿过程　b）暂降开始　c）暂降结束

3. 单相小功率电压暂降补偿装置

针对低压中小功率的单相敏感负荷，可采用图 8-18 所示的单相暂降补偿器。单相暂降补偿器是一种串联电容耦合型结构，C_1、C_2、V_1 和 V_2 构成单相电压源逆变器，通过滤波电感 L_f 和串联耦合电容 C_f 为敏感负荷提供补偿电压；L_1、VD_1、VD_2、C_1 和 C_2 构成单相并联整流器，为直流电容 C_1 和 C_2 提供能量，并通过 C_1 和 C_2 将能量传递给逆变器。VT_1 和 VT_2 构成串联电容的旁路开关，在电源电压正常期间将电容器旁路，仅在电压暂降期间允许电容器串入线路中。

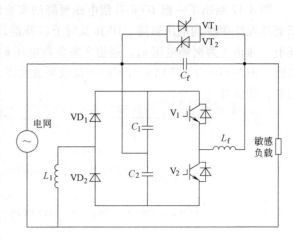

图 8-18　单相暂降补偿器的原理线路

单相暂降补偿器是一种低成本、小容量、小体积电压暂降解决方案，理论上讲它所能补偿的最大电压暂降深度为 50%，补偿持续时间也与直流电容器的容量大小有关。据统计，电压暂降造成的损失中，一部分是由于设备供电开关（接触器、继电器等）未能穿越电压暂降而跳闸所引起的，通过单相暂降补偿器为这些开关单独供电也是一种解决方案。

第二节　分布式电源技术

化石能源危机、大气污染唤起了能源领域的变革。以太阳能、风能为主的可再生能源发电在近十年来迅速崛起，在发电领域用可再生能源发电替代化石能源发电、在终端能源消费领域用电能替代煤油气成为实现节能减排目标的重要途径。传统电力系统必须进行相应的改造以适应这种变革，为此，智能电网、主动配电网、微电网、能源互联网等概念不断涌现，都在描绘着未来电网的发展趋势。

作为电网中的终端环节，用户供电系统也必须跟随节能、节电、减排、提高供电质量的发展步伐，采用分布式电源和微电网等新兴高新技术，让电能更好地服务于用户。

一、分布式电源概述

分布式电源是对电网主电源的一种补充，甚至在部分用户供电系统中成为电能的主要供给者。尤其是分布式电源具备黑启动能力，可以作为用户系统中的储备电源、应急电源和抗灾电源，在主电源故障期间为重要负荷提供持续稳定的电力。

1. 分布式电源的概念

分布式电源是指接入到 35kV 及以下中低压电网的小型电源，是分布式发电（DG）和分布式储能装置（DES）的总称。

分布式发电指在用户附近利用分布式能源（太阳能、风力、天然气等）进行发电的小容量电源（几千瓦到十兆瓦），既可独立于公共电网直接为少量用户提供电能，也可将其接入公共配电网，与公共电网一起共同为用户提供电能。

分布式储能是指模块化、可快速组装并接入配电网上的能量存储与转换装置，根据储能形式的不同，储能元件有蓄电池、锂离子电池、超级电容器、超导线圈和飞轮等。

分布式发电可以充分利用可再生能源，减少 CO_2 排放，也是可再生能源集中式发电的一种有效补充形式。但是，可再生能源发电具有功率间歇波动的特点，影响到输配电系统的可靠稳定运行和电能质量，利用储能装置的功率双向灵活调节能力则可以提高输配电系统对分布式发电的接纳能力。

与常规集中式大容量电源相比，容量相对较小的分布式电源具有如下特征：

1）大多利用可再生能源发电，并采用新型发电技术，清洁环保。

2）电源容量小，电压等级低，直接接入配电网中。

3）深入负荷中心，与用户供电系统共同组成局域配电网或微电网，公共连接点功率可双向流动。

4）具有一定的抗击自然灾害和人为灾害的能力。在主电网发生故障时，依靠分布式电源形成孤岛微电网，保障用户的基本电力需要。

分布式电源的电能形式多为直流电或非工频的交流电，若要并网，需要通过电力电子变换装置与电网连接，电压源变流器是最常用的交流并网接口设备。对并网电压源变流器实施控制，不仅可以调节功率、稳定电压，必要时还可以附加电能质量控制功能。

2. 分布式电源的技术要求

为了规范分布式电源的合理使用，国内外相继出台了相应的分布式电源并网标准，包括 IEEE P1547 和国家电网公司颁布的 Q/GDW 1480《分布式电源接入电网技术规定》。考虑到电网承受能力和电能质量等因素，规定要求接入到 380V 低压电网的分布式电源的容量不大于 220kW，否则应接入 10kV（6kV）及以上的中压电网，同时对并网型分布式电源的电能质量、功率控制、电压调节、电压与频率响应、安全等方面提出了具体要求。

（1）电能质量　分布式电源接入电网的谐波电流应符合国家标准 GB/T 14549《电能质量 公用电网谐波》的规定；分布式电源的功率波动在电网公共连接点引起的电压波动和闪变应符合国家标准 GB/T 12326《电能质量 电压波动和闪变》的规定。此外，变流器并网型分布式电源向电网馈送的直流电流分量不超过其交流定值的 0.5%。

（2）电压响应特性　变流器型分布式电源应能在电网标称电压的 85%~110% 范围内正常运行。但是，当并网点电压超出正常范围时，分布式电源应能在规定的响应时间内脱离电网，如表 8-3 所示。

表 8-3　电压异常情况下最大允许响应时间

公共耦合点电压幅值 $U(\%)$	最大分闸时间
$U<50\%U_N$	0.2s
$50\%U_N \leq U <85\%U_N$	2.0s
$85\%U_N \leq U \leq 110\%U_N$	连续运行
$110\%U_N < U < 135\%U_N$	2.0s
$135\%U_N \leq U$	0.2s

（3）频率响应特性　对于接入到 380V 低压电网的分布式电源，当电网频率超出 49.5~50.2Hz 范围时，应在 0.2s 内停止向电网送电。对于接入到中压电网的分布式电源，应具备一定的耐受系统频率异常的能力，要求如表 8-4 所示。

表 8-4 分布式电源的频率响应时间要求

频率范围	要 求
低于 48Hz	根据换流器允许运行的最低频率或电网调度机构要求而定
48~49.5Hz	至少能运行 10min
49.5~50.2Hz	连续运行
50.2~50.5Hz	分布式电源应具备降低有功输出的能力,实际运行可由电网调度机构决定;不允许处于停运状态的分布式电源并网
高于 50.5Hz	停止并网送电

（4）电压无功调节特性　变流器型分布式电源并网功率因数应能在-0.98~0.98范围内连续可调,有特殊要求时可做适当调整以稳定电压水平。在无功输出范围内,应具备根据并网点电压水平调节无功输出以参与电网电压调节的能力,调节方式、参考电压、电压调差率等参数应可由电网调度机构设定。

（5）孤岛保护　变流器型分布式电源必须具有防孤岛保护功能,以保障检修人员的人身安全和设备安全。

3. 分布式电源的类型、特点与互补应用

分布式电源的类型较多,目前主要有:光伏发电、风力发电、微型燃气轮机发电和燃料电池。分布式光伏电源利用太阳光照发电,无大气污染、无噪声、无景观影响,但是输出功率不稳定、功率密度低,功率范围常在 100kW 以下。分布式风力电源利用大气风能发电,无大气污染,但是有噪声、有景观影响、输出功率不平稳,功率范围宽。微型燃气轮机利用天然气燃烧发电,输出功率平稳、调节性好,但有一定的废气排放,功率范围在数十千瓦。燃料电池将燃料具有的化学能直接转化为电能,无须燃烧,转化效率高,无污染,功率平稳,功率范围宽。

光伏和风力发电均具有输出功率间歇性波动的特点,为了输出稳定的电力,常采用光伏发电、风力发电与储能电源结合的方式。风光储互补应用,可减少储能电源的容量,提高经济效益。

二、分布式光伏发电及其并网技术

分布式光伏发电符合"分散开发、就近消纳"的原则,是太阳能发电普及和规模化利用的一种良好方式。分布式光伏发电具有以下优势:①输出功率相对较小,安装灵活,并网方便;②发电用电并存,就地消纳,输电线路损失小;③深入负荷中心,对电网影响小,节约输配电网的建设成本;④利用闲置屋顶,节约土地资源,还具有隔热效果;⑤无污染、无噪声,节能减排,环保效益突出,城乡皆宜。

1. 光伏发电系统的原理与结构

光伏电池是基于半导体的光生伏特效应,将太阳光辐射能量直接转换为电能。对晶体硅电池来说,开路电压的典型数值为 0.5~0.6V,只要有光照,就会有电流,光照越强电流越大。为了便于利用,常将光伏电池单元串并联,封装后做成光伏电池组件,组件电压可达数十伏,功率可达数百瓦。一个典型的光伏组件的最大峰值功率约 250W、开路电压约 38V、最大功率点工作电压约 30V、短路电流约 8.8A、组件面积约 $1.6m^2$。目前,单晶硅光伏电池的光电转换效率可达 20%,多晶硅光伏电池的光电转换效率稍低一些。

光伏组件是光伏发电系统的基本组成元件。在实际应用中,按照直流电压的需要,若丁

个光伏组件串联起来组成光伏组串；再根据容量的需要，若干个光伏组串通过汇流箱并联起来组成光伏阵列；一个或多个阵列并联后连接到光伏逆变器。图 8-19 给出了光伏发电系统的基本结构。

光伏逆变器可以直接接入低压电网，也可以通过升压变压器接入高压电网。通过升压变压器并网时，光伏逆变器的输出电压典型值为 270V 或 315V。

2. 光伏发电的特性与系统运行方式

光伏电池的输出特性主要受温度和日照强度的影响，图 8-20 给出了光伏组件的 P-V 特性曲线。可以看

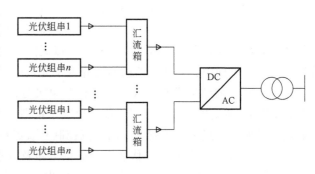

图 8-19 光伏发电系统的基本结构

出，在温度不变的条件下，输出电流和功率随光照增强而增大；在日照强度不变条件下，开路电压和输出功率随温度上升而下降。另外，在任何温度和日照强度下，光伏电池总有一个最大功率点，且最大功率点的位置随温度和日照强度而变。

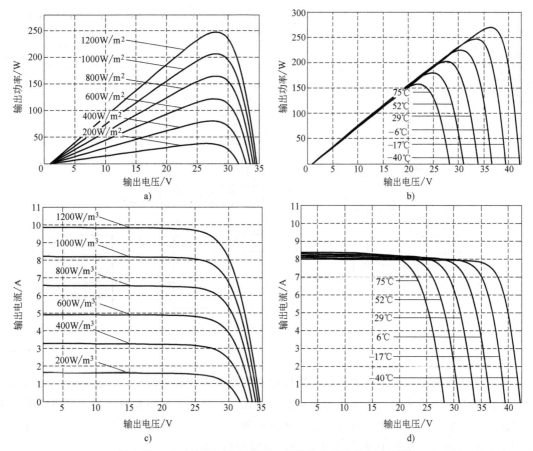

图 8-20 不同光照和温度下的光伏模块 P-V 特性和 I-V 特性

a）不同光照下 P-V 曲线 b）不同温度下 P-V 曲线 c）不同光照下 I-V 曲线 d）不同温度下 I-V 曲线

为了充分利用太阳能，往往希望光伏电池始终输出最大功率，即光伏阵列工作在最大功率点，为此，必须对光伏发电装置实施最大功率点跟踪（MPPT）控制。常用的MPPT方法有定电压法、扰动观察法和增量电导法等。

3. 光伏逆变器的原理结构与控制

光伏逆变器是光伏发电并网的核心部件，MPPT也是通过光伏逆变器的控制来实现的。光伏逆变器可以通过隔离变压器并网，也可以无隔离地直接并网。隔离型光伏电源可以避免直流电流注入电网中，但变压器的损耗降低了光伏电源的效率，也增大了成本和体积。

光伏逆变器的结构常有双级变换结构和单级变换结构两种。双级变换结构由DC-DC变换器和DC-AC逆变器两级变流器组成，单级结构则仅有DC-AC逆变器。光伏逆变器的控制功能包括最大功率点跟踪控制、并网电流控制和直流母线电压控制。

图8-21给出了一种双级光伏逆变器的主电路及其控制系统结构。前级DC-DC变换器采用Boost升压电路，为后级逆变器提供所需的电压，其控制目标是实现MPPT功能。后级并网逆变器采用两电平电压源变流器，其控制目标为稳定直流母线电压和改善交流侧功率因数，通过稳定直流电压实现了前后级的功率随动平衡和MPPT功能。根据需要，光伏逆变器可通过隔离变压器接入电网。

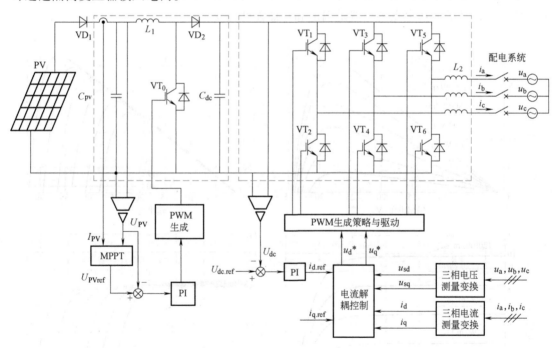

图 8-21　双级光伏逆变器主电路及其控制系统结构

4. 屋顶光伏发电的应用

屋顶光伏发电是广大工商业用户和居民用户利用太阳能发电的一种普遍形式。屋顶光伏的安装需要考虑屋顶的承重能力和可用面积。屋顶一般分为平屋顶和坡屋顶，平屋顶的承重能力比坡屋顶强，但是，考虑到前后排光伏组件要互不遮挡，平屋顶可安装的光伏容量比坡屋顶小。平均而言，安装1kW的光伏需要占地面积约$10m^2$。

光伏发电的年发电量与安装容量和当地日照情况有关。一般而言，光伏发电的年均有效利用时数可达 1200h，即每千瓦光伏的年发电量约为 1200kW·h，与煤发电相比，可减少 CO_2 排放约 1100kg。

光伏发电系统分为独立发电系统和并网发电系统两种。独立光伏发电系统单独给负荷供电，通常需要配备蓄电池等储能元件；并网光伏发电系统接入电网中，光伏电源与电网一起向网络中的负荷供电。并网光伏发电系统常常工作于 MPPT 方式。

用户所属的并网光伏发电系统有两种接入或计量方式：余电上网和全额上网。余电上网是指光伏发电系统与用户负荷连接在一起，然后集中接入配电网中，在电网入口处安装一台双向电能表，计量结果为用户自发自用之后的剩余上网电量。全额上网是指光伏发电系统与用户负荷分别接入配电网且分别计量。

三、分布式风力发电及其并网技术

风力发电通过风机、同步电机或异步电机将风能转换成交流电能，由于风力的随机变化导致风机叶轮转速的随机变化，其并网最关键的问题是如何调整转速以捕获最大风能，以及如何实现变速恒频并网发电。

1. 风力发电的基本原理

风力发电机组主要由风力机、机械传动系统、发电机和并网装置组成。风力机捕获风能并转换为机械动能，传动系统连接风力机和发电机，发电机则将机械能转换为电能，并网装置实现电能变换和并网输电，如图 8-23 和图 8-24 所示。

根据空气动力学特性，风力涡轮机从风能中吸取的功率为

$$P_m = \frac{1}{2}\rho A C_P V^3 \tag{8-8}$$

式中　V——风速（m/s）；

　　　ρ——空气密度（kg/m^3）；

　　　A——桨叶扫掠面积，等于 π 与桨叶半径 R 平方的乘积；

　　　C_P——风能利用系数，是关于桨距角 θ 和叶尖速比 λ 的复函数，其表达式如下所示：

$$\begin{cases} C_{P\max}(\lambda,\theta) = 0.22\left(\dfrac{116}{\lambda_i} - 0.4\theta - 5\right)e^{-12.5/\lambda_i} \\[2mm] \dfrac{1}{\lambda_i} = \dfrac{1}{\lambda + 0.08\theta} - \dfrac{0.035}{\theta^3 + 1} \\[2mm] \lambda = \dfrac{\omega_t R}{V} \end{cases}$$

式中　λ_i——关于桨距角 θ 和叶尖速比 λ 的函数表达式，叶尖速比 λ 是风力机角速度 ω_t、桨叶半径 R 乘积与风速 V 之比。按照贝兹理论，理想状态下风轮对风能的最大转化效率为 59%。

风力机的输出功率与风能利用系数有关，而风能利用系数与叶尖速比 λ 相关，即风力机输出功率最终由风力机角速度 ω_t 决定。由于风速是随机变化的，风力机的输出功率也随着变化。图 8-22 给出了风力机输出功率 P_m 随风力机角频率 ω 和风速 V 的变化特性。

由于发电机的转速与风力机的转速成正比，而发电机的输出电压角频率与发电机转速成正比，只要控制发电机输出电压角频率使风力机始终运行在图 8-22 中的最大功率曲线上，即实现了风力发电的最大功率点跟踪（MPPT）控制。

2. 风力发电的并网结构与控制

风力发电的并网方式大致可以分为异步发电机、双馈发电机和同步发电机三种方式，主要区别在于如何解决发电机定子同步频率与电网频率的同步问题。异步发电机并网一般不需要额外的并网变换装置。

双馈风力发电机并网电路如图 8-23 所示。双馈发电机具有定子和转子两个绕组，定子绕组直接与电网相连，而转子绕组接入频率、幅值和相位都可以按照要求进行调节

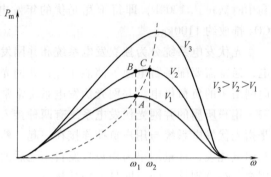

图 8-22　风力机输出功率—风力机角速度关系曲线

的交流变频电源。变频电源采用双 PWM 变流器结构，网侧变流器 VSC1 实现直流母线电压的稳定控制，完成转子侧与电网间有功功率和无功功率的交换，转子侧变流器 VSC2 用于双馈发电机的转子励磁控制，通过调节转子励磁电源的频率实现最大风能跟踪。

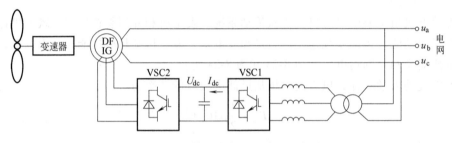

图 8-23　双馈风力发电机并网电路图

永磁同步发电机并网电路如图 8-24 所示，叶轮与发电机直接连接，省去齿轮箱，故称永磁直驱型风力发电机，具有效率高、可靠性高和维护成本低等优点。永磁同步风力发电机一般采用全功率的双 PWM 变流装置实现并网，由于发电机角频率与电网频率脱钩，可使风力机在很大风速范围内实现 MPPT，提高风能利用效率。此外，并网用全功率变流器还可向电网提供无功功率支撑，提高电网的电能质量。

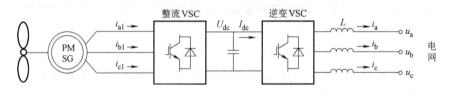

图 8-24　直驱式同步风力发电系统主电路结构

3. 风力发电的应用

风力发电的利用方式有三种，独立供电系统、混合供电系统和并网供电系统。独立供电系统的风力发电机容量较小，常为储能设备（譬如蓄电池）充电，再通过逆变器转换成恒压恒频的交流电向终端用户供电。混合供电系统由中小型风力发电、光伏发电和储能装置组成，构成一个独立的小电网为用户供电，储能装置可以消除风光发电功率和用电负荷需求之间的不匹配。并网供电系统是风电利用的最好形式，风力发电机组接入配电网，共同为负荷

供电。

按风力机主轴与地面的相对位置，风力机分为水平轴与垂直轴两种，如图 8-25 所示。垂直轴风力机结构简单，增速器和发电机可安装在地面，维护方便，缺点是风能利用系数低，多用于小微风力发电机组。

图 8-25　风力发电机组的两种型式

四、分布式储能电源技术

光伏发电和风力发电都属于一种功率间歇性波动电源，输出功率随着风光自然条件的变化而即时变化，在消纳和使用中与负荷需求难以匹配。因此，在光伏发电和风力发电单独使用时常常需要配置一定的储能设备，即使是并网型分布式光伏或风力发电系统，配置储能设备也可以起到抑制分布式发电的功率波动、提高配网对分布式发电的消纳能力、改善配网电能质量和优化负荷特性的目的。

储能装置可提高含有可再生能源发电的配电网的供电可靠性与稳定性。分布式储能与分布式发电配合有两种配合使用方式，一是分布式储能通过 DC-DC 双向功率变流器 PCS1 接入分布式发电的直流母线，再通过一个统一的 DC-AC 逆变器并网，即作为一个混合式分布式电源使用；二是分布式储能通过独立的 DC-AC 双向功率变流器 PCS2 直接并网。风（WT）光（PV）储（BT）混合应用是一种良好的互补模式，如图 8-26 所示。

对供用电系统而言，储能装置的技术特征体现在输出功率等级及其作用时间上。按照放电时间尺度划分，储能装置分为功率型和能量型。功率型储存电量较小，但在短时间内可以吸收或发出较高的功率，为电网提供短时功率平衡的能力。能量型储存电量相对较大，可在相对较长时间内吸收和发出一定的功率。表 8-5 给出了分布式储能装置的应用场景、应用特点和技术要求。

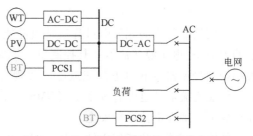

图 8-26　分布式储能电源的两种接入方式

表 8-5　分布式储能技术应用特点与要求

应 用 场 景	应 用 特 点	时间尺度	储能装置要求	适用储能类型
改善电能质量 电网暂态支撑	充放电随机性强 毫秒级响应 大功率充放电	秒级	输出功率高 响应速度快 循环寿命长	超级电容器 超导储能 飞轮储能
抑制分布式发电的功率波动 应急电源	充放电频繁 秒级响应速度 所需能量大	分钟级	输出功率高 循环寿命长 储存能量大	电化学储能 锂离子电池 蓄电池等
负荷削峰填谷 微电网能量优化管理	大规模能量时移	小时级	输出功率高 深充深放 储存能量大	电化学储能 锂离子电池 蓄电池等

1. 储能的类型

按照储能原理，储能装置分为化学储能、物理储能和电磁储能三种。蓄电池、锂离子电池和超级电容器是常用的化学储能元件，压缩空气储能、飞轮储能是常见的物理储能元件，超导储能则属于电磁储能元件。电化学储能是目前分布式储能的主体。

铅酸蓄电池是最常用的一种储能元件，性价比高，工作稳定，但充放电速度和次数有限，在环保和寿命方面存在不足。普通铅酸电池的能量密度约为 $40W \cdot h/kg$。

锂离子电池是一种新型绿色环保蓄电池，具有能量密度高、功率密度高和能量转换效率高等优点，而且循环寿命长，是目前应用最广泛的一种动力电池。目前锂离子电池的缺点是价格较高、安全性稍差。锂离子电池按照正极材料不同分为钴酸锂、锰酸锂、三元材料、磷酸亚铁锂等，比较而言，磷酸亚铁锂电池充放电功率高、成本低、充电快、循环寿命可达 1000 次以上。锂离子电池的能量密度可达 $150W \cdot h/kg$。

超级电容器是一种新型高性能储能元件，储能密度介于传统电容器和电池之间，具有充放电速度快、功率密度高、循环寿命数十万次、环境友好、工作温度范围宽等优点，特别适用于短时间高功率输出、快速充电、长寿命、能量回收等场合。

超级电容器有双电层电容器和混合型电容器等。双电层电容器的正负极都利用表面吸附来储能，吸附的离子都来自于电解液；混合型电容器的一极为双电层储能，而另一极为静电储能或电化学储能，放电电压受到一定限制。锂离子超级电容器是混合型电容器的典型代表。

锂离子超级电容器在同一电解池中实现了双电层电容器和锂离子电池技术的结合，在保持高功率密度、长寿命和快速充电特性的前提下，大幅度提高了能量密度，拓展了用途。双电层电容器的能量密度为 $5 \sim 7W \cdot h/kg$，属于功率型储能元件，而锂离子超级电容器的能量密度可达 $10 \sim 40W \cdot h/kg$，可作为能量型储能元件使用。

2. 储能装置的并网接口变流器

并网储能装置的充放电过程通常由储能变流器（PCS）来控制。储能变流器由可双向变换的 DC/AC 电压源变流器及其控制单元构成，接收后台控制指令，根据功率指令的方向及大小控制变流器对电池进行充放电，实现对电网有功功率及无功功率的调节。充放电过程中，储能变流器从电池管理系统（BMS）实时获取电池的荷电状态信息，对电池实施保护性充放电，确保电池运行安全。

储能变流器的功能应由储能装置的作用和装设目的而定。作为通用的储能变流器，通常具有以下功能：

1）可工作于并网充放电或离网逆变模式，以满足不同应用需求。

2）可与多种蓄电池接口，多种充放电模式可选。

3）可通过通信实时接收系统调度指令和电池管理系统信息。

4）无功功率在一定范围内连续可调。

5）具有低电压穿越功能，适应复杂电网工况。

6）离网逆变模式下可适应三相不平衡负荷。

7）具有一定的直流输入电压变化范围。

8）具有完善的保护和故障告警系统。

一个完整的储能装置包括储能元件、电池管理系统、储能变流器和隔离变压器（可选）等，如图 8-27 所示。

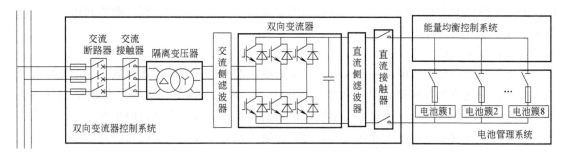

图 8-27 储能系统的原理结构

3. 储能装置的电量监测与管理

储能装置一般都配有实现电量监测与管理功能的电池管理系统，一方面向储能变流器提供储能装置当前的存储状态，另一方面维持储能装置内各个储能元件的能量均衡，保障储能元件的安全稳定。

电池管理系统对单体电池和电池组进行电压、电流和温度监测，根据监测结果估算电池的荷电状态和诊断电池的健康状况，通过统一管理实现电池的均衡、报警和保护，确保储能装置处于良好运行状态。储能体、电池管理系统和储能变流器相互配合，在调度系统管理下，协同完成充电或放电任务。

4. 电动汽车 V2G 技术

电动汽车也可视为一种分布式储能电源。电动汽车替代燃油汽车是减少大气污染的一个有效途径，受到政策的鼓励。电动汽车所装动力电池经常处于闲置状态，如何利用汽车电池作为电网的一种调控手段（譬如峰谷电价下的削峰填谷，抑制可再生能源发电的功率波动），在提高电网利用率的同时，使得电动汽车用户创收，这就是 V2G（Vehicle to Grid，V2G）技术的初衷。此外，利用 V2G 技术，电动汽车还可以作为车主的移动备用电源。

V2G 技术的核心是对电动汽车实施智能调度和充放电管理，实现电动汽车有序充电控制，避免大量电动汽车无序接入对电网造成不良影响。电动汽车充放电控制需要电动汽车与电网间的信息交互，诸如交换电量、电网状态、电价信息、车辆信息等。因此，V2G 技术是一种融合了电力电子技术、通信技术、调度计量技术和需求侧管理技术的高级应用技术。

实施 V2G 技术必然增加电动汽车电池与电网间的充放电次数，在当前电池充放电循环次数有限的情况下，需要从经济性方面综合考虑。

第三节 微电网技术

大量分布式电源接入配电网后，配电网从原来的纯负荷无源网络变为源荷共存网络，导致配电网的运行方式、继电保护、安全稳定等面临严重影响。另外，分布式电源的孤岛效应也限制了它的应用场合。如果将分布式发电、储能、负荷及其控制装置有机地结合在一起，形成一个既可联网运行又可独立运行的微电网，既可解决电网与分布式电源间的融合问题，也可提升用户的供电质量。

微电网作为"互联网+"智慧能源的重要支撑以及与大电网友好互动的技术手段，可以提高电力系统的安全性和可靠性，促进清洁能源的接入和就地消纳，提升能源利用效率，在节能减排中发挥重要作用。

一、微电网的概念

微电网是指由分布式电源、用电负荷、配电设施及监控保护装置等组成的小型发储配用电系统。微电网分为并网型微电网和独立型微电网，并网型微电网既可以与主电网联网运行，也可以离网独立运行；独立型微电网完全自治，自身实现电力供需的平衡。

微电网作为主电网的一部分和重要补充，是集中发电与分布式发电相协调的一种电网发展模式，具备以下基本特征：

1）规模微小：电网规模小，电压等级低。电网容量多在兆瓦级以下，不超过 10MW；电压等级在 35kV 及以下。

2）清洁能源：充分利用分布式可再生能源发电，或以风、光、天然气多联供的能源综合利用为目标的发电形式。

3）自治运行：微电网具有自身的能量管理系统，负责网内电力供需平衡的调节。并网型微电网可孤岛运行，保障重要负荷在主电网断电期间连续供电；独立型微电网具有黑启动能力。并网型微电网的能量管理系统应可接受主电网管理部门的统一调度。

4）整体性强：微电网作为一个整体面对主电网。在接入问题上，微电网的入网标准只针对微电网与主电网的公共连接点，而不针对各个具体的分布式电源。

构建微电网的目的可能出于以下某些方面的考虑：

1）充分高效利用可再生能源发电。

2）充分参与配电网的电力市场，减少主电网用电量或发电上网，参与电网的调峰。

3）提高重要负荷的供电可靠性，在主电网停电期间保障一定的电力供给。

4）向敏感负荷提供满足电能质量要求的电力。

5）向电网提供辅助服务，譬如协助电网黑启动、强化电网需求侧管理等。

二、微电网的结构与运行模式

微电网是一个由分布式发电、分布式储能装置、负荷、配电设施和监控保护装置汇集而成的并为特定区域供电的小型发储配用电系统，必要时可以脱离主电网自治运行，实现区域内部供需平衡。一般来说，微电网是一个用户侧的电网，它通过公共连接点与主电网连接，可以满足分布式发电接入和不同用户对供电质量的要求。

1. 微电网的结构

图 8-28 给出了一种微电网的原理示意结构，其中含有光伏发电 PV、风力发电 WT、微型燃气轮机发电 MT 和储能电源 BT。从配电网的角度看，微电网可以视为一个集中可控负荷或一台发电机；从用户侧看，微电网则是一个自治运行的小系统。

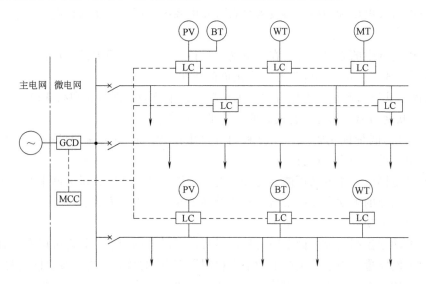

图 8-28　微电网的原理结构示意图

微电网包含一个功率流网络和一个信息流网络。功率流网络就是电力网，负责电能从电源送达负荷；信息流网络就是通信网，负责各个可控单元之间的信息交换。图中，实线表示功率流回路，虚线表示信息流回路。其中，分布式电源并网逆变器、储能变流器、电池管理系统、负荷控制器等通称为本地控制器 LC，既负责与微电网中央控制器 MCC 之间的信息交换，也完成本地功率控制。微电网与主电网的接口设备 GCD 在中央控制器 MCC 的监管下，负责并网潮流的控制。

微电网中央控制器负责电网状态监测、诊断保护、运行模式切换和各设备之间的优化协调智能控制，包括分布式电源与储能系统之间的协调控制和微电网与主电网之间的协调控制。通过这些关键技术达到微电网运行稳定可靠和电能优化利用的目的。

微电网属于一种用户定制网络，随用户的不同而各不相同。微电网的不同之处主要表现在：①网络结构不同；②分布式发电配置不同；③储能配置不同；④微电网与主电网的接口设备不同。微电网与主电网的常用接口设备有固态静止开关和背靠背双向变流器。

2. 微电网的运行模式

微电网有联网运行和离网孤岛运行两种模式。正常情况下，微电网与主电网联网运行，此时，主电网相当于微电网中的一个理想储能电源，微电网中消纳不了的分布式电能转送到主电网中，微电网自身发电不足时又由主电网补充，利用微电网中的储能装置还可以优化微电网负荷特性和向主电网提供暂态电压支撑。当主电网出现故障或电能质量不能满足要求时，微电网运行于孤岛自治模式，微电网内部源荷功率自行平衡。孤岛运行是微电网最为重要的特征，传统配电网中的分布式发电是不允许孤岛运行的。

微电网的两种运行模式可以相互切换。微电网由联网模式切换到孤岛模式时，需要考虑孤岛识别、负荷卸载以及分布式电源控制策略的改变；微电网从孤岛模式切换到联网模式时，则要考虑同期并网问题以及分布式电源控制策略的调整。

微电网的启动过程与运行模式有关。联网模式启动时，先由主电网供电给微电网母线，然后分别接入储能装置和分布式发电系统；孤岛模式启动时，则首先启动储能变流器，建立稳定的微电网母线电压和频率，再投入分布式发电系统，联合为负荷供电。

3. 储能在微电网中的作用

储能是微电网中的必要元件，在微电网的运行管理中起着重要的作用：

1）联网模式下，负荷削峰填谷，优化负荷特性。

2）离网模式下，平衡微电网有功与无功功率，维持微电网电压和频率稳定。

3）实现联网与离网两种运行模式的无缝平稳切换。

4）微电网的能量优化管理，充分利用可再生能源，提高负荷的供电可靠性和电能质量，实现微电网的经济高效运行。

在某些微电网中，主电网可能不允许微电网潮流逆转。此时，微电网中的分布式发电需要采取防止逆潮流的限功率控制策略，不能始终工作于 MPPT 方式。

三、微电网的功率控制与能量管理

微电网的功率控制实现了微电网的稳定运行，而微电网的能量管理可以实现微电网的优化运行。微电网能量管理系统是微电网中央控制器 MCC 的核心，也是微电网信息流的中枢，负责微电网的功率控制和能量管理的决策功能，而决策的执行主要靠本地控制器。

1. 微电网的功率控制

微电网首先需要功率控制，实现微电网在稳态和暂态情况下网内有功功率和无功功率的动态平衡，维持微电网母线电压和频率的稳定。微电网的功率平衡控制有以下四种方式：

1）在直接联网模式下，微电网的功率平衡任务由主电网来承担，微电网母线电压和频率由主电网直接决定。

2）在通过接口变流器间接联网模式下，微电网的功率平衡任务由主电网来承担，微电网母线电压和频率由接口变流器直接控制。

3）在孤岛模式下或独立微电网中，若微电网的功率平衡任务由某个分布式电源来承担，则微电网母线电压和频率由该分布式电源直接控制。平衡电源通常是微电网中的微型燃气轮机或能量型储能电源。

4）在孤岛模式下或独立微电网中，若微电网的功率平衡任务由多个分布式电源共同承担，则微电网母线电压和频率由这些分布式电源协同控制。

分布式电源的本地控制器是微电网功率控制的主体。微电网中分布式电源的控制策略主要有功率控制、电压频率控制和下垂特性控制三种：

1）功率控制（PQ 控制）：功率控制包括有功控制和无功控制。分布式电源按照中央控制器或本地控制器发出的功率指令进行控制，使得分布式电源在当前微电网电压和频率条件下发出指定的有功功率和无功功率。如果有功功率指令高于分布式发电可输出的最大功率，就工作于 MPPT 方式，否则工作于限功率方式，出现弃光弃风现象。

2）电压频率控制（Vf 控制）：电压频率控制包括电压控制和频率控制。分布式电源直接控制微电网母线的电压幅值和频率，维持微电网电压和频率在设定的水平。采用电压频率控制的分布式电源，输出功率将实时响应负荷的变化，因而要求具有足够大的功率和能量调节能力。

3）下垂特性控制：下垂控制包括频率下垂控制和电压下垂控制。频率下垂控制是：分布式电源检测本地频率偏差，按照 $f\text{-}P$ 下垂特性调整有功指令，并实施有功功率控制；电压下垂控制是：分布式电源检测本地电压偏差，按照 $V\text{-}Q$ 下垂特性调整无功指令，并实施无功功率控制。下垂控制在维持电压和频率在合理变化范围内的同时，自动实现了各电源之间负荷功率的均衡分配。

在微电网中，分布式电源具体采取何种控制策略，取决于该分布式电源是否参与微电网母线电压和频率的控制及其参与形式。显然，功率控制适用于不参与电压频率控制的分布式电源；电压频率控制适用于直接控制微电网电压和频率的分布式电源；下垂控制则适用于对微电网电压和频率进行协同控制的分布式电源。

2. 微电网的能量管理

微电网需要统一的能量管理，以维持微电网在某些工况和某些方面的优化运行。微电网能量优化管理的目标可能是：①重要负荷的供电可靠性最高；②微电网功率损失最小；③可再生能源发电功率最大；④燃料型电源的能源消耗最小；⑤参与电力市场的收益最大；⑥限制与主电网的净交换功率。在能量优化决策过程中，需要充分考虑各类负荷和分布式电源的特点，譬如分布式发电的类型与发电成本、一次能源的时空分布、分布式储能的类型、电价信息和环境影响等。

微电网能量管理系统是微电网功率控制与能量优化的决策支持系统，其功能如图 8-29 所示，可概括以下几个方面：

1）功率预测：包括负荷功率预测和 DG 输出功率预测，这是计划条件下负荷优化的基础。

2）状态监测：实时收集负荷与分布式电源的功率、储能装置的荷电状态以及联网模式下的电网参数，这是微电网功率控制、能量优化与故障诊断的依据。

3）故障诊断与保护：根据监测结果，诊断微电网的健康状态，必要时实施保护。

4）功率控制与能量优化：接收上级主电网调度指令，根据预测结果、实际运行监测结果和实时电价信息，按照微电网稳定运行与优化运行目标，开展扰动响应、功率平衡与能量优化的综合决策，在满足微电网安全约束的条件下，确定分布式电源的最佳运行方式和运行参数以及负荷的最佳调整方案。

5）下发执行：根据决策结果，下发分布式电源的控制方式和运行参数，对可投切负荷实施有序投切控制。

6）运行模式切换：根据操作指令、主电网电压检测结果和运行状态等信息，决策微电网的运行模式，并实施联网与离网模式间的平稳切换。

值得指出的是，微电网有交流微电网、直流微电网和交直流混合微电网。随着用电设备的电子化和电力电子化，越来越多的用电设备

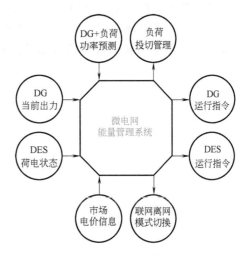

图 8-29　微电网能量管理系统的
功能与信息流

可以采用直流供电。直流供电可使电子设备省去前端整流器，进一步提高设备的用电效率，因此，在中低压系统采用直流微电网或交直流混合微电网也是用户供电系统的一种可能模式。随着生活的需要，采用电池供电的移动用电设备越来越多，譬如手机、电动汽车等，用于此类设备充电的无线供电技术亦在蓬勃发展中。

习题与思考题

8-1　选择一种电压源变流器的主电路拓扑，假定直流电压恒定，阐述在交流侧产生工频正弦同步电压的基本工作原理。

8-2　简述 SVG 的无功补偿原理，与 SVC 相比具有什么优势？

8-3　基于瞬时功率理论检测得到的瞬时无功功率 q 与传统一个工频周期内的无功功率 Q 有何异同？

8-4　SVG 的什么特点使得它在改善电压闪变的效果上优于 SVC？

8-5　简述 APF 的谐波补偿原理，与 LC 调谐滤波器相比具有什么优势和不足？

8-6　分析图 8-12，如何改变可以使得 APF 具有谐波与无功功率的双重补偿功能？

8-7　当 APF 或 SVG 与传统并联电容器混合使用时，应注意哪些问题？

8-8　简述动态电压恢复器的电压暂降补偿原理。

8-9　分析比较动态电压恢复器三种典型补偿方式的特点。

8-10　什么是分布式发电？什么是分布式电源？

8-11　大量分布式发电系统接入配电网，给配电网带来了什么问题和挑战？

8-12　风力发电和光伏发电所具有的共同缺点是什么？改善的措施有哪些？

8-13　并网逆变器在分布式发电中的主要作用是什么？

8-14　风电并网逆变器与光伏并网逆变器有何不同？

8-15　分布式储能与分布式发电配合有哪两种配合使用方式？

8-16　简述储能变流器（PCS）的作用与工作原理。

8-17　简述微电网的结构、运行模式及其构建目的。

8-18　试设想一下 V2G 技术和无线供电技术的应用场景。

附 录

附表 1　用电设备组的需要系数 K_d 值

用电设备组名称	K_d	$\cos\varphi$	$\tan\varphi$
单独传动的金属加工机床			
冷加工车间	0.14~0.16	0.5	1.73
热加工车间	0.2~0.25	0.55~0.6	1.52~1.33
压床、锻锤、剪床及锻工机械	0.25	0.6	1.33
连续运输机械			
联锁的	0.65	0.75	0.88
非联锁的	0.6	0.75	0.88
轧钢车间断续周期工作制机械	0.3~0.4	0.5~0.6	1.73~1.33
通风机			
生产用	0.75~0.85	0.8~0.85	0.75~0.62
卫生用	0.65~0.7	0.8	0.75
泵、活塞式压缩机、鼓风机、电动发电机组、排风机等	0.75~0.85	0.8	0.75
透平压缩机和透平鼓风机	0.85	0.85	0.62
破碎机、筛选机、碾砂机等	0.75~0.8	0.8	0.75
磨碎机	0.8~0.85	0.8~0.85	0.75~0.62
铸铁车间造型机	0.7	0.75	0.88
搅拌机、凝结器、分级器等	0.75	0.75	0.88
汞弧整流机组(在变压器一次侧)			
电解车间用	0.9~0.95	0.82~0.9	0.7~0.48
起重机负荷	0.3~0.5	0.87~0.9	0.57~0.48
电气牵引用	0.4~0.5	0.92~0.94	0.43~0.36
感应电炉(不带功率因数补偿装置)			
高　频	0.8	0.6	1.33
低　频	0.8	0.35	2.67
电阻炉			
自动装料	0.7~0.8	0.98	0.2
非自动装料	0.6~0.7	0.98	0.2
小容量试验设备和试验台			
带电动发电机组	0.15~0.4	0.7	1.02
带试验变压器	0.1~0.25	0.2	4.91
起重机			

（续）

用电设备组名称	K_d	$\cos\varphi$	$\tan\varphi$
锅炉房、修理、金工、装配车间	0.05~0.15	0.5	1.73
铸铁车间、平炉车间	0.15~0.3	0.5	1.73
轧钢车间、脱锭工部等	0.25~0.35	0.5	1.73
电焊机			
点焊和缝焊用	0.35	0.6	1.33
对焊用	0.35	0.7	1.02
电焊变压器			
自动焊接用	0.5	0.5	1.73
单头手动焊接用	0.35	0.35	2.68
多头手动焊接用	0.4	0.35	2.68
旅游宾馆用电设备			
照明:客房	0.35~0.45	0.95	0.33
其他场所	0.50~0.70		
冷水机组、泵	0.65~0.75	0.80	0.75
通风机	0.60~0.70	0.80	0.75
电梯	0.18~0.22	0.50	1.73
洗衣机	0.30~0.35	0.70	1.02
厨房设备	0.35~0.45	0.75	0.88
窗式空调器	0.35~0.45	0.80	0.75

附表 2 某些企业的年最大负荷利用小时数　　　（单位：h）

工 厂 类 别	年最大负荷利用小时数		工 厂 类 别	年最大负荷利用小时数	
	有功负荷年利用小时数	无功负荷年利用小时数		有功负荷年利用小时数	无功负荷年利用小时数
化工厂	6200	7000	汽车拖拉机厂	4960	5240
苯胺颜料工厂	7100	—	农业机械制造厂	5330	4220
石油提炼工厂	7100	—	仪器制造厂	3080	3180
重型机械制造厂	3770	4840	汽车修理厂	4370	3200
机床厂	4345	4750	车辆修理厂	3560	3660
工具厂	4140	4960	电器工厂	4280	6420
滚珠轴承厂	5300	6130	氮肥厂	7000~8000	—
起重运输设备厂	3300	3880	金属加工厂	4355	5880

附表 3 SC（B）系列干式电力变压器技术数据

型　号	额定容量 kV·A	额定电压 kV		阻抗电压百分数	联结组	损耗/W		空载电流百分数
		高　压	低　压			空载	短路	
SC₁₀-125/10	125					470	1610	0.7
SC₁₀-160/10	160					545	1850	0.7
SC₁₀-200/10	200	6；6.3；10	0.4	4	Yyn0 Dyn11	625	2200	0.7
SC₁₀-250/10	250					720	2400	0.7
SC₁₀-315/10	315					880	3020	0.7
SCB₁₀-400/10	400	6；6.3；10	0.4	4	Yyn0	975	3480	0.7
SCB₁₀-500/10	500				Dyn11	1160	4260	0.6
SCB₁₀-630/10	630	6；6.3；10 10.5	0.4	6	Yyn0 Dyn11	1300	5200	0.6
SCB₁₀-800/10	800	6；6.3；10 10.5	0.4	6	Yyn0 Dyn11	1520	6020	0.5
SCB₁₀-1000/10	1000	6；6.3；10 10.5	0.4	6	Yyn0 Dyn11	1770	7090	0.4
SCB₁₀-1250/10	1250	6；6.3；10 10.5	0.4	6	Yyn0 Dyn11	2090	8460	0.4
SCB₁₀-1600/10	1600	6；6.3；10 10.5	0.4	6	Yyn0 Dyn11	2450	10240	0.3
SCB₁₀-1250/35	1250	35	0.4	6	Yyn0 Dyn11	3040	10742	0.4
SCB₁₀-1600/35	1600	35	0.4	6	Yyn0 Dyn11	3627	12770	0.3
SC₁₀-2000/35	2000			7		4205	16982	0.45
SC₁₀-2500/35	2500			7		4792	19958	0.45
SC₁₀-3150/35	3150	35	6.3；10.5	8	Yd11	5811	23437	0.4
SC₁₀-4000/35	4000			8		6936	29298	0.4
SC₁₀-5000/35	5000			8		7922	33627	0.35
SC₁₀-6300/35	6300			8		9817	40600	0.35

附表 4 TJ，LJ 型裸铜、裸铝绞线的载流量（T+70℃）　　　　（单位：A）

截面积 mm²	TJ 型裸铜绞线								LJ 型裸铝绞线							
	户　内				户　外				户　内				户　外			
	25℃	30℃	35℃	40℃	25℃	30℃	35℃	40℃	25℃	30℃	35℃	40℃	25℃	30℃	35℃	40℃
4	25	24	22	20	50	47	44	41	—	—	—	—	—	—	—	—
6	35	33	31	28	70	66	62	57	—	—	—	—	—	—	—	—
10	60	56	53	49	95	89	84	77	55	52	48	45	75	70	66	61
16	100	94	88	81	130	122	114	105	80	75	70	65	105	99	90	85
25	140	132	123	113	180	169	158	146	110	103	97	89	135	127	119	109
35	175	165	154	142	220	207	194	178	135	127	119	109	170	160	150	138
50	220	207	194	178	270	254	238	219	170	160	150	138	215	202	189	174
70	280	263	246	227	340	320	300	276	215	202	189	174	265	249	233	215
95	340	320	299	276	415	390	365	336	260	244	229	211	325	305	286	247
120	405	380	356	328	485	456	426	393	310	292	273	251	375	352	330	304
150	480	451	422	389	570	536	501	461	370	348	326	300	440	414	387	356
185	550	517	484	445	645	606	567	522	425	400	374	344	500	470	440	405
240	650	610	571	526	770	724	678	624	—	—	—	—	610	574	536	494

附表5　BLV、BV型橡皮和塑料绝缘导线明敷时载流量（$T+60℃$）　　（单位：A）

导线截面积 mm²	BBLX 型铝芯橡皮线				BBX 型铜芯橡皮线				BLV、BLV-1 型铝芯塑料线				BV、BV-1 型铜芯塑料线				导线截面积 mm²
	25℃	30℃	35℃	40℃	25℃	30℃	35℃	40℃	25℃	30℃	35℃	40℃	25℃	30℃	35℃	40℃	
1					20	19	17	15					18	17	15	14	1
1.5					25	23	21	19					22	20	19	17	1.5
2.5	25	23	21	19	33	31	28	25	23	21	20	17	30	28	25	23	2.5
4	33	31	28	25	43	40	37	33	30	28	25	23	40	37	34	30	4
6	42	39	36	32	55	51	47	42	39	36	33	30	50	47	43	38	6
10	60	56	51	46	80	74	68	61	35	51	47	42	75	70	64	57	10
16	80	74	68	61	105	98	89	80	75	70	64	57	100	93	85	76	16
25	105	98	89	80	140	130	119	106	100	93	85	76	130	121	110	99	25
35	130	121	110	99	170	158	144	129	125	116	106	95	160	149	136	122	35
50	165	153	140	125	215	200	183	163	155	144	132	118	200	186	170	152	50
70	205	191	174	156	265	246	225	201	200	186	170	152	255	237	216	194	70
95	250	233	213	190	325	302	276	247	240	223	204	182	310	288	263	236	95
120	295	274	251	224	385	358	326	292									
150	340	316	289	258	440	409	374	334									
185	400	372	340	304	515	479	438	391									

附表6　10kV常用三芯电力电缆的允许载流量

项　目	电缆长期允许载流量/A							
绝缘类型	油浸纸绝缘铝芯电力电缆				交联聚乙烯绝缘铝芯电力电缆			
电缆型号	ZLQ		ZLQ22		YJLV		YJLV22	
缆芯最高工作温度	60°				90°			
敷设方式	空气中	土壤中	空气中	土壤中	空气中	土壤中	空气中	土壤中
电缆截面积/mm² 25	—	—	—	—	105	105	100	100
35	100	110	100	110	130	120	125	115
50	120	130	120	130	155	160	150	155
70	150	160	150	160	180	190	175	185
95	185	190	185	190	220	225	215	220
120	215	220	215	220	255	250	245	245
150	245	245	245	245	290	290	280	280
185	280	280	280	280	325	320	315	310
240	335	325	335	325	385	370	370	360

附表7　TJ型裸铜导线的电阻和感抗

导线型号	TJ-10	TJ-16	TJ-25	TJ-35	TJ-50	TJ-70	TJ-95	TJ-120	TJ-150	TJ-185	TJ-240
电阻 $\dfrac{}{(\Omega \cdot km^{-1})}$	1.84	1.20	0.74	0.54	0.39	0.28	0.20	0.158	0.123	0.103	0.078
线间几何均距/m	感抗 $\dfrac{}{\Omega \cdot km^{-1}}$										
0.4	0.355	0.334	0.318	0.308	0.298	0.287	0.274	—	—	—	—
0.6	0.381	0.360	0.345	0.335	0.324	0.312	0.303	0.295	0.287	0.281	—
0.8	0.399	0.378	0.363	0.352	0.341	0.330	0.321	0.313	0.305	0.299	—
1.0	0.413	0.392	0.377	0.366	0.356	0.345	0.335	0.327	0.319	0.313	0.305
1.25	0.427	0.406	0.391	0.380	0.370	0.359	0.349	0.341	0.333	0.327	0.319
1.5	0.438	0.417	0.402	0.392	0.381	0.370	0.360	0.353	0.345	0.339	0.330
2.0	0.457	0.435	0.421	0.410	0.399	0.389	0.378	0.371	0.363	0.356	0.349
2.5	—	0.449	0.435	0.424	0.413	0.402	0.392	0.385	0.377	0.371	0.363
3.0	—	0.460	0.446	0.435	0.424	0.414	0.403	0.396	0.388	0.382	0.374
3.5	—	0.470	0.456	0.445	0.434	0.423	0.413	0.406	0.398	0.392	0.384

附表 8 LJ 型裸铝导线的电阻和感抗

导线型号	LJ-16	LJ-25	LJ-35	LJ-50	LJ-70	LJ-95	LJ-120	LJ-150	LJ-185	LJ-240
电阻 $\dfrac{}{\Omega \cdot km^{-1}}$	1.98	1.28	0.92	0.64	0.46	0.34	0.27	0.21	0.17	0.132
线间几何均距/m	\multicolumn{10} 感抗 $\dfrac{}{\Omega \cdot km^{-1}}$
0.6	0.358	0.344	0.334	0.323	0.312	0.303	0.295	0.287	0.281	0.273
0.8	0.377	0.362	0.352	0.341	0.330	0.321	0.313	0.305	0.299	0.291
1.0	0.390	0.376	0.366	0.355	0.344	0.335	0.327	0.319	0.313	0.305
1.25	0.404	0.390	0.380	0.369	0.358	0.349	0.341	0.333	0.327	0.319
1.5	0.416	0.402	0.392	0.380	0.369	0.360	0.353	0.345	0.339	0.330
2.0	0.434	0.420	0.410	0.398	0.387	0.378	0.371	0.363	0.356	0.348
2.5	0.448	0.434	0.424	0.412	0.401	0.392	0.385	0.377	0.371	0.362
3.0	0.459	0.445	0.435	0.424	0.413	0.403	0.396	0.388	0.382	0.374
3.5	—	—	0.445	0.433	0.423	0.413	0.406	0.398	0.392	0.383

附表 9 1000V 三芯铜（铝）芯纸绝缘电缆的阻抗   （单位：mΩ/m）

阻抗			芯线截面积/mm²									
			3×2.5	3×4	3×6	3×10	3×16	3×25	3×35	3×50	3×70	3×95
铜芯	电阻	正序及负序	9.05	5.65	3.77	2.26	1.41	0.905	0.647	0.452	0.323	0.238
		零序	30.0	24.7	20.9	17.2	3.29	2.76	2.45	2.21	2.01	1.83
	电抗	正序及负序	0.098	0.092	0.087	0.082	0.078	0.067	0.064	0.062	0.06	0.058
		零序	0.160	0.148	0.139	0.128	0.946	0.896	0.835	0.291	0.722	0.639
铝芯	电阻	正序及负序	15.4	9.6	6.4	3.84	2.39	1.54	1.10	0.768	0.548	0.404
		零序	36.7	28.7	23.5	18.6	4.27	3.4	2.9	2.53	2.24	2.0
	电抗	正序及负序	0.098	0.092	0.087	0.082	0.078	0.067	0.064	0.062	0.06	0.058
		零序	0.160	0.148	0.139	0.128	0.946	0.896	0.835	0.791	0.722	0.639

阻抗			芯线截面积/mm²						
			3×120	3×150	3×185	2(3×70)	2(3×95)	2(3×120)	2(3×150)
铜芯	电阻	正序及负序	0.188	0.151	0.122	0.161	0.119	0.094	0.075
		零序	1.73	1.61					
	电抗	正序及负序	0.058	0.057	0.057	0.030	0.029	0.029	0.028
		零序	0.594	0.530					
铝芯	电阻	正序及负序	0.319	0.256	0.208	0.274	0.202	0.159	0.128
		零序	1.86	1.76	1.6				
	电抗	正序及负序	0.058	0.057	0.057	0.030	0.029	0.029	0.028
		零序	0.594	0.53	0.47				

附表 10　10kV 铝芯油浸纸绝缘电力电缆的阻抗

芯数×截面积/mm²	3×16	3×25	3×35	3×50	3×70	3×95	3×120	3×150	3×185	3×240
电阻/($\Omega \cdot km^{-1}$)	2.209	1.414	1.010	0.707	0.505	0.372	0.294	0.238	0.195	0.152
电抗/($\Omega \cdot km^{-1}$)	0.110	0.098	0.092	0.087	0.083	0.080	0.078	0.077	0.075	0.073

附表 11　隔离开关的基本特性

型　号 （户内式）	极限通过电流（峰值） kA	5s 热稳定电流 kA	型　号 （户外式）	极限通过电流（峰值） kA	5s 热稳定电流 kA
GN6-10T/200	25.5	10	GW9-10/400	31.5	(12.5)
GN6-10T/400	40	14	GW9-10/630	31.5	(12.5)
GN6-10T/600	52	20	GW4-35/600	50	(15.3)
GN6-10T/1000	75	30	GW4-35D/1000	80	(23.7)
GN19-10/400	31.5	(12.5)	GW5-35G/600	50	14
GN19-10/630	50	(20)	GW5-35G/1000	50	14
GN19-10/1000	80	(31.5)	GW5-35GD/600	50	14
GN2-35T/400	52	14	GW5-35GD/1000	50	14
GN2-35T/600	64	25	GW5-35GK/600	50	14
GN2-35T/1000	70	27.5	GW5-35GK/1000	50	14

注：1. 括号内热稳定电流值的对应时间是 4s。
　　2. 型号含义：

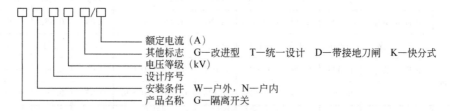

额定电流（A）
其他标志　G—改进型　T—统一设计　D—带接地刀闸　K—快分式
电压等级（kV）
设计序号
安装条件　W—户外，N—户内
产品名称　G—隔离开关

附表 12　高压断路器技术数据

类　型	型　号	额定电压 kV	额定电流 A	动稳定电流 kA		热稳定电流 kA		
				i_{max}	I_{max}	2(s)	4(s)	3(s)
六氟化硫	LW$_7$-35	35	1600	63			25	
	LN$_2$-35/1250	35	1250	40			16	
	LN$_2$-10/1250	10	1250	63			25	
真空	ZN13-10	10	1000	80			31.5	
	ZN28-10	10	1000	50			20	40
	ZN32-10	10	1600	100				
	ZN6-10	6	300	29.6	17		5	

类　型	型　号	额定切断电流 kA	断路功率 MV·A		传动机构类型	固有分闸时间 s	合闸时间 s
			10	35			
六氟化硫	LW$_7$-35	25			CT14	0.06	0.1
	LN$_2$-35/1250	16			CT12-Ⅱ	0.06	0.15
	LN$_2$-10/1250	25			CT12-Ⅰ	0.06	0.15

（续）

类 型	型 号	额定切断电流 kA	断路功率 MV·A 10	断路功率 MV·A 35	传动机构类型	固有分闸时间 s	合闸时间 s
真 空	ZN13-10	31.5				0.06	0.2
	ZN28-10	20				0.06	0.1
	ZN32-10	40				0.05	0.08
	ZN6-10	3	30			0.05	0.15

注：型号含义：

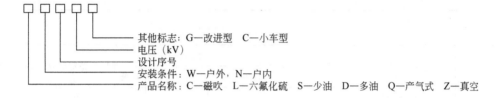

其他标志：G—改进型　C—小车型
电压（kV）
设计序号
安装条件：W—户外，N—户内
产品名称：C—磁吹　L—六氟化硫　S—少油　D—多油　Q—产气式　Z—真空

附表 13　FN2-10（R）型高压负荷开关技术数据

型 号	额定电压 kV	额定电流 A	最大开断电流 A 6kV	最大开断电流 A 10kV	极限通过电流峰值 kA	10s 热稳定电流有效值 kA
FN2-10(R)	10	400	2500	1200	25	4

附表 14　RN1 型户内高压熔断器技术数据

型 号	额定电压 kV	额定电流 A	最大开断电流值（有效）kA	最小开断电流（额定电流倍数）	当开断极限短路电流时，最大电流（峰值）kA
RN1-35	35	7.5	3.5	不规定	1.5
		10			1.6
		20		1.3	2.8
		30			3.6
		40			4.2
RN1-10	10	20	12	不规定	4.5
		50			8.6
		100		1.3	15.5
		150			—
		200			—
RN1-6	6	20	20	不规定	5.2
		75			14
		100		1.3	19
		200			25
		300			—

注：1. 最大三相断流容量均为 200MV·A。

2. 过电压倍数，均不超过 2.5 倍的工作电压。

3. RN1-6~10 可配熔断体的额定电流等级分为 2A、3A、5A、7.5A、10A、15A、20A、30A、40A、50A、75A、100A、150A、200A、300A。

RN1-35 可配熔断体的额定电流等级分为 2A、3A、5A、7.5A、10A、15A、20A、30A、40A。

附表 15　避雷器的基本特性

型　号	额定电压 kV	最大工作电压 kV	预期短路电流 kA	内间隙距离 mm	外间隙距离 mm	冲击放电电压 (1.5~2.0)μs (有效值) kV	工频放电电压 干、湿 (有效值) kV
FS-0.38	0.38						≥2.7	≮1.1　≥1.6
FS-0.5	0.5					≥2.6	≮1.15　≥1.65
FZ-6	6	6.9				≥30	≮16　≥19
FZ-10	10	11.5				≥45	≮42　≥52
FZ-35	35	40.5				≥134	≮84　≥104

附表 16　高压电流互感器技术数据

型　号	额定电流比	级次组合	二次负荷/Ω 0.5级	1级	3级	D级	1s热稳定倍数	动稳定倍数
LFZ$_1$-10	5,10,15,20,30, 40,50,75,100,150, 200,300,400/5	0.5/3;1/3	0.4	0.4	0.6	—	90 80 75	160 140 130
LA-10	5,10,15,20,30, 40,50,75,100,150, 200/5	0.5/3;1/3	0.8	1.2	1			
	300,400/5	0.5/3;1/3					75	135
	500/5	0.5/3;1/3	0.4	0.4	0.6		60	110
	600,800,1000/5	0.5/3;1/3	0.4	0.4	0.6		50	90
LAJ-10 LBJ-10	400,500,600,800, 1000,1200,1500/5	0.5/D;1/D;D/D	1	1	—	1.2	75	135
	2000,3000,4000, 5000,6000/5	0.5/D;1/D;D/D	2.4	2.4	—	2		
LMZ$_1$-10	2000,3000/5 4000,5000/5	0.5/D;D/D	1.6(2.4) 2(3)			2 2.4		
LCW-35	15~1000/5	0.5;3	2	4	2	4	65	100
LCWD$_1$-35	15~1500/5	0.5/D	2			2	30~75	77~191

附表 17　各型电压互感器的技术数据

型　式		额定电压比系数	在下列准确等级下额定容量 V·A 0.5级	1级	3级	最大容量 V·A	备　注
单相 (屋内式)	JDG-0.5 JDJ-10	380/100 10000/100	25 80	40 150	100 320	200 640	
三相 (屋内式)	JSJW-6 JSJW-10	6000/100/100/3 10000/100/100/3	80 120	150 200	320 480	640 960	有辅助二次线圈 联结成开口三角形
单相 (屋内式)	JDZ-6 JDZ-10 JDZ-35	6000/100 10000/100 35000/110	50 80 150	80 150 250	200 300 500	300 500	浇注绝缘,可代替 JDJ型,用于三相结 合Y联结(100/√3) 时使用容量为额定 容量的1/3
	JDZJ-6	$\dfrac{6000}{\sqrt3}\Big/\dfrac{100}{\sqrt3}\Big/\dfrac{100}{3}$	40	60	150	300	浇注绝缘,用三台 取代JSJW,但不能单 相运行
	JDZJ-10	$\dfrac{10000}{\sqrt3}\Big/\dfrac{100}{\sqrt3}\Big/\dfrac{100}{3}$	40	60	150	300	

（续）

型　式		额定电压比系数	在下列准确等级下额定容量 V·A			最大容量 V·A	备　注
			0.5 级	1 级	3 级		
单相（屋外式）	JDJ-35	35000/100	150	250	600	1200	
	JDJJ-35	$\dfrac{35000}{\sqrt{3}}\Big/\dfrac{100}{\sqrt{3}}\Big/\dfrac{100}{3}$	150	250	600	1200	

附表 18　某型固定式高压开关柜部分线路方案

方 案 编 号		03	07	08	42
一次线路图		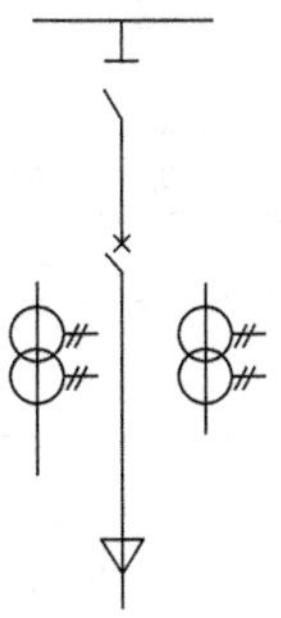	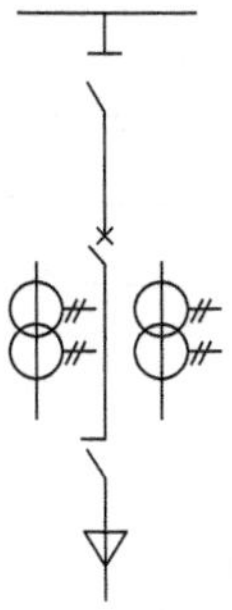	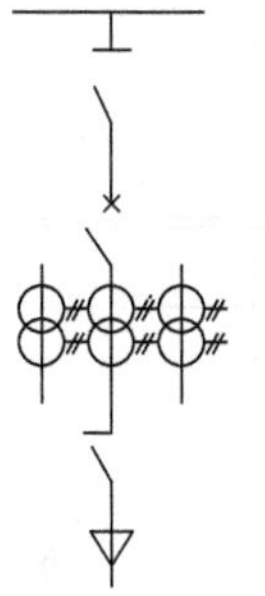	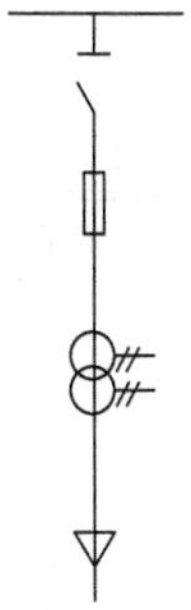
额定电流/A		1000	1000	1000	200
主要电器元件	组合式隔离开关	1	2	2	1
	断路器	1	1	1	
	操动机构	1	1	1	
	熔断器				3
	电流互感器	2	2	3	1
用途		电缆出线	电缆进（出）线		电缆出线

方 案 编 号		54	101	119	120
一次线路图		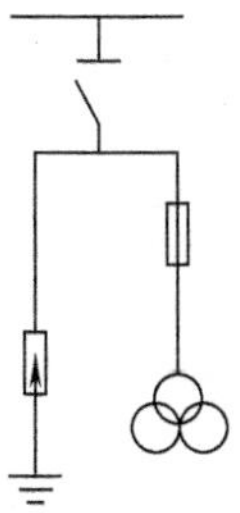	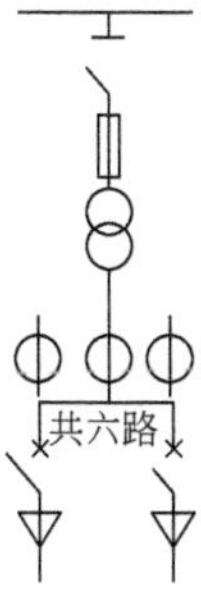	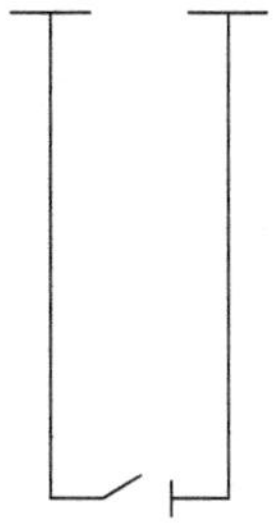	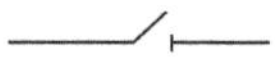
额定电流/A		400	400	1000	1000
主要电器元件	组合式隔离开关	1	1		
	隔离开关			1	1
	电压互感器	3			
	熔断器	3	3		
	变压器		1		
用途		电压互感器	所用变	分段联络	

附表 19　PGL2 型低压配电屏部分线路方案

一次方案编号	06	03	28	35
一次线路方案				
用　　途	受电或馈电			

一次方案编号	51	46	29
一次线路方案			
用　　途	受电或馈电		

参 考 文 献

[1] 余健明，同向前，苏文成，等. 供电技术 [M]. 4 版. 北京：机械工业出版社，2008.

[2] 杨岳. 供配电系统 [M]. 2 版. 北京：科学出版社，2015.

[3] 中国航空规划设计研究总院有限公司. 工业与民用供配电设计手册 [M]. 4 版. 北京：中国电力出版社，2016.

[4] BAGGINI A. 电能质量手册 [M]. 肖湘宁，陶顺，徐永海，译. 北京：中国电力出版社，2010.

[5] 林海雪. 电力系统中电磁现象和电能质量标准 [M]. 北京：中国电力出版社，2015.

[6] 国家发展改革委经济运行调节局，国家电网公司营运部，南方电网公司. 负荷特性及优化 [M]. 北京：中国电力出版社，2013.

[7] 国家电网公司. 分布式电源接入电网技术规定：Q/GDW 1480—2015 [S] 北京：中国质检出版社，2016.

[8] 中华人民共和国国家质量监督检验检疫总局，中国国家标准化管理委员会. 光伏（PV）系统电网接口特性：GB/T 20046—2006 [S]. 北京：中国标准出版社，2006.

[9] IEEE Standard for Interconnecting Distributed Resources with Electric Power Systems：IEEE 1547—2003 [S]. NewYork：IEEE，2003.

[10] CHOWDHURY S，CHOWDHURY S P，CROSSLEY P. 微电网和主动配电网 [M].《微电网和主动配电网》翻译工作组，译. 北京：机械工业出版社，2014.

[11] 同向前，伍文俊，任碧莹，等. 电压源换流器在电力系统中的应用 [M]. 北京：机械工业出版社，2012.

[12] 同向前，王海燕，尹军. 基于负荷功率的三相不平衡度的计算方法 [J]. 电力系统及其自动化学报，2011，23（2）：24-30.

[13] 张利生. 电力网电能损耗管理及降损技术 [M]. 北京：中国电力出版社，2005.

[14] 雷铭. 节约用电手册 [M]. 北京：中国电力出版社，2005.

[15] 电机工程手册编辑委员会. 电机工程手册 [M]. 2 版. 北京：机械工业出版社，1996.

[16] 中国电力百科全书编辑委员会. 中国电力百科全书：用电卷 [M]. 北京：中国电力出版社，1995.